信任评估与服务选择

杜瑞忠 蔡红云 梁晓艳 刘凡鸣 著

科学出版社

北京

内 容 简 介

本书在简要介绍可信计算、信任评估已有研究成果的基础上，主要介绍作者在信任评估与服务选择等方面的研究成果。主要内容包括：信任评估与信任评估模型、基于个性偏好的服务选择算法、云计算环境下基于信任和个性偏好的服务选择模型、基于信任力矩的服务资源选择模型、面向社交网的个性化可信服务推荐方法、基于信誉属性的动态云资源预留方法等。

本书可以作为信息安全及相关专业研究生教材，也可供从事信息安全与电子商务相关研究和开发的人员阅读参考。

图书在版编目 (CIP) 数据

信任评估与服务选择 / 杜瑞忠等著. —北京：科学出版社，2017.11
ISBN 978-7-03-054891-7

Ⅰ. ①信… Ⅱ. ①杜… Ⅲ. ①电子计算机-安全技术 Ⅳ. ①TP309

中国版本图书馆 CIP 数据核字（2017）第 255976 号

责任编辑：陈　静　霍明亮 / 责任校对：郭瑞芝
责任印制：徐晓晨 / 封面设计：迷底书装

科 学 出 版 社 出版
北京东黄城根北街 16 号
邮政编码：100717
http://www.sciencep.com

北京虎彩文化传播有限公司 印刷
科学出版社发行　各地新华书店经销
*
2017 年 11 月第 一 版　开本：720×1000　1/16
2018 年 9 月第二次印刷　印张：13 1/4
字数：252 000

定价：**78.00 元**
（如有印装质量问题，我社负责调换）

前　言

网络空间已经成为继陆、海、空、天之后的第五大主权领域空间。可信计算是我国网络空间安全的核心关键技术。可信计算技术研究的出发点是要解决传统主机执行程序可被随意修改、系统完整性可被破坏、恶意代码可被植入运行、系统漏洞可被随意利用、用户权限可被越权、密码信息可被窃取等一系列安全问题。我国以及国家可信计算组织（Trusted Computing Group，TCG）提出可信计算技术的核心特征概括为：基于可信硬件设备构建可信根，从计算平台启动开始，一级度量一级，一级信任一级，建立从底层软硬件到应用程序的信任链。

我国在可信计算领域发展具有自己的特色，起步不晚，水平不低，成果可喜，已经走在了世界的前列。

自 2000 年起，我们研究小组在分布式系统可靠性、信息安全等领域开展了一系列研究和开发工作。2000 年，为提高分布计算系统的性能，我们在河北省自然科学基金项目资助下，在代理技术和分布式冗余服务可靠性、可用性等相关领域取得了一系列研究成果。2002 年，在河北省科技转化基金项目"高可靠、可扩展分布式数据库服务器"的资助下，研制成功了高可用、可扩展分布式数据库服务器 YF-Ⅰ和YF-Ⅱ，并在"医政信息管理系统""教务系统""邮件服务器系统"中得到了实际应用，取得了显著的经济和社会效益。在国家高技术研究发展计划（863 计划）子课题、河北省自然科学基金项目及河北省教育厅自然科学基金重点项目的资助下，对蜜罐、认证、入侵检测、攻击预警等技术展开研究，相应成果已成功地应用到河北省农业信息网、国际合作项目"基于流媒体技术的安全电子商务平台"等系统中，有效地保障了系统的安全性。

分布式网络具有开放性、动态性及资源共享等特性，面对海量的资源和服务，由于存在大量欺诈行为及不可靠服务质量，用户在增加选择机会的同时也面临着如何识别和选择一个既安全、可靠又满足其个性偏好的资源或服务问题。当前一个有效的解决方法是利用信任评估系统，通过收集、分析实体历史行为信息，预测在未来的交易中其可能的行为。通过信任评估系统，选择信任值高的实体进行交易，降低双方由于缺乏了解而盲目交易可能造成的损失及交易失败的风险，提高交易成功率。

从 2008 年起，在国家自然科学基金、河北省杰出青年基金、河北省自然科学重点基金等项目的支持下，遵循"可信≈可靠+安全"的理念，针对可信计算、信任链传递、可信管理、信任评估、可信服务推荐、可信服务选择等领域展开研究，取得了一些成果并为国家培养了几十名可信计算方向的研究生。

本书是我们研究小组十年来在信任管理、信任评估及服务选择研究方面的阶段成果总结，里面很多思想方法是在田俊峰教授指导和帮助下，由作者及团队部分研究生在完成科研项目研究和学位论文的过程中产生的，这些成果的产生得益于田俊峰教授的指导及研究生创新性研究和勤奋努力，在此对他们表示衷心的感谢。

全书共 9 章，由杜瑞忠、蔡红云、梁晓艳、刘凡鸣等撰写，全书由杜瑞忠统稿和审校。

感谢曾经参加或正在参加"可信计算技术"讨论班的所有老师和研究生，他们的建议和部分学生的论文充实了本书的内容。

本书的部分研究内容得到了国家自然科学基金项目（61170254，60873203，61379116）、河北省自然科学基金重点项目（F2016201244）、河北省高等学校科学技术研究项目（ZD2016043）、河北省物联网数据采集与处理工程技术研究中心开放课题和河北大学科研创新团队培育与扶持计划（2016 年"一省一校"专项经费）资助，特此致谢！

由于作者水平所限，书中难免会有不足之处，恳请读者批评指正。

作　者

2017 年 6 月

目　　录

前言

第 1 章　可信计算·· 1

　1.1　可信计算概述·· 1

　　　1.1.1　可信计算的发展·· 2

　　　1.1.2　可信计算的概念·· 6

　　　1.1.3　可信计算的基本特征·· 11

　　　1.1.4　可信计算的应用·· 13

　1.2　可信计算技术·· 15

　　　1.2.1　可信计算基·· 15

　　　1.2.2　可信计算平台·· 15

　1.3　可信计算研究的发展趋势·· 18

　　　1.3.1　可信计算面临的挑战·· 18

　　　1.3.2　可信计算待研究领域·· 20

　1.4　本章小结··· 21

　参考文献·· 21

第 2 章　信任链技术··· 23

　2.1　TCG 的信任链技术··· 23

　2.2　TCG 信任链的不足·· 27

　2.3　信任链传递研究现状·· 28

　　　2.3.1　静态可信认证··· 29

　　　2.3.2　动态可信认证··· 30

　2.4　可信引擎驱动下的可信软件信任链模型·· 32

　　　2.4.1　可信软件的设计··· 34

　　　2.4.2　软件动态可信性评价·· 37

　　　2.4.3　软件可信性分析·· 40

　2.5　本章小结··· 41

　参考文献·· 41

第 3 章　信任评估 ·· 44

3.1　信任概述 ·· 44

　3.1.1　信任的定义 ·· 45

　3.1.2　信任的分类 ·· 46

　3.1.3　信任的特征 ·· 47

3.2　典型的信任模型 ·· 48

　3.2.1　eBay 系统中的信任模型 ··························· 48

　3.2.2　EigenTrust ·· 48

　3.2.3　PowerTrust ·· 49

　3.2.4　PeerTrust ··· 49

3.3　信任评估理论 ··· 50

　3.3.1　关键问题 ··· 50

　3.3.2　研究现状 ··· 53

3.4　基于层次结构的信任管理框架 ····················· 56

　3.4.1　Agent 技术 ·· 56

　3.4.2　基于 Agent 和信任域的层次化信任管理框架 ······· 57

　3.4.3　基于应用和目的的信任域 ························· 59

3.5　本章小结 ··· 60

参考文献 ··· 60

第 4 章　信任评估模型 ·· 64

4.1　信任评估模型分类 ······································ 64

　4.1.1　基于精确性理论的信任评估模型 ················· 64

　4.1.2　基于非精确性理论的信任评估模型 ··············· 66

4.2　基于多服务属性的信任评估模型 ··················· 67

　4.2.1　相关定义 ··· 68

　4.2.2　交易流程 ··· 69

　4.2.3　基于用户体验质量的信任评价 ··················· 70

　4.2.4　信任度计算 ··· 71

　4.2.5　仿真实验与结果分析 ······························ 72

4.3　基于扩展主观逻辑的信任评估模型 ················ 76

　4.3.1　相关工作及定义 ···································· 77

　4.3.2　扩展主观逻辑 ······································ 78

　4.3.3　动态基率 ··· 79

　4.3.4　信任值计算 ··· 80

　　　4.3.5　风险 ··· 82
　　　4.3.6　仿真实验与结果分析 ··· 82
　4.4　基于多维主观逻辑的 P2P 信任评估模型 ···················· 86
　　　4.4.1　多维评价 ··· 86
　　　4.4.2　声誉值 Re 的计算 ··· 86
　　　4.4.3　风险值 Ri 的计算 ··· 89
　　　4.4.4　可信度计算 ·· 90
　　　4.4.5　仿真实验与结果分析 ··· 91
　4.5　评价可信度量与信任评价研究 ··································· 94
　　　4.5.1　评价可信度量 ·· 94
　　　4.5.2　推荐权重确定 ·· 98
　　　4.5.3　基于云模型的信任评价 ·· 101
　4.6　本章小结 ··· 104
　参考文献 ··· 104

第 5 章　基于个性偏好的服务选择算法 ······························· 109
　5.1　模糊综合评判方法 ··· 109
　5.2　模糊聚类 ··· 111
　　　5.2.1　数据标准化 ·· 111
　　　5.2.2　建立模糊相似关系 ·· 112
　　　5.2.3　利用模糊等价关系聚类 ·· 115
　5.3　基于个性偏好的模糊聚类 ·· 121
　　　5.3.1　基于个性偏好的模糊聚类方法及其证明 ·················· 122
　　　5.3.2　基于个性偏好的聚类过程及实例 ···························· 123
　5.4　最佳阈值 λ 的确定方法及其证明 ································· 127
　5.5　本章小结 ··· 130
　参考文献 ··· 131

第 6 章　云计算环境下基于信任和个性偏好的服务选择模型 ······· 132
　6.1　概述 ·· 132
　6.2　相关工作 ··· 133
　6.3　服务选择模型 ··· 135
　　　6.3.1　相关定义 ··· 135
　　　6.3.2　服务选择系统框架 ·· 136
　　　6.3.3　交易流程 ··· 137

6.4　模型中的相关计算方法 ·······················139

6.4.1　初始信任值 ·······························139

6.4.2　基于个性偏好的服务聚类 ···················139

6.4.3　基于个性偏好的分类选择策略 ···············140

6.4.4　服务满意度 ·······························140

6.4.5　信任的时间衰减性 ·························141

6.4.6　直接信任度 ·······························142

6.4.7　持续因子 ·································142

6.4.8　推荐信任度 ·······························143

6.4.9　综合信任度 ·······························144

6.5　仿真实验 ·································144

6.5.1　随交易次数的增加四类实体信任度变化情况 ·····145

6.5.2　随交易次数增加不同选择策略的平均服务满意度 ···146

6.5.3　随恶意提供者比例增加不同选择策略的平均服务满意度 ·····147

6.6　本章小结 ·································148

参考文献 ·····································148

第 7 章　基于信任力矩的服务资源选择模型 ···········150

7.1　模型逻辑结构图 ·····························150

7.2　相关定义 ·································151

7.3　模型基本流程 ·······························153

7.4　信任的相关计算方法 ·························154

7.4.1　信任引力的计算 ·························154

7.4.2　信任半径的计算 ·························155

7.4.3　信任力矩的计算 ·························156

7.5　仿真实验与结果分析 ·························157

7.5.1　仿真平台 ·································157

7.5.2　仿真实验 ·································157

7.5.3　重大交易成功率分析 ·····················157

7.5.4　资源选择失效率分析 ·····················158

7.6　本章小结 ·································159

参考文献 ·····································160

第 8 章　面向社交网的个性化可信服务推荐方法 ·······162

8.1　基本框架模型 ·······························163

8.2 相似度计算 ··· 164

    8.2.1 服务之间的相似度计算 ······································· 164

    8.2.2 偏好相似度计算 ··· 165

8.3 对服务的信任度计算 ··· 166

    8.3.1 对服务的直接信任度 ··· 166

    8.3.2 目标用户对服务的间接信任度 ···························· 167

8.4 推荐方法的具体步骤 ··· 167

8.5 仿真实验与结果分析 ··· 168

    8.5.1 数据集 ·· 168

    8.5.2 实验设置 ··· 168

    8.5.3 对比方法 ··· 169

    8.5.4 不同推荐用户集数目的影响 ································ 169

    8.5.5 Top-n 的长度对推荐算法的影响 ························· 171

8.6 本章小结 ··· 173

参考文献 ·· 173

第9章　基于信誉属性的动态云资源预留方法 ···················· 175

9.1 研究意义 ··· 175

9.2 相关理论知识 ·· 178

    9.2.1 云计算的定义 ··· 178

    9.2.2 云计算的安全问题及研究现状 ···························· 179

    9.2.3 云计算的发展趋势 ··· 180

    9.2.4 可信计算 ··· 181

    9.2.5 模糊聚类 ··· 182

9.3 基于管理域的云资源管理逻辑架构 ······························ 183

    9.3.1 逻辑架构 ··· 183

    9.3.2 伯努利大数定理的域内资源数目确定方法 ············· 184

9.4 云用户和云资源双向信任评价方法 ······························ 185

    9.4.1 用户对服务实体的信任评价 ································ 185

    9.4.2 用户对推荐用户的信任评价 ································ 187

    9.4.3 服务实体对用户的信任评价 ································ 187

    9.4.4 推荐信任 ··· 188

9.5 基于用户偏好的云资源选择方法 ·································· 189

9.6 动态资源预留策略 ·· 191

    9.6.1 服务实体与预留请求之间的关系 ························· 191

9.6.2　预留请求的处理过程 ·· 193

9.7　仿真实验与结果分析 ··· 194

9.7.1　实验环境 ·· 194

9.7.2　接纳率随着服务实体个数增多的变化规律 ················· 194

9.7.3　存在恶意服务实体时，交易成功率的变化规律 ············ 195

9.7.4　存在恶意用户时，交易失败率的变化规律 ················· 195

9.7.5　用户满意度的变化 ·· 196

9.8　本章小结 ·· 197

参考文献 ·· 198

第1章 可 信 计 算

大多数安全隐患来自微型计算机（简称微机）终端，因此必须提高微机的安全性。对于最常用的微机，只有对芯片、主板等硬件和基本输入输出系统（Basic Input Output System，BIOS）、操作系统（Operating System，OS）等底层软件综合采取措施，才能有效地提高安全性。基于这一思想，催生了可信计算技术。可信计算是一种信息系统安全新技术，其思想来源于人类社会，是把人类社会的管理经验用于计算机信息系统与网络空间，以确保计算机信息系统和网络空间的安全可信。

本章主要介绍可信计算的概念、主要技术、可信网络连接和可信计算的应用及未来发展趋势。

1.1 可信计算概述

据统计，80%的信息安全事件是内部人员或者内外勾结所为，其中很多问题都是由计算机体系结构存在安全隐患和操作系统的不安全引起的。沈昌祥院士[1]指出：

（1）主要由传统的防火墙、入侵监测和病毒防范构成的信息安全系统，是以防外为重点，与目前信息安全主要威胁源自内部的实际状况不相符。

（2）从组成信息系统的服务器、网络、终端三个层面上来看，现有的保护手段是逐层递减的。人们往往把过多的注意力放在对服务器和网络设备的保护上，而忽略了对终端的保护。

（3）恶意攻击手段变化多端，而传统的方法是采取封堵的办法。例如，在网络层设防，在外围对非法用户和越权访问进行封堵。而封堵的办法是捕捉黑客攻击和病毒入侵的特征信息，其特征是已发生过的滞后信息，不能科学预测未来的攻击和入侵。

为了解决计算机和网络结构上的安全问题，从根本上提高其安全性，必须从芯片、硬件结构和操作系统等方面综合采取措施，由此产生可信计算的基本思想，其目的是在计算和通信系统中广泛使用基于硬件安全模块的可信计算平台，以提高整体的安全性。

硬件系统的安全和操作系统的安全是信息系统安全的基础，密码、网络安全等是关键技术。只有从信息系统硬件和软件的底层采取安全措施，才能有效地确保信息系统的安全，这促进了可信计算的迅速发展。

可信计算的基本思想[2,3]是在计算机系统中首先建立一个信任根，再建立一条信任链，从信任根开始到硬件平台，到操作系统，再到应用，一级测量认证一级，一级信任一级，把信任关系扩大到整个计算机系统，从而确保计算机系统的可信。

1.1.1　可信计算的发展

可信计算的出现最早可以追溯到 20 世纪 80 年代。1983 年美国国防部所属的国家计算机安全中心为适应军事计算机的保密需要，在 20 世纪 70 年代的理论研究成果"计算机保密模型"的基础上，制定并出版了《可信计算机系统评价准则》（Trusted Computer System Evaluation Criteria，TCSEC）[4]，在 TCSEC 中第一次提出可信计算机和可信计算基（Trusted Computing Base，TCB）的概念，并把 TCB 作为系统安全的基础。随后，作为对 TCSEC 的补充，美国国防部分别在 1987 年和 1991 年相继推出了可信网络解释（Trusted Network Interpretation，TNI）[5]和可信数据库解释（Trusted Database Interpretation，TDI）[6]。由于可信计算机评价准则系列是在早期 BLP（Bell-LaPadula）模型[7]的基础上提出的，所以具有一定的局限性。其主要考虑了信息的保密性，缺乏完整性、真实性控制，强调了系统安全性，却没有给出达到这种安全性的系统结构和技术路线。

1997 年，Arbaugh 等提出并实现了一种计算机安全引导架构 AEGIS[8]，其中已经体现出"信任传递"的概念。AEGIS 基于 IBM PC（Personal Computer）的传统 BIOS，采用认证的方法保障 BIOS 的完整性。计算机从启动的过程开始，由前一个程序度量后一个程序的完整性，只有在完整性通过验证后，才把控制权交给后一个程序，如此反复直到操作系统启动，这种硬件保护软件机制的思想促进了可信计算的发展。

为了解决个人计算机结构上的安全问题，并从底层入手提高其可信性，英特尔（Intel）、微软（Microsoft）、IBM、惠普（HP）、COMPAQ 等著名的信息技术企业在 1999 年 10 月共同发起并成立了可信计算平台联盟（Trusted Computing Platform Alliance，TCPA）。TCPA 定义了具有安全存储和加密功能的可信平台模块（Trusted Platform Module，TPM），并于 2001 年 1 月发布了基于硬件系统的"可信计算平台规范"（V1.0）。TCPA 的成立标志着可信计算高潮阶段的出现。2003 年 3 月，TCPA 中的 AMD、HP、IBM、Intel 和 Microsoft 对外宣布将 TCPA 重新改组，更名为可信计算组织（Trusted Computing Group，TCG）[9-11]，其目的是在计算和通信系统中广泛使用基于硬件安全模块的可信计算平台，以提高整体的安全性，扩展可信范围。

TCG 的出现标志着可信计算技术和应用领域的进一步扩大。TCG 是一个非营利组织，旨在研究制定可信计算的工业标准。TCPA 和 TCG 已经制定了关于可信计算平台、可信存储和可信网络连接等一系列技术规范[12,13]，还在不断对这些技术标准规范进行修订、完善和版本升级。部分规范包括可信 PC 规范、可信平台模块规范、可信软件栈（TCG Software Stack，TSS）规范、可信服务器规范、可信网络连接

（Trusted Network Connection，TNC）规范、可信手机模块规范等。

在 TCG 规范的指导下，许多芯片厂商都推出了自己的可信平台模块芯片，大多数 PC 都配备了 TPM 芯片。TPM 的版本经历了 TPM 1.0、TPM 1.1、TPM 1.1b、TPM 1.2、TPM 2.0 的发展。Microsoft 推出的 Windows Vista、Windows 7 和 Windows 8 操作系统都支持可信计算，这些充分地说明可信计算产品已经走向实际应用。

2016 年 6 月，微软向 OEM（Original Equipment Manufacturer）厂商发布了最新的 Windows 10 最低配置要求，增加了 2GB 以上内存和配备 TPM 2.0 加密芯片，通过 TPM 2.0 加密来有效地提高系统安全性，为 Windows Hello 验证功能提供支持，并保证软件安全方案难以攻破。今后不配备 TPM 2.0 加密芯片的 Windows 10 PC、智能手机和平板硬件产品都将被视为 "非 Windows 10 兼容"。TPM 2.0 已成为国际标准化组织（International Organization for Standardization，ISO）和国际电工委员会（International Electrotechnical Commission，IEC）认定的国际标准。

TCG 可信计算的意义包括以下几部分。

（1）首次提出可信计算平台的概念，并把这一概念具体化到服务器、微机、掌上电脑（Personal Digital Assistant，PDA）和移动计算设备，而且具体给出了可信计算平台的体系结构和技术路线。

（2）不仅考虑了信息的秘密性，还强调了信息的真实性和完整性。

（3）更加产业化和更具有广泛性，国际上已有 100 多家信息技术行业的著名公司加入 TCG。

2015 年 6 月，国际标准化组织和国际电工委员会信息技术标准联合技术委员会批准国际可信计算组织的可信平台模块 2.0 规范库（TPM 2.0, Trusted Platform Module 2.0）作为 ISO/IEC 11889: 2015 发布。

可信平台模块 2.0 规范库特点包括以下几方面。

（1）密码算法应用灵活性，新框架支持已有和未来的算法。

（2）密码算法失效或生命周期结束不需要重新编写标准规范。

（3）满足各个国家或地区对于密码算法的多样性需求，支持中国 SM2（部分）/SM3/SM4 密码算法。

（4）满足不同安全级别对密码算法的应用需求。

（5）增加虚拟化支持，为云计算提供应用基础。

（6）增加用户授权管理模式，简化应用，提高易用性。

（7）学习中国可信密码模块（Trusted Cryptographic Module，TCM）技术广泛使用对称密码算法，提高应用性能。

（8）去除 TPM 1.2 中无用或者实现代价高的安全协议。

（9）面向嵌入式应用，增加多密钥树管理结构。

（10）增加安全时钟适应更多安全应用场景。

TPM 2.0 与 TPM 1.2 安全协议不兼容，TPM 2.0 对于产业是一个新的开始。

TPM 2.0 规范库中对密码算法应用约定如下。

（1）规范定义一个 TPM 2.0 的实现实体包含密码算法子系统。

（2）规范不要求实施特定的密码算法集。

（3）一个 TPM 2.0 实现实例必须包含至少一个对称密码算法，一个非对称密码算法和一个哈希密码算法。

目前已支持的中国密码算法包括以下几种。

（1）《GM/T 0002—2012 SM4 分组密码算法》。

（2）《GM/T 0003—2012 SM2 椭圆曲线公钥密码算法》。

（3）《GM/T 0004—2012 SM3 密码杂凑算法》。

国际可信计算产业应用发展趋势有以下几方面。

（1）产业快速向 TPM 2.0 应用迁移。

① Intel Skylake 平台全面支持 TPM 2.0 应用。

② Windows 10 从安全启动、Bitlockor 整盘数据加密、虚拟智能卡、身份认证等方面加强支持 TPM 2.0 应用。

③ 开源项目快速支持 TPM 2.0，如 Linux Kernel 4.0 支持 TPM 2.0 驱动、IBM 发布开源 TSS 2.0 中间件。

（2）云终端、网络设备、智能手机、云服务、智能汽车等多领域应用逐步形成。

TCG 2020 年愿景："TCG Enabled" 的国际标准在全球范围成为创建系统信任的技术基础；使用范围从复杂的大型计算平台到小型专用设备，从传统的信息技术（Information Technology，IT）到工厂车间，再到我们日常生活的各种设备。

可信计算已成为全球计算机安全技术发展趋势。我国在可信计算研究方面起步不晚，水平不低，成果喜人[2,3]，具体包括以下几方面。

1）产品开发方面

2004 年 6 月，瑞达信息安全产业股份有限公司（简称瑞达公司）推出了国内首款自主研发的具有 TPM 功能的 SQY-14 嵌入密码型计算机，并于同年 10 月通过了国家商用密码管理办公室（简称国家密码管理局）主持的技术鉴定。该可信安全计算机基于 SSP02 芯片，采用瑞达嵌入式安全模块（Embedded Security Module，ESM），运用硬件的系统底层设计，结合瑞达安全增强的 Linux 操作系统，极大地提升了 PC 的安全性。主要安全功能包括平台身份识别、平台完整性校验和芯片级的安全。2005 年 4 月联想推出了"恒智"安全芯片，成为继 ATLEM 之后全球第二个符合 TPM 1.2 标准安全芯片的厂商。同年，北京兆日科技有限责任公司（简称兆日科技）基于可信计算技术的 PC 安全芯片的安全产品也正式推出，这些产品也通过了国家密码管理局的鉴定。此后不久，采用联想"恒智"安全芯片的联想开天 M400S 以及采用兆日 TPM 安全芯片（SSX35）的清华同方超翔 S4800、长城世恒 A 和世恒 S 系列安全 PC

产品纷纷面世。产品应用方面，在某省涉密网的设计中已经采用了可信计算平台，另外，在金融、电信、军队、公安、电子政务领域也开始采用可信计算机来提高信息安全的整体水平。2008 年，兆日科技的可信计算机密码模块安全芯片和可信计算密码支撑平台、深圳市中兴集成电路设计有限责任公司的可信计算密码支撑平台通过了国家密码管理局的认证。武汉大学研制出我国第一款可信 PDA 和第一个可信计算平台测评软件系统。2009 年瑞达公司的可信计算机密码模块安全芯片通过了国家密码管理局的认证。

2008 年 4 月底，中国可信计算联盟（Chinese Trusted Computing Union，CTCU）在国家信息中心成立，现已有 20 家正式成员，包含计算机厂商、信息安全厂商和一些应用厂商，也包含国家的科研院所。2014 年 4 月 16 日，中关村可信计算产业联盟正式成立，联盟会员单位已发展到 200 多家，涉及国内可信计算产业链的各个环节，覆盖了"产学研用"各界。中国可信计算联盟和中关村可信计算产业联盟的成立，标志着我国可信计算由理论逐步转化为产业，并转入实质性的实现阶段。

2）标准研究方面

为推动可信计算标准工作，2005 年 1 月全国信息安全标准化技术委员会在北京成立了 TC260 可信计算工作小组（WG1），这体现了国家对可信计算标准的高度重视。我国已经筹建了中国可信计算平台联盟（China Trusted Computing Platform，CTCP）的可信计算组织，该组织制定的规范与 TCG 的标准保持大部分兼容，只在涉及国家安全的极少部分有一些不同；另外，从国家层面来看，2005 年出台的国家"十一五"规划和 863 计划中，已将可信计算列入重点支持项目，并有较大规模的投入与扶植。2016 年 3 月，中关村可信计算产业联盟面向会员发布《可信计算体系结构规范 v1.0》、《可信平台控制模块规范 v1.0》、《可信软件基规范 v1.0》和《可信服务器平台规范 v1.0》。此外，《可信存储系统架构规范 v1.0》和《可信计算机评估规范 v1.0》也将于近期面向会员发布。

3）革命性创新方面

可信计算的发展经历了几个阶段。最初的可信 1.0 来自计算机的可靠性，主要以故障排除和冗余备份为手段，是基于容错方法的安全防护措施。可信 2.0 以 TCG 出台的 TPM 1.0 为标志，主要以硬件芯片作为信任根，以可信度量、可信存储、可信报告等为手段，实现计算机的单机保护。不足之处在于：未从计算机体系结构层面考虑安全问题，很难实现主动防御。

我国的可信计算技术已经发展到了 3.0 阶段的"主动防御体系"，确保全程可测可控、不被干扰，即防御与运算并行的"主动免疫计算模式"。

可信计算 3.0 革命性的创新包括以下几方面。

（1）全新的可信计算体系结构。相对于国外可信计算被动调用的外挂式体系结构，中国可信计算革命性地开创了自主密码为基础的控制芯片为主、双融主板为平台、可信软件为核心、可信连接为纽带、策略管控成体系、安全可信保应用的可信计算体系结构。

（2）跨越了国际可信计算组织可信计算的局限性。其中包含密码体制的局限性，TCG 原版只采用了公钥密码算法 RSA，杂凑算法只支持 SHA-1 系列，回避了对称密码。由此导致密钥管理、密钥迁移和授权协议设计复杂化，也直接威胁着密码的安全。TPM 2.0 采用了我国对称与非对称结合的密码体制，并申报成了国际标准；此外，TCG 采用外挂式结构，未从计算机体系结构上作变更，把可信平台模块作为外部设备挂接在外总线上。

（3）创建主动免疫体系结构。主动免疫是中国可信计算革命性创新的集中体现。在双系统体系架构下，采用自主创新的对称和非对称相结合的密码体制，通过可信平台控制模块（Trusted Platform Control Model，TPCM）植入可信根（root of trust），在 TCM 基础上加以信任根控制功能，实现密码与控制相结合，将可信平台控制模块设计为可信计算控制节点，实现了 TPCM 对整个平台的主动控制。

可信 3.0 已经形成了自主创新的体系，并在很多领域开展了规模应用。我国研究人员经过长期攻关，取得了巨大的创新成果，包括：平台密码方案创新，提出了可信计算密码模块，采用 SM 系列国产密码算法，并自主设计了双数字证书认证结构；提出了可信平台控制模型，TPCM 作为自主可控的可信节点植入可信根，先于中央处理器（Central Processing Unit，CPU）启动并对基本输入输出系统进行验证；将可信度量节点内置于可信平台主板中，构成了宿主机 CPU 加可信平台控制模块的双节点，实现信任链在"加电第一时刻"开始建立；提出可信基础支撑软件框架，采用宿主软件系统+可信软件基的双系统体系结构；提出基于三层三元对等的可信连接框架，提高了网络连接的整体可信性、安全性和可管理性。

综上，可信 3.0 的创新点可概括为："自主密码为基础，可控芯片为支柱，双融主板为平台，可信软件为核心，对等网络为纽带，生态应用成体系"。同时经过多年技术攻关和应用示范，可信 3.0 已具备了产业化条件[14]。

1.1.2 可信计算的概念

1. 可信计算的定义

可信计算的首要问题是要回答什么是可信，目前，关于"可信"尚未形成统一的定义，不同的专家和不同的组织机构有不同的解释，使用比较多的主要包括以下几种。

（1）TCG 用实体行为的预期性来定义"可信"：如果一个实体的行为是以预期的方式符合预期的目标，则该实体是可信的[15]。

（2）ISO/IEC 15408 标准定义"可信"为：参与计算的组件、操作或过程在任意条件下是可预测的，并能够抵御病毒和物理干扰[16]。

（3）IEEE CS 可信计算技术委员会（IEEE Computer Society Technical Committee on Dependable Computing）认为，所谓"可信"是指计算机系统所提供的服务可以论证其是可信赖的，即不仅计算机系统提供的服务是可信赖的，而且这种可信赖是可论证的，这种可信赖更多地是指系统的可靠性、可用性和可维护性。

（4）我国著名的信息安全专家沈昌祥院士对上述定义进行了综合和扩展，他认为"可信"要做到一个实体在实现给定目标时其行为总是同预期的结果一样，强调行为结果的可预测性和可控制性。

（5）张焕国教授认为可信计算系统是能够提供系统的可靠性、可用性、安全性（信息的安全性和行为的安全性）的计算机系统，通俗地称为：可信≈可靠+安全。

（6）另外，还有其他一些解释：可信是指计算机系统提供的服务可以被证明是可信赖的；如果一个系统按照预期的设计和策略运行，那么这个系统是可信的；当第二个实体符合第一个实体的期望行为时，第一个实体可假设第二个实体是可信的。

从上面的定义可以看出，这些定义都是从不同方面给出的，相互间存在矛盾。例如，按照 TCG 的定义，一个恶意软件在预期时间内做出了期望的危害行为，那么它是可信的；依照 ISO/IEC 15408 标准定义却是不可信的。由此可以看出"可信"是一个很复杂的概念，而且各个不同领域的研究者对此也给出了不同的定义。这一概念长期存在于人类社会中，但是计算机科学领域对"可信"的研究才刚刚起步，并且大多借鉴了心理学、社会学和经济学等科学研究领域的成果。不同领域的研究者在研究上各有侧重点，有些强调可信的形式化描述，有些强调可信的特征研究，有些强调可信在实际系统中的应用研究，这就造成了可信定义的多样化。

如果追溯上述"可信"定义的起源，可以看到这些定义对应以下三种不同的研究背景：可信赖计算（dependable computing）、安全计算（security computing）和信任计算（trusted computing）。可信赖计算源自早期的容错计算，主要针对元器件、系统和网络，对包括设计、制造、运行和维修在内的全过程中出现的各种非恶意故障进行故障检测、故障诊断、故障避免和故障容忍，使系统高可靠与高可用。安全计算主要针对系统和网络运行过程中的恶意攻击。和可信赖计算相比，不同之处在于针对的故障不同，安全计算主要针对的是人为的恶意攻击，而可信赖计算针对的是非恶意攻击。信任计算源自早期的安全硬件设计，基本思想是：假定真实性可以用于度量并且不考虑度量中的损失，给出了一个"可信"在实体间传递的方法——在计算机系统中首先建立一个信任根，再建立一条信任链，一级度量认证一级，一级信任一级，把信任关系扩大到整个计算机系统，从而确保计算机系统可信。三者在研究内容上有一定的交叉，国内很多文献将 dependable computing 和 trusted computing 统一翻译成"可信计算"。因此，广义上的"可信计算"应该包括可信赖计算、安全计算和信任计算。

本书的可信计算侧重于 TCG、沈昌祥院士和张焕国教授给出的定义，即 trusted computing。

2. 信任的属性

（1）信任是一种二元关系，它可以是一对一、一对多（个体对群体）、多对一（群体对个体）或多对多（群体对群体）的。

（2）信任具有二重性，既具有主观性又具有客观性。

（3）信任不一定具有对称性，即 A 信任 B，则不一定就有 B 信任 A。

（4）信任可度量，也就是说信任有程度之分，可以划分等级。

（5）信任可传递，但不绝对，而且在传递过程中可能有损失，传递的路径越长，损失的可能性就越大。

（6）信任具有动态性，即信任与环境（上下文）和时间因素相关。

信任的获得方法主要有直接和间接两种。设 A 和 B 以前曾有交往，则 A 对 B 的可信度可以通过考察 B 以往的表现来确定，这种通过直接交往得到的信任值（trust value）为直接信任值。设 A 和 B 以前没有任何交往，这种情况下，A 可以询问一个与 B 比较熟悉的实体 C 来获得 B 的信任值，并且要求实体 C 与 B 曾有直接的交往经验，这种通过间接交往得到的信任值为间接信任值，或者说是 C 向 A 的推荐信任值。有时还可能出现多级推荐的情况，这时便产生了信任链。

3. 可信平台模块

可信平台模块是一个可信硬件芯片，它由 CPU、存储器、输入/输出端口、密码运算处理器、嵌入式操作系统等部件组成，完成可信度量的存储、密钥产生、加密签名、数据安全存储等功能。TPM 芯片是可信计算终端的信任根、可信计算平台的核心，TPM 的性能决定了可信平台的性能。

4. 可信计算基的概念

对作为计算机信息系统安全保护总体机制的 TCB 给出了如下定义：TCB 是计算机系统内保护装置的总体，包括硬件、固件、软件和负责执行安全策略的组合体。它建立了一个基本的保护环境，并提供一个可信计算系统所要求的附加用户服务。通常所指的 TCB 是构成安全计算机信息系统的所有安全保护装置的组合体（通常称为安全子系统），以防止不可信主体的干扰与篡改。

5. 可信计算平台

所谓平台，是一种能向用户发布信息或从用户那里接收信息的实体。所谓可信计算平台，是能够提供可信计算服务的计算机软、硬件实体，它能够保证系统的可靠性、可用性和信息的安全性。

可信计算平台基于 TPM，以密码技术为支持、安全操作系统为核心。安全操作系统是可信计算平台的核心和基础，没有安全的操作系统作为保障，就没有安全的应用，TPM 也不能发挥应有的作用。

可信计算平台的基本目标就是建立一个网络中的可信域，并基于该可信域的管理系统将单个可信计算平台扩张到网络中，形成网络的可信任域。

可信计算技术的核心是 TPM。TPM 实际上是一个含有密码运算部件和存储部件的小型片上系统。TCG 定义了 TPM 的安全存储和加密功能，发布了基于硬件系统平台的可信计算平台标准。该标准通过在计算机系统中嵌入一个可抵制篡改的独立计算引擎，使非法用户无法对内部数据进行修改，从而确保身份认证和数据加密的安全性。图 1-1 是含有 TPM 的 PC，其中 RAM（Random Access Memory）为随机存储器，ROM（Read Only Memory）为只读存储器。

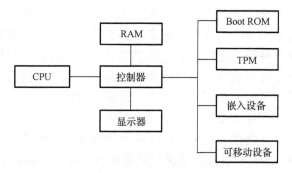

图 1-1　含有 TPM 的 PC

以 TPM 为基础，可信机制主要通过三方面来体现。

（1）可信的度量。任何将要获得控制权的实体都需要先对该实体进行度量，主要是指完整性的计算。从平台加电开始，直到运行环境的建立，这个过程一直在进行。

（2）度量的存储。所有度量值将形成一个序列，并保存在 TPM 中，同时还包括度量过程日志的存储。

（3）度量的报告。对平台是否可信的询问正是通过"报告"机制完成的，任何需要知道平台状态的实体需要让 TPM 报告这些度量值和相关日志信息，可通过询问实体与平台间的双向认证过程来实现。如果平台的可信环境被破坏了，则询问者有权拒绝与该平台交互或者向该平台提供服务。

在可信计算体系中，建立可信需要先拥有可信根，然后建立一条可信链（chain of trust），再将可信传递到系统的各个模块，之后就能建立整个系统的可信。信任根是一个必须能够被信任的组件，在一个可信平台中有三个可信根。

（1）度量可信根（Root of Trust for Measurement，RTM）。RTM 被用来完成完整性度量，通常由度量可信根的核心（Core Root of Trust for Measurement，CRTM）控制计算引擎。CRTM 是平台执行 RTM 时的执行代码，一般存在于 BIOS 中。RTM

同时也是信任传递的原点。

（2）存储可信根（Root of Trust for Storage，RTS）。RTS 是维护完整性摘要的值和摘要序列的引擎，一般由对存储加密的引擎和加密密钥组成。

（3）报告可信根（Root of Trust for Reporting，RTR）。RTR 是一个计算引擎，能够可靠地报告 RTS 持有的数据，这个可靠性一般由签名来保证。

这三个可信根都是可信、功能正确而且不需要外界维护的。这些可信根存在于TPM 和 BIOS 中，可以由专家的评估来确定是否符合可信的标准。一般在平台建立之后，认为 TPM 和 BIOS 是绝对可信的。

可信平台构造模块（Trusted Building Block，TBB）是信任源的一部分，包括RTM 和 TPM 初始化的信息与功能（复位等）。TBB 和信任根组合形成了一个基本的可信边界，可用来对 PC 的最小配置进行完整性的度量、存储和报告。在运行系统中的任何硬件和软件模块之前，必须建立对这些模块代码的信任，这种信任是通过在执行控制转移之前对代码进行度量来确认的。在确认可信后，将建立一个新的可信边界，隔离所有可信和不可信的模块。即使确定模块不可信，也应该继续执行这个模块，但是需要保存真实的平台配置状态值。

可信计算平台信任链建立过程：CRTM 首先度量 BIOS 的完整性，如果可信，则执行 BIOS；然后，BIOS 对操作系统加载器进行度量，如果操作系统加载器可信，则执行并由其对操作系统进行度量；如果操作系统可信，则执行操作系统，再对应用进行度量。整个过程如同一根链条，因此称为信任链，如图 1-2 所示。

图 1-2　可信计算平台信任链度量过程

可信平台中的信任链度量机制如图 1-3 所示。BIOS 根模块为完整性度量信任根，

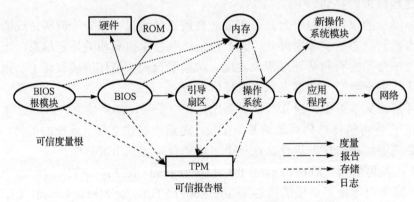

图 1-3　可信平台中的信任链度量机制

TPM 芯片为完整性报告信任根。从平台加电开始，BIOS 根模块会度量 BIOS 的完整性值并将该值存储在安全芯片上，同时将日志写入可写内存块中；接着 BIOS 度量硬件和 ROM，将度量得到的完整性值存在安全芯片中，并在内存中记日志；然后通过引导扇区，由操作系统加载器度量操作系统，操作系统度量应用程序和新操作系统模块。当操作系统启动后，由用户决定是否继续信任这个系统平台以及当前的网络。这样一个信任链的建立过程保证了系统平台的可信性。完整性值通常是一个哈希值，通常采用的安全哈希算法（Secure Hash Algorithm，SHA）是 SHA-1。

1.1.3　可信计算的基本特征

一个可信平台要达到可信的目标，最基本的原则就是必须真实地报告系统的状态，同时不暴露密钥和尽量不表露自己的身份。这就需要三个必要的基础特征：保护能力（protected capabilities）；证明（attestation）；完整性的度量、存储和报告（integrity measurement, storage and reporting）。

1. 保护能力

保护能力是唯一被许可访问保护区域（shielded location）的一组命令，而保护区域是能够安全操作敏感数据的地方（如内存、寄存器等）。TPM 通过实现保护能力与被保护区域来保护和报告完整性度量（称为平台配置寄存器（Platform Configuration Register，PCR），这种寄存器位于 TPM 内部，仅用来装载对模块的度量值，大小为 160bit）。除此之外，TPM 保护能力还有许多安全和管理功能，例如，密钥管理、随机数生成、将系统状态值封印（seal）到数据等。这些功能使得系统的状态任何时候都处于可知，同时可以将系统的状态与数据绑定起来。由于 TPM 具有物理防篡改性，这也就起到了保护系统敏感数据的作用。

2. 证明

证明是确认信息正确性的过程。通过这个过程，外部实体可以确认保护区域、保护能力和信任源，而本地调用则不需要证明。通过证明，可以完成网络通信中身份的认证。由于引入了 PCR 值，所以在身份认证的同时还鉴别了通信对象的平台环境配置，这大大地提高了通信的安全性。

证明可以在不同层次进行：基于 TPM 的证明是一个提供 TPM 数据校验的操作，这是通过使用身份证明密钥（Attestation Identity Key，AIK）——AIK10 对 TPM 内部某个 PCR 值的数字签名来完成的，AIK 是通过唯一秘密私钥 EK11 获得的，可以唯一地确认身份；针对平台的证明则是通过使用平台相关的证书或这些证书的子集提供证据，证明平台可以被信任以做出完整性度量报告；基于平台的证明通过在 TPM 中使用 AIK 对涉及平台环境状态的 PCR 值进行数字签名，提供平台完整性度量的证据。

3. 完整性的度量、存储和报告

完整性的度量是一个过程，包括获得一个关于平台的影响可信度特征的值（metric），存储这些值，然后将这些值的摘要放入 PCR 中。通过计算某个模块的摘要值同期望值的比较，就可以维护这个模块的完整性。在 TCG 的体系中，所有模块（软件和硬件）都被纳入保护范围内，假如有任何模块被恶意感染，则它的摘要值就会发生改变，从而知道它出了问题。通过这种方式可以保护所有已经建立 PCR 保护的模块。

另外，平台 BIOS 及所有启动和操作系统模块的摘要值都将存入特定的 PCR，在进行网络通信时，可以通过对通行方 PCR 值的校验确定对方系统是否可信（是否感染了病毒、是否有木马、是否使用盗版软件等）。

度量必须有一个起点，这个起点必须是绝对可信的，它称为 RTM。一次度量称为一个度量事件（event），每个度量事件由下面两类数据组成。

（1）被度量的值：嵌入式数据或程序代码的特征值（representation）。

（2）度量摘要：这些值的散列。

完整性报告则是用来证明完整性存储的过程，展示保护区域中完整性度量值的存储，依靠可信平台的鉴定能力证明存储值的正确性。TPM 本身并不知道什么是正确的值，它只是忠实地计算并把结果报告出来。这个值是否正确还需要执行度量的程序本身通过存储度量日志（Stored Measurement Log，SML）来确定。此时的完整性报告使用 AIK 签名，以鉴别 PCR 的值。按照"可信"的定义，完整性度量、存储和报告的基本原则就是许可平台进入任何可能状态（包括不期望的或不安全的），但是不允许平台提供虚假的状态。

除了计算的散列值存储在 PCR 里面，期望值也需要存储在里面。SML 保存着有关系（related）的被度量值的序列，每个序列共用一个通用摘要。这些被度量的值附加在通用摘要之后被再次散列，通常称为摘要的扩展。扩展不仅保证了不会忽视这些有关系的被度量值，还可以保证操作的顺序。SML 可能会非常大，需要存储在硬盘上，不过由于都是散列值，所以不需要 TPM 提供保护。完整性报告协议如图 1-4 所示。

图中描述了对一个事件的度量进行校验的完整性报告协议的执行过程。

（1）一个远程的外界访问者（challenger）向 TCG 核心服务层（TCG Core Services，TCS）发送请求，需要一个或多个 PCR 值。

（2）TCS 读取 SML 以获得度量时间的数据。

（3）TCS 发送命令到 TPM，请求签名后的 PCR 值。

（4）TPM 使用 AIK 对 PCR 值签名。

（5）TCS 从知识库中请求用来证明 TPM 平台的证书（AIK 证书、平台证书等）。

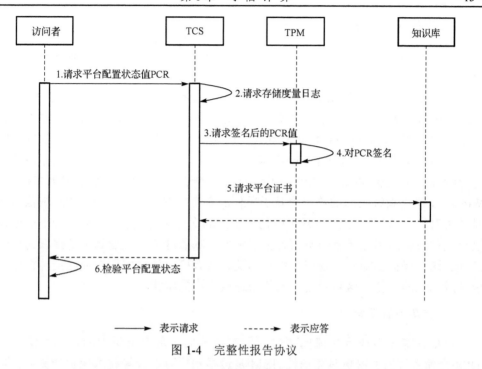

图 1-4 完整性报告协议

（6）访问者在本地校验请求。如果校验不通过，则说明存在问题，但无法获得任何关于错误的信息。

1.1.4 可信计算的应用

可信计算平台将加密、解密和认证等基本的安全功能交由硬件芯片来完成，并确保芯片中的信息不能在外部通过软件被随意获取。在这种情况下，除非将硬件芯片从系统中移除，否则理论上是无法突破这层防护的，这也是构建可信计算机设备和建立可信计算机通信的基础。在硬件层执行保护的另外一个优势是能够获得独立于软件环境的安全保护，这就可以设计出具有更高安全限制能力的硬件系统。

通过硬件芯片执行相对基础和底层的安全功能，能保证一些软件层的非法访问与恶意操作无法完成，同时这也为生产更安全的软件系统提供了支持。综合来看，可信计算平台可以为建设安全体系提供更加完善的底层基础设施，并为需要高安全级别的用户提供更强有力的应用安全解决方案。

对于安全要求较高的场合，可信计算平台能够为用户提供更加有效的安全防护。在应用了可信计算技术之后，无论要保护私密性数据，还是要控制网络访问，以及系统可用性保障等，都能够获得更高的保护强度。下面以个人计算机平台为主线来了解一下目前流行的可信计算应用，这些应用包含了作为软件系统核心的操作系统安全、信息加密保护、网络保护和安全管理等方面的内容。

1. 操作系统安全

虽然 TCG 推出的规范大部分针对硬件设施,但是同样有一些针对软件层的规范可用。

作为全球最主要的操作系统供应商,微软不断地尝试将可信计算技术融入 Windows 操作系统中,以提供更安全的计算平台。其中应用较多的一项技术是微软加密文件系统(Encrypting File System,EFS),这是微软向操作系统中集成可信计算技术的最早尝试之一,Windows 2000 和之后出现的 Windows XP 等操作系统都支持该特性。在微软 Vista 操作系统中,应用了全新的被称为安全启动的特性,这是 Windows 操作系统应用的第一个基于硬件的安全方案。一个符合 TPM 规范的硬件设备将对每个 Windows 系统开机时需要用到的文件进行标记,一旦在开机的过程中这个硬件检验出标记状态的不吻合就很可能意味着这个系统受到了非授权的篡改或破坏。这种保护机制的问题在于用户的疏忽或者应用软件问题造成的文件损坏也可能造成标记的不符,这将对用户的使用造成不小的困扰。

2. 信息加密保护

可信计算平台成为主流的同时,加密技术仍将是安全保护的核心力量,应用 TPM 会使系统的加密更具可信性。IBM 是最早利用可信计算技术保护计算机设备的厂商之一,针对 PC 市场推出的解决方案称为 IBM 嵌入式安全子系统,该系统与 TPM 规范规格兼容。

IBM 嵌入式安全子系统由 IBM 专用的客户端安全软件和内嵌在计算机中的安全芯片组成。安全芯片可以应用于登录密码、加密密钥和数字证书的保护,同时也可对文件系统(利用 IBM 的文件和文件夹加密功能)和网络传输进行加密。除了这些保护功能,该安全系统的一个突出优点是能够防止计算机内的数据被非法获取。

安全芯片信息存储和传送经过了高强度的加密,IBM 采用了特殊的芯片封装方法,使得安全芯片的破解极其困难。正确地应用了安全子系统之后,用户的数据可以得到妥善的保护,特别是对于失窃的情况,即使非法用户盗取了计算机用户的信息,也不会造成泄密。

3. 网络保护

3Com 公司提供集成了嵌入式防火墙(Embedded Firewall,EFW)的网卡产品,用以向安装了该产品的计算机提供可定制的防火墙保护。另外,它还提供硬件虚拟专用网络(Virtual Private Network,VPN)功能。由于支持基于 TPM 规范的认证,所以用户能够利用这类网卡执行更好的计算机管理,使得只有合法的网卡才能访问企业网络。

对于执行了较严格策略的用户,即使是使用失窃的网卡也无法连入企业网络中。

由于将防范和管理更加有效地部署到终端，这类嵌入式防火墙产品使用户可以建立更具可信性的网络。网卡中的硬件防火墙模块相对于每个终端计算机上安装的软件防火墙来说性能更好，因为终端往往要为软件防火墙耗费很多运算能力。

不过嵌入式防火墙的可配置能力和可扩展能力相对差些，如果用户不需要太过复杂的防火墙规则，并且希望更好地控制网络访问，那么采用这种形式的产品将会非常有效。

4. 安全管理

Intel 主动管理技术（Active Management Technology，AMT）是为远程计算机管理而设计的，之所以将其划归为可信计算技术是因为这项技术对于安全管理具有非常独特的意义和重要的作用，而且 AMT 的运作方式与 TPM 规范所提到的方式非常吻合。

在支持 AMT 的处理器、主板芯片组和网卡的计算机系统中，即使在软件系统崩溃、BIOS 损坏甚至是没有开机的状态下管理员仍然能远程对计算机完成很多操作。例如，在系统因病毒而瘫痪的情况下管理员可以利用 AMT 技术远程进行病毒清除、补丁更新乃至操作系统安装等工作，从而可以极大地提高安全事件的响应速度并降低管理成本。执行更加复杂的管理工作有赖于软件环境的支持，目前已经有很多计算机管理解决方案厂商开始在自己的产品中支持 AMT。

1.2　可信计算技术

1.2.1　可信计算基

可信计算基（TCB）是硬件、固件、软件和负责执行安全策略的组合体。通常所指的可信计算基是构成安全计算机信息系统的所有安全保护装置的组合体（通常称为安全子系统），以防止不可信主体的干扰和篡改。

将操作系统分为 TCB 和非 TCB 部分为开发者与设计者提供了便利，这样就可以将所有与安全相关的代码都放置在逻辑上的 TCB 部分。为了确保非 TCB 代码不影响操作系统的安全实施，TCB 代码必须在受保护的状态下运行。

1.2.2　可信计算平台

可信计算平台是以 TPM 为核心，但它并不仅由一块芯片构成，而是把 CPU、操作系统、应用软件、网络基础设备融为一体的完整体系结构。一个典型的 PC 平台的体系结构如图 1-5 所示。

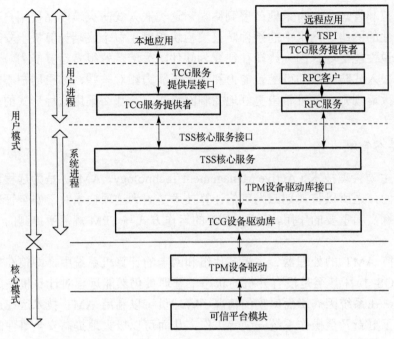

图 1-5 一个典型的 PC 平台的体系结构

整个体系主要分为三层：TPM、TSS 和应用软件。TSS 称为可信软件栈，处在 TPM 之上、应用软件之下，提供了应用程序访问 TPM 的接口和对 TPM 的管理。TSS 分为四层：工作在用户态的 TCG 服务提供层（TCG Service Provider，TSP）、TCG 核心服务层（TCS）、TCG 设备驱动库（TCG Device Driver Library，TDDL）和内核态的 TCG 设备驱动（TCG Device Driver，TDD）。

1. TSP

TSP 提供应用程序访问 TPM 的 C++界面，基于一个面向对象的底层结构，驻留在与应用程序一样的进程地址空间（都是用户进程）。授权协议在这一层可通过一个在这层编码的用户接口（User Interface，UI），也可通过 TCS 的回调机制（如果调用者是远程操作）来实现。

TSP 提供两种服务：上下文（context）管理和密码操作。上下文管理器产生动态句柄，以便高效地使用应用程序和 TSP 资源。每个句柄提供一组相关 TCG 操作的上下文。应用程序中不同的线程可能共享一个上下文，也可能每个线程获得单独的上下文。为了充分利用 TPM 的安全功能，TSP 也提供了密码功能，但是内部数据加密对接口是保密的，例如，报文摘要和比特流的产生功能等。

2. TCS

TCS 提供一组标准平台服务的应用程序编程接口（Application Programming

Interface，API）。一个 TCS 可以给多个 TSP 提供服务。如果多个 TCG 服务提供者都基于同一个平台，则 TCS 保证它们都将得到相同的服务。TCS 提供了以下 4 个核心服务。

（1）上下文管理：实现到 TPM 的线程访问。

（2）证书和密钥的管理：存储与平台相关的证书和密钥。

（3）度量事件管理：管理事件日志的写入和相应 PCR 的访问。

（4）参数块的产生：负责对 TPM 命令序列化、同步和处理。

3. TDDL

TDDL 是用户态和内核态的过渡，仅仅是一个接口而已。它不对线程与 TPM 的交互进行管理，也不对 TPM 命令进行序列化（serialization）。这些是在高层的软件堆栈完成。由于 TPM 不是多线程的，一个平台只有一个 TDDL 实例（instance），所以只允许单线程访问 TPM。TDDL 提供开放接口，使各不同厂商可以各自自由地实现 TDD 和 TPM。

4. 内核态的 TDD

TDD 位于操作系统的内核层，是使用安全芯片的一个基础部件，负责将设备驱动程序库传入的字节流发送给安全芯片，同时将安全芯片返回的数据发送回设备驱动程序库，以及在电源改变时保存或者恢复安全芯片的状态。

在 TCG 系统中，可信根是无条件被信任的，系统并不检测可信根的行为，因此可信根是否真正值得信任是系统的可信关键。TPM 是可信根的基础。

TPM 由输入和输出、密码协处理器、哈希运算消息认证码（Hash-based Message Authentication Code，HMAC）引擎等组件构成。首先 TPM 芯片验证当前底层固件的完整性，若正确则完成正常的系统初始化；然后由底层固件依次验证 BIOS 和操作系统完整性，若正确则正常运行操作系统，否则停止运行；最后利用 TPM 芯片内置的加密模块生成系统中各种密钥，对应用模块进行加解密，向上提供安全通信接口，以保证上层应用模块的安全。图 1-6 是 TCG 的 TPM 组成结构。

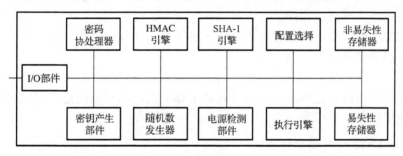

图 1-6　TCG 的 TPM 组成结构

任何可信都是建立在某一个层次上的，如果能直接访问更低的层次，那么上一个层次的保护将是毫无作用的。传统的系统中，密钥和授权信息都直接存储在内存与硬盘中，攻击者有很多的方法来获取它们。在可信计算的体系中，所有这些秘密数据都是由 TPM 保护的，攻击者只有攻破 TPM 才能攻破系统的防护。这样，TPM 就成为系统可信的最低层次，它提供了整个系统可信的基础。

1.3　可信计算研究的发展趋势

1.3.1　可信计算面临的挑战

目前，可信计算已经成为国际信息安全领域中的一个新潮流，但目前的可信计算发展中还存在一些必须研究解决的问题。

1. 理论研究相对滞后

无论国外还是国内，在可信计算领域都处于技术超前于理论，理论滞后于技术的状况，主要表现在以下几方面。

（1）可信计算的理论研究落后于技术开发，至今尚无公认的可信计算理论模型。

（2）可信测量是可信计算的基础，但是目前尚缺少软件的动态可信性的度量理论与方法。

（3）信任链技术是可信计算平台的一项关键技术，然而信任链理论，特别是信任在传递过程中的损失度量尚需要深入研究，以便把信任链建立在坚实的理论基础之上。

目前可信计算的技术实践已经取得长足发展，因此，应当在可信计算的实践中丰富和发展可信计算的理论。

2. 一些关键技术尚待攻克

目前，无论国外还是国内的可信计算机都没能完全地实现 TCG 的 PC 技术规范，例如，动态可信度量、存储、报告机制，安全 I/O 等。

目前的可信计算机产品都没能完全地实现可信计算中广泛认同的一些技术，如完整信任链动态可信测量等。

目前的可信测量只是系统开机时的系统资源静态完整性测量，只能确保系统开机时的系统资源静态完整性，这不是系统工作后的动态可信测量，因此尚不能确保系统工作后的动态可信性。

3. 缺乏配套的可信软件系统

目前 TCG 给出了可信计算硬件平台的相关技术规范和可信网络连接的技术规

范，但还没有关于可信操作系统、可信数据库、可信应用软件的技术规范。只有硬件平台的可信，没有操作系统、网络、数据库和应用的可信，整个系统还是不安全的。网络连接只是网络活动的第一步，联网的主要目的是数据交换和资源共享，这方面尚缺少可信技术规范。

4. 缺少安全机制与容错机制的结合

安全与可靠是用户对可信计算的要求，因此，必须坚持安全与容错相结合的技术路线，但是目前这方面的研究还十分缺乏。

5. 可信计算的应用需要开拓

应用需求是衡量技术先进性的标尺和促进技术发展的推动力，随着云计算、物联网（Internet of Things，IoT）、移动计算等应用的发展，可信计算技术在迎来新的发展机遇的同时，也面临一些挑战[17-20]。

（1）可信计算在移动计算中的应用挑战。移动计算[21-23]是近年来得到快速发展的一项新技术，它综合了分布式计算、互联网、移动通信和数据库等多项技术的功能，使各类智能移动终端能够在无线网络环境下互联互通，实现任何人在任何时间、任何地点能够与任何人进行任何方式的通信,极大地改变了人们的生活和工作方式。

移动终端的功能多以应用为中心，需要根据应用确定其处理能力、存储空间、功耗、外观、体积等性能和元素。移动网络为移动计算提供信息基础保障，而移动计算中的移动网络综合了目前广泛使用的 3G/4G、无线局域网（Wireless Local Area Networks，WLAN）、卫星通信等具有固定网络设备（如 3G/4G 中的基站、WLAN 中的接入点（Access Point，AP）等）支持的网络，还包括不需要固定设备支持、各节点自行组网的无线自组织网络（Mobile Ad-Hoc Network，MANET）。无论是移动智能终端还是移动网络，如何实现节点的移动接入的可信，确保计算与通信的真实性、可靠性、准确性和可用性，还需要进行深入的研究。

（2）可信计算在云计算中的应用挑战。云计算（cloud computing）[24-27]是一种计算和服务模式，它以互联网与数据中心为基础，利用虚拟化技术构建由计算资源、存储空间、应用程序等组成的可共享资源池，为用户提供按需、便捷、可扩展的服务，而不关心数据中心管理、数据处理、应用程序部署等技术细节。从实现方式来看，云计算需要通过虚拟化技术将分布在不同地理位置的异构资源（如计算机、存储、网络、应用系统等）整合起来，以增强服务能力、提高服务质量。

将可信计算技术应用到云环境，除了要解决传统信息系统中遇到的问题，还需要面对在复杂网络环境和管理模式以及细粒度的资源分配与调用过程中如何建立信任机制的问题。显然，基于可信计算的云环境构建需要同时解决身份认证、资源分配与调度、用户隐私保护、数据备份与容灾、安全审计等一系列技术问题，同时还需要制定相应的法律法规进行行为约束。

（3）可信计算在物联网中的应用挑战。物联网[28-30]是通过无线射频识别（Radio Frequency Identification Devices，RFID）、传感器、摄像机、全球定位系统（Global Position System，GPS）等具有标识、感知、定位和控制功能的智能设备来获取物体（虚拟的和物理的）的信息，然后通过通信网络进行互联与管理，利用互联网这一成熟的信息平台为社会各行各业提供面向物体的各类服务（如标识、跟踪、定位、监控和管理等）的信息系统。物联网是一个以数据为中心的网络，这就要求物联网中的感知终端其身份必须是真实可靠的，同时物联网提供的各类信息也必须是真实、完整、可用、可信的。如何从海量信息中挖掘和发现真实可信的有价值信息，成为物联网研究中需要不断深入与展开的问题。

1.3.2　可信计算待研究领域

现阶段的可信计算热潮是从可信 PC 平台开始的，但是它涉及的研究和应用领域却要广泛得多，其亟待研究的领域包括如下三个方面[1,2]。

1）关键技术

（1）可信计算的系统结构，包括可信计算平台的硬件结构、可信计算平台的软件结构。

（2）TPM 的系统结构，包括 TPM 的硬件结构、TPM 的物理安全、TPM 的嵌入式软件。

（3）可信计算中的密码技术，包括公钥密码、传统密码、哈希函数、随机数产生。

（4）信任链技术，包括信任的传递。

（5）信任的度量，包括信任的动态测量、存储和报告机制。

（6）可信软件，包括可信操作系统、可信编译、可信数据库、可信应用软件。

（7）可信网络，包括可信网络结构、可信网络协议。

（8）可信网络设备、可信网格。

2）理论基础

（1）可信计算模型，包括可信计算的数学模型、可信计算的行为学模型。

（2）可信性的度量理论，包括软件的动态可信性度量理论与模型。

（3）信任链理论，包括信任的传递理论、信任传递的损失度量。

（4）可信软件理论，包括软件可信性度量理论、可信软件工程、软件行为学。

3）可信计算的应用

可信计算技术的应用是可信计算发展的根本目的。可信计算技术与产品主要用于电子商务、电子政务、安全风险管理、数字版权管理、安全检测和应急响应等领域。

1.4 本 章 小 结

总之，可信计算技术是一种行之有效的信息安全技术，当前可信计算已经成为世界信息安全领域的一个新潮流。同时也应该清醒地认识到，安全是相对的，而不安全是绝对的，虽然可信计算机与普通计算机相比安全性大大提高，但可信计算机也不是百分之百安全的。

我国在可信计算领域起步不晚，水平不低，成果可喜，应当抓住机遇发展我国的可信计算事业，建立我国的信息安全体系，确保我国的信息安全。

参 考 文 献

[1] 沈昌祥. 构建积极防御综合防范的保护体系. 信息安全与通信保密, 2004, 5: 18-19.

[2] 沈昌祥, 张焕国, 冯登国, 等. 信息安全综述. 中国科学: 信息科学, 2007, 37(2): 129-150.

[3] 沈昌祥, 张焕国, 王怀民, 等. 可信计算的研究与发展. 中国科学: 信息科学, 2010, 40(2): 139-380.

[4] Department of Defense Computer Security Center. Department of Defense Trusted Computer System Evaluation Criteria: DOD 5200.28-STD. Washington: DOD, 1985.

[5] National Computer Security Center. Trusted Network of the Trusted Computer System Evaluation Criteria: NCSC-TG-005. Washington: DOD, 1987.

[6] National Computer Security Center. Trusted Network Management System Interpretation: NCSC-TG-021. Washington: DOD, 1991.

[7] Bell D E, LaPadula L J. Secure Computer Systems: Mathematical Foundations, MTR-2547. Bedford: MITRE Corporation, 1973.

[8] 张喜征. 虚拟企业信任机制研究. 长沙: 湖南人民出版社, 2005.

[9] Trusted Computing Group. TCG Specification Architecture Overview Revision 1.2. http://www. trustedcomputinggroup.org [2016-10-19].

[10] TCG Specification Architecture Overview. https://www.trustedcomputinggroup.org/groups/ TCG_1_0_Architecture_Overview.pdf [2016-10-22].

[11] TCG Generic Server Specification. https://www.trustedcomputinggroup.org/groups/server/ TCG_Generic_Server_Specification_v1_0_rev0_8.pdf [2016-10-09].

[12] TCG 规范列表. http://www.trusedcomputinggroup.org/specs [2016-12-09].

[13] Turaya: First Demo of the Open Trusted Computing Platform. http://www.emscb.com/content/ messages/50485.htm[2017-5-01].

[14] 沈昌祥, 张大伟, 刘吉强, 等. 可信 3.0 战略: 可信计算的革命性演变. 中国工程科学, 2016, 18(6): 53-57.

[15] TCG Guidance for Securing Network Equipment. https://trustedcomputinggroup.org/tcg-guidance-securing-network-equipment/[2017-5-01].

[16] Common Criteria Project Sponsoring Organizations. Common Criteria for Information Technology Security Evaluation, Version 2.1. 1999, 15408: 1-3.

[17] Clark D, Partridge C, Ramming J C, et al. A knowledge plane for the Internet. Proceedings of the 2003 Conference on Applications, Technologies, Architecture, and Protocols for Computer Communications, New York, 2003.

[18] Clark D, Sollins K, Woclawski J, et al. NewArch: Future Generation Internet Architecture. http://www.isi.edu/newarch/iDOCS/finalreport.pdf [2015-02-11].

[19] Neumann P G. Principled Assuredly Trustworthy Composable Architectures. http://www.esl.sri.com/neumann/chats4.html [2015-02-11].

[20] 王群, 李馥娟. 可信计算技术及其进展研究. 信息安全研究, 2016, 2(9): 834-843.

[21] 郎为民, 姚晋芳. 移动云计算应用研究. 电信快报, 2017 (5): 1-5.

[22] 崔勇, 宋健, 缪葱葱, 等. 移动云计算研究进展与趋势. 计算机学报, 2017, 40(2): 273-295.

[23] 杨波, 冯登国, 秦宇, 等. 基于 TrustZone 的可信移动终端云服务安全接入方案. 软件学报, 2016, 27(6): 1366-1383.

[24] 刘川意, 王国峰, 林杰, 等. 可信的云计算运行环境构建和审计. 计算机学报, 2016, 39(2): 339-350.

[25] 原锦明. 可信计算基础下云计算安全关键问题相关研究. 网络空间安全, 2016, 7(11): 65-67.

[26] 陈金鑫, 解福. 基于云计算环境的平台可信度认证问题研究. 计算机应用与软件, 2016, 33(5): 321-324.

[27] 纪祥敏, 赵波, 陈璐, 等. 基于信任扩展的可信云执行环境. 华中科技大学学报(自然科学版), 2016, 44(3): 105-109.

[28] 张鑫, 杨晓元, 朱率率, 等. 物联网环境下移动节点可信接入认证协议. 计算机应用, 2016, 36(11): 3108-3112.

[29] 张文博, 包振山, 张建标, 等. 基于可信计算的车联网云用户远程证明. 华中科技大学学报(自然科学版), 2016, 44(3): 12-16.

[30] 黎彤亮. 物联网中的 RFID 安全协议与可信保障机制研究. 天津: 天津大学, 2014.

第 2 章　信任链技术

信任链是信任度量模型的实施技术方案。信任链技术是可信计算的关键技术之一。可信计算平台通过信任链技术，把信任关系从信任根扩展到整个计算机系统，以确保可信计算平台可信。

本章首先介绍了 TCG 的信任链技术，然后介绍了一种可信引擎驱动下的可信软件信任链模型。

2.1　TCG 的信任链技术

信任链作为可信计算的关键技术，一直是一个研究热点，各国学者对此进行了坚持不懈的研究，并且取得了许多研究成果。

1997 年宾夕法尼亚大学的 Arbaugh 等[1,2]提出了 AEGIS 安全引导体系结构，该结构修改了主机系统的 BIOS，并增加了一个 AEIGS ROM，以实现对可执行代码的完整性检查，提出的"链式"度量和保护思想奠定了后来 TCG 信任链的基础。

2004 年，IBM 公司设计实现了 TPod（Trusted Platform on demand）体系结构[3]。在 TPod 实现的可信引导过程中，首先基础 BIOS 作为信任根执行并度量其余 BIOS 的完整性，然后被度量的 BIOS 再执行对 GRUB（Grand Unified Bootloader）的度量，最后由 GRUB 度量操作系统的完整性。

2004 年，IBM Waston 研究中心的 Sailer 等[4]提出了基于 TCG 完整性度量架构（Integrity Measurement Architecture，IMA）。IMA 以 Linux 平台为基础，实现了对应用层可执行代码、动态链接库、脚本和 Linux 内核模块的完整性度量。这是第一个实际可运行的、依照可信计算标准设计完成的完整性度量系统。

2005 年，卡内基梅隆大学的 Shi 和 IBM Waston 研究中心的 Doorn 等[5]提出为分布式系统建立可信环境的 BIND（Binding Instructions and Data）框架，把代码的完整性证明细化为关键代码段的完整性证明，并为关键代码段产生的每一组数据生成一个认证器，认证器依附到相应数据上，从而实现关键代码段的完整性证明。

2006 年，宾夕法尼亚大学的 Jaeger、IBM Waston 研究中心的 Sailer 和加利福尼亚大学（简称加州大学）伯克利分校的 Shankar 在 IMA 的基础上，提出了基于信息流的 PRIMA（Policy-Reduced Integrity Measurement Architecture）架构[6]，通过引入 CW-Lite 信息流模型来处理组间的依赖关系，为基于信息流的系统完整性动态度量进行了有效的尝试。

这些研究从不同的角度对计算机启动过程中的数据完整性度量进行了探索与实践，丰富和发展了可信计算的可信启动与可信度量技术。

TCG 利用计算机启动顺序中的数据完整性判断平台的可信状态。计算机的启动顺序为：①BIOS 取得控制权，建立一个基本的输入/输出系统并初始化相应的硬件设备；②BIOS 将控制权传递给系统安装的硬件板卡的 BIOS，当这些硬件板卡完成自己的初始化工作后，BIOS 回收控制权；③BIOS 将控制权传递给操作系统内核；④操作系统内核加载并安装各种各样的设备驱动和服务。至此，系统启动完毕，等待执行用户程序。

计算机执行各种任务时，计算机的控制权将会在不同的实体之间传递，那么用户如何才能知道计算机是不是受到了恶意攻击以及计算机是不是可信呢？

TCG 采用度量、存储、报告机制来解决这一问题，即对平台的启动顺序进行可信性度量，并对度量的可信值进行安全存储，当用户询问时提供报告。为此，首先要记录系统的启动顺序和在启动顺序中的可信度量结果；然后通过向用户报告启动顺序与可信度量结果，来向用户报告平台的可信状态。从这一观点来看，所谓信任链技术就是记录启动顺序和在启动顺序中的可信度量结果的一种实现技术。

TCG 给出的信任链定义如下。

```
CRTM->BIOS->OSLoader->OS->applications
```

其中，CRTM 是 BIOS 里面最先执行的一段代码，用于对后续启动部件进行完整性度量，因此 CRTM 是整个信任链度量的起点。

度量过程为：①当系统加电启动时，首先 CRTM 对 BIOS 的完整性进行度量。通常，这种度量就是把 BIOS 当前代码的可信值计算出来，并把计算结果与预期的可信值进行比较，如果两者一致，则说明 BIOS 没有被篡改，BIOS 是可信的；如果不一致，则说明 BIOS 的完整性遭到了破坏，不可信。②如果 BIOS 是可信的，那么可信的边界将会从 CRTM 扩大到 CRTM+BIOS，于是执行 BIOS。③BIOS 对 OSLoader 进行度量，OSLoader 就是操作系统的加载器，包括主引导记录（Master Boot Record，MBR）、操作系统引导扇区等。④如果 OSLoader 也是可信的，则信任的边界将会扩大到 CRTM+BIOS+OSLoader，执行操作系统的加载程序。⑤操作系统加载程序在加载操作系统之前，将首先度量操作系统，如果操作系统是可信的，则信任的边界将会扩大到 CRTM+BIOS+OSLoader+OS。⑥加载并执行操作系统。⑦当操作系统启动以后，由操作系统对应用程序 applications 的完整性进行度量。⑧如果应用程序是可信的，则信任的边界将扩大到 CRTM+BIOS+ OSLoader+OS+applications，于是操作系统加载并执行应用程序。上述过程看起来如同一根链条一样，环环相扣，因此称为信任链。整个过程如图 2-1 所示。

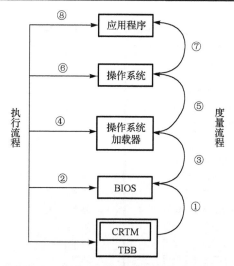

图 2-1　可信计算平台的启动和信任链流程

在信任链的执行过程中，度量的顺序反映了系统启动的顺序，度量的值就是反映系统可信状态的值，于是将这一过程中的度量值妥善地存储下来，就记录了系统的启动顺序和在启动顺序中的可信度量结果，为以后的报告机制提供了数据基础。

这里需要解决一个问题：采用什么方法来度量软件的可信性？这种方法既要能够准确地反映软件是否被篡改、是否可信，度量的结果数据又要比较短，以节省存储空间。一般采用哈希函数进行度量，哈希函数具有以下明显的优点。

（1）可以接受几乎任意长的输入数据，其输出长度固定，一般为几十字节。

（2）输入数据的微小改变将引起输出的明显改变。

（3）安全性好，具有不可逆和抗碰撞攻击的能力。

TCG 在规范中就是采用 SHA-1 函数来度量软件的完整性，并以软件的完整性代表软件的可信性。SHA-1 是美国国家标准与技术研究院在 1995 年设计的，并颁发为美国的国家标准（FIPS PUB 180-1）。其输入长度小于 2^{64}bit，输出长度 160bit（20B），预期安全性 $O(2^{80})$。

信息链执行过程中，反映平台可信性的度量值必须安全存储，但是硬盘的安全性较低。可信计算的一个突出特点是采用了一个 TPM 芯片作为信任根，其安全性比硬盘高。因此，TCG 将可信度量值存储到 TPM 中。具体地，在 TPM 的存储器中专门开辟一片区域作为平台配置寄存器（PCR），用于存储可信度量值。TPM 1.1 中定义了 16 个 PCR；TPM 1.2 中定义了 24 个 PCR，其中 $PCR_0 \sim PCR_{15}$ 仍然保持原来 TPM 1.1 中的定义，而 $PCR_{16} \sim PCR_{23}$ 用于 TPM 1.2 中的新应用。TPM 1.2 的 PCR 寄存器如表 2-1 所示。

表 2-1　　TPM 1.2 的 PCR 寄存器

寄存器	存储内容	寄存器	存储内容
PCR_0	BIOS 代码	PCR_{12}	静态度量 OS 使用
PCR_1	硬件配置信息	PCR_{13}	静态度量 OS 使用
PCR_2	ROM BIOS 代码	PCR_{14}	静态度量 OS 使用
PCR_3	ROM 配置信息	PCR_{15}	静态度量 OS 使用
PCR_4	IPL 代码	PCR_{16}	调试使用
PCR_5	IPL 配置信息	PCR_{17}	动态度量 OS 使用
PCR_6	状态迁移	PCR_{18}	动态度量 OS 使用
PCR_7	厂商使用	PCR_{19}	动态度量 OS 使用
PCR_8	静态度量 OS 使用	PCR_{20}	动态度量 OS 使用
PCR_9	静态度量 OS 使用	PCR_{21}	动态度量 OS 使用
PCR_{10}	静态度量 OS 使用	PCR_{22}	动态度量 OS 使用
PCR_{11}	静态度量 OS 使用	PCR_{23}	应用程序使用

注：初始程序装载机（Initial Program Loader，IPL）

　　为了使存储到 PCR 中的度量值能够反映系统的启动顺序，TCG 采用了一种迭代计算 Hash 值的方式，并称为"扩展"操作。即将 PCR 的现值与新值相连，再计算 Hash 值并作为新的完整性度量值存储到 PCR 中，表示为

$$\text{New } PCRi = \text{Hash}（\text{Old } PCRi \parallel \text{New Value}）$$

其中，符号"$\parallel$"表示连接。

　　哈希函数具有两个性质：①如果 $A \neq B$，则有 Hash（A）$\neq$Hash（B）；②如果 $A \neq B$，则有 Hash（$A \parallel B$）$\neq$Hash（$B \parallel A$）。由此可知，PCR 中存储的度量值不仅能够反映当前度量的软件完整性，也能够反映系统的启动顺序。当前软件的完整性或系统启动顺序的任何改变都将引起存储到 PCR 的值的改变。

　　文献[7]事先把系统启动过程中需要度量部件的完整性值计算出来，并作为预期值存储起来。当系统实际启动时，信任链技术就会把当前度量的实际完整性值计算出来，并与预期的完整性值进行比较。如果两者一致，则说明被度量部件没有被篡改，数据是完整的，软件是可信的；如果不一致，则说明被度量部件被篡改，其完整性遭到了破坏，软件不可信了。这样，依靠信任链技术就可以在系统启动过程中检查系统资源的数据完整性是否得到确保，从而保证系统资源的数据完整性和系统的可信性。

　　除了信任链的度量，TCG 还采用日志技术与之配合，对信任链过程中的事件记录相应的日志。日志将记录每一个部件被度量的内容、度量时序以及异常事件等。由于日志与 PCR 的内容是相关联的，攻击者篡改日志的行为会被发现，这就进一步增强了系统的安全性。因此，文献[7]提出的这种信任链技术较好地体现了 TCG 的度量、存储、报告机制，并且具有与现有的 PC 兼容、实现简单的优点。

2.2　TCG 信任链的不足

根据前面的分析可以知道，TCG 信任链技术的最大优点是实现了可信计算的基本思想：从信任根开始到硬件平台，到操作系统，再到应用，一级测量认证一级，一级信任一级，把这种信任扩展到整个计算机系统，从而确保整个计算机系统的可信。而且，这种信任链技术与现有计算机有较好的兼容性，实现简单。

TCG 信任链技术具有如下不足。

（1）信任链中度量的是数据完整性，不是可信性。可信计算的主要目标是提高和确保计算平台的可信性[8-10]。为此，显然应当度量并确保系统资源的可信性，但是，受可信性度量理论的限制，目前尚缺少简单易行的平台可信性度量理论与方法。相比之下，数据完整性的度量理论已经成熟，而且简单、易行。TCG 采用了数据完整性度量来代替可信性度量。理论与实践都表明，通过数据完整性的度量与检查，可以发现大多数对系统资源的完整性破坏，对确保系统资源的数据完整性和平台的可信性有重要贡献。

但完整性并不等于可信性，目前，在学术界对可信性的理解尚没有统一的认识。根据"可信≈安全+可靠"[8-10]的学术观点，数据安全性包括数据的秘密性、完整性和可用性。另外，确保数据完整性也是提高系统可靠性的一种措施，但这仅仅是安全性和可靠性中的一部分，而不是它们的全部。因此，TCG 的信任链度量是有一定局限性的。这一问题是解决依赖于可信度量理论的发展。

TCG 在信任链中采用的是度量数据完整性，所以它能确保数据的完整性，确保BIOS、OSLoader、OS 的数据完整性。但是数据完整性只能说明这些软件没有被修改，并不能说明这些软件中没有安全缺陷，更不能确保这些软件在运行时的安全性。例如，攻击者可以在一个可信系统中利用缓冲区溢出替换可执行文件。基于数据完整性的度量是一种静态度量，静态度量可以确保软件加载时的可信性，但不能确保软件在执行时的可信性。因此，需要进行基于软件行为的动态度量。但是，软件的行为是复杂的，对其进行度量是困难的。

文献[11]对软件的行为进行了形式化的刻画和分析。国内外许多学者对软件的行为可信性进行了研究，并取得了一些研究成果。

张焕国等[9]提出了一种基于软件行为的动态完整性度量方法。首先分析可执行文件或源代码的 API 函数调用关系得到软件的预期行为，建立软件预期行为描述集并发布。然后对软件进程的实际 API 函数调用行为进行监控，如果在软件执行过程中，软件行为符合软件预期行为描述集中的相关规则（软件行为认证码），则认为软件是可信的；否则说明软件不可信，此时应该对软件进行控制。在仿真实验中把静态度量与动态度量相结合，得到了较好的效果。

　　另外，TCG 的信任链还把信任值二值化，只考虑了可信和不可信两种极端状况，而且认为在传递过程中没有信任损失，这显然是一种理想化的处理方法。

　　（2）信任链较长。根据理论可知：信任传递的路径越长，信任的损失就可能越大。TCG 的信任链如下。

```
CRTM->BIOS->OSLoader->OS->applications
```

从 CRTM 到应用程序，中间经过了很多级的传递，可能会产生信任的损失。

　　（3）信任链的维护麻烦。信任度量值的计算采用了一种迭代计算 Hash 值的"扩展"方式，这就使得在信任链中加入或删除一个部件、信任链中的软件部件更新（如BIOS 升级、OS 更新等），相应的预期可信值都得重新计算，维护很麻烦。另外，为了确保系统的可信，需要度量所有可执行部件（如可执行程序、Shell 脚本、Pert脚本等）。这么多部件要度量，十分繁琐。

　　（4）CRTM 存储在 TPM 之外，容易受到恶意攻击。在实际实现时，CRTM 是一个存储在 TPM 之外的软件模块，很容易受到恶意攻击。如果能够把它存储到 TPM内部，将会更安全。

　　除此之外，TCG 的信任链在实际实现时，还可能遇到一些问题。

　　（1）一些引导加载程序中存在缺陷（bug）。例如，Dartmouth 的可信引导加载程序 BearProject，它利用 MBR 度量 Linux 加载程序（Linux Loader，LILO）以及Linux 内核影像 Image 的最后一部分（包括内核本身）。但是，实际上 Image 的第一部分才真正包含实模式启动代码。于是，攻击者可以篡改这部分启动代码，从而启动其他内核，这种篡改攻击无法通过 PCR 的值发现。又如，IBM 用于 IMA 架构的Grub 也存在缺陷。该 Grub 会加载文件两次，一次用于加载内核映象，另一次用来度量并扩展 PCR。如果第一次加载的代码是恶意的，那么第二次度量正确也没有意义。

　　（2）利用 TPM 进行重置攻击。TCG 在 PC 规范中规定，TPM 通过 LPC 总线（Low Pin Count Bus）与主板连接。因此，攻击者有可能通过 LPC 在平台没有重启的情况下重置 TPM，从而使 PCR 中的数据失去意义。重置后攻击者把正确的 Hash值扩展到 PCR 中，从而欺骗询问者。

2.3　信任链传递研究现状

　　在终端 PC 上，通过可信认证进行信任传递包括两个过程：①从终端加电至操作系统装载的静态可信认证；②从操作系统至应用程序的动态可信认证。静态可信认证能够确保数据的完整性，确保信任链范围内部件（OSLoader、OS 等）数据完整性。但是，完整性只能说明这些软件部件没有被修改，并不能说明这些软件中没有安全缺陷，更不能确保这些软件在运行时的安全性。基于数据完整性的度量是一种静态度量，还需要进行基于软件行为的动态度量。

2.3.1　静态可信认证

关于应用静态可信认证来进行可信传递，到目前为止，国内外学者做了许多研究工作，代表性工作如下。

Arbaugh 等[1]提出了一个逐级安全认证的原型系统，该系统从系统加电到应用程序分为 5 个级别。令第 0 级为 BIOS 的核心代码，该代码被安全存储并无条件信任。只有其代码完整性认证得到保证，系统才会把控制权向下一级代码传递。

Dyer 等[12]给出了一种逐层认证的可信计算平台体系结构，将平台的代码分为不同信任级别的层，利用棘齿锁思想，控制程序控制权，在不同的信任层面、不同特权要求的代码块之间进行转移。借助 TCG 提出的可信计算平台，将 TPM 作为可信根，在平台计算系统启动过程中，用杂凑算法对即将调入执行的实体进行完整性度量，如果匹配，则判定该实体可信，同时系统的控制权将发生转移，并度量下一个实体，直至系统启动完成。

Presti[13]将可信计算中的信任链扩展成信任树，信任树的节点表示平台的组件。信任树能够更灵活、准确地表示平台状态，为在复杂的扩展可信计算系统中更好地理解信任提供了一个工具。

赵波等[14]提出了一种带数据恢复功能的星形信任度量模型，其结构如图 2-2 所示。它将 RTM 置入 TPM 内部，而且在信任度量过程中增加了数据恢复功能（事先将被度量的部件备份，在度量中若发现其完整性被破坏，则进行恢复），并将信任度量延伸到应用程序。由于这种信任度量可以同时提高系统的安全性和可靠性，所以提高了系统的可信性。

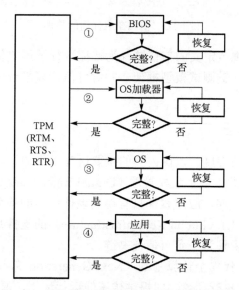

图 2-2　带数据恢复功能的星形信任度量模型

与 TCG 的链式信任度量模型相比，文献[14]模型具有如下优点：①RTM 被 TPM 保护，安全性更高；②具有数据恢复功能，安全性和可靠性更高；③RTM 到任何一个被测量部件都是一级测量，没有多级信任传递，信任损失少。其缺点是 RTM 由 TPM 执行，所有测量都由 RTM 进行，所以 TPM 负担重。

张兴等[15,16]提出了一种分析和判定可信计算平台信任链传递的方法，用形式化的方法证明了当符合非传递无干扰安全策略时，组件之间的信息流受到安全策略的限制，隔离了组件之间的干扰，使得信任链的建立不受其他与安全无关的组件与行为的干扰，从而为系统建立了完整的信任链。信息在组件间的传递如图 2-3 所示。可信计算平台用 S 表示，平台由各个组件组成，一个组件可以由更小的组件组成，最小规模的组件可以是一个进程，用 $a_0, a_1, \cdots, a_n$ 表示。D 表示无干扰模型中的安全域，可以映射到可信计算平台的组件，D 为 S 的真子集。信任关系可以用一个二元关系表示：$\to \in D \times D, A \to B$ 表示系统 S 中组件 A 对 B 进行了完整性度量，并且度量成功，组件 A 信任组件 B。这样信任关系就有了传递性和自反性。因此，系统中信任链可以用式子 $a_0 \to A_1 \to A_2 \to \cdots \to A_n, A_i \subset D$ 表示。

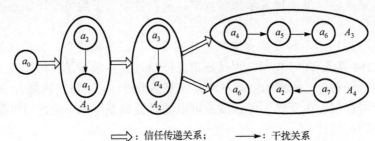

⟹：信任传递关系；　　⟶：干扰关系

图 2-3　信息在组件间的传递

徐明迪等[17,18]对规范定义的信任链行为特征进行了形式化描述，提出了一种基于标记变迁系统的信任链测试模型框架，并对可信计算平台信任链的安全性进行了分析。

2.3.2　动态可信认证

基于软件行为的动态度量，国内外的主要研究工作如下。

Garfinkel 等[19]借助于数字版权管理（Digital Right Management，DRM）对应用程序进行度量和可信传递。应用软件只有得到硬件厂商的签名，并得到可信终端的测量认证才可运行。PKI（Public Key Infrastructure）的支持是保证整个过程完成的关键，信任链的传递表现为一条可信证书链。

Microsoft 的下一代安全计算基础（Next-Generation Secure Computing Base，NGSCB）[20]采用双重执行环境，即提供传统的运行环境，原有的 Windows 操作系

统、应用等依然可以执行。要启用 NGSCB 所提供的可信计算功能，必须依赖可信计算平台的执行环境，但 Microsoft 没有说明在 NGSCB 环境中如何对应用程序进行动态测量，也没有说明 NGSCB 环境对应用程序有何特殊要求。

石勇[21]基于软件类型特点的系统可信验证和保证机制构建了一条动态多路径信任链（Dynamic Multi-Path Trust Chain，DMPTC）。通过 DMPTC 对动态应用软件进行加载执行检验，使得终端计算机平台只运行那些有可信来源的可执行代码，从而确保平台的可信与安全。DMPTC 可以用来防范各种已知和未知的恶意代码，也可以用来加强生产信息系统中应用软件的管理与控制，对 PC 终端用户的操作行为进行规范。

彭国军等[7,22,23]提出了一种软件行为的动态完整性度量模型，首先分析可执行文件或源代码的 API 函数调用关系，得到软件的预期行为，建立软件预期行为描述集并发布。然后对软件进程的实际 API 函数调用行为进行监控，如果在软件执行过程中，软件行为符合软件预期行为描述集中的相关规则（软件行为认证码），则认为软件是可信的；否则说明软件不可信，此时应该对软件进行控制。图 2-4 给出了这种动态完整性度量模型。

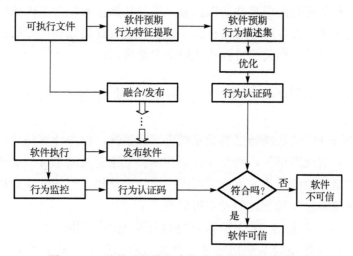

图 2-4　一种基于软件行为的动态完整性度量模型

刘孜文等[24]为帮助管理员动态地检查系统中进程和模块的完整性，提出了一种基于可信计算的操作系统动态完整性度量框架（Dynamic Integrity Measurement Architecture，DIMA）。该度量框架实现了实时的动态度量，解决了度量中最关键的检验时刻与使用时刻不同步的问题，把度量对象扩展到进程、模块和它们的周边信息，并利用可信技术芯片 TPM 进行硬件级别的保护，该框架如图 2-5 所示。

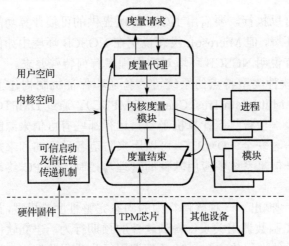

图 2-5　动态完整性度量框架

李晓勇等[25,26]提出了动态多路径信任链、动态代码实时可信判定和可信传递方法（Trust Determination and Transitivity Method of Dynamic codes，TDTMD），对静态的系统软件和动态的应用软件加以区分，关注从操作系统静态内核引导之后到应用程序装载之间的动态多路径可信传递，确保系统自行装载和运行的服务或程序执行代码以及与应用程序相关的可执行代码是安全可信的。

2.4　可信引擎驱动下的可信软件信任链模型

TCG 的可信 PC 信任链通过度量系统资源完整性，保障计算机的静态可信，而对于软件运行时的动态可信，则无法保证。尽管上述有关动态可信认证的信任链传递研究对软件运行时的可信性进行了考虑，但均未从构造可信软件的视角对信任链进行扩展，来保障软件运行时的动态可信性。

鉴于此，本节通过对 TCG 的信任链进行扩充[27]，引入对软件运行时动态可信性的监测，在操作系统与应用软件之间加入可信引擎，提出可信引擎驱动下的可信软件信任链模型，如图 2-6 所示。可信引擎的主要作用是度量应用软件的可信性，包括完整性和动态可信性，并根据度量结果决定软件是否能够加载或是否能够继续运行。可信引擎将度量软件完整性的摘要值存储在 TPM 芯片中，TPM 向可信引擎报告完整性。通过完整性度量软件进行动态可信性的判断，向可信引擎报告结果。

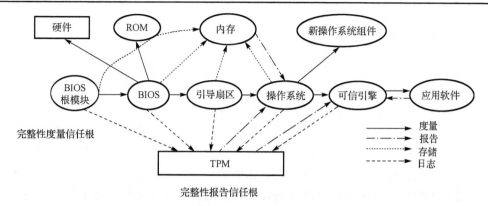

图 2-6　可信引擎驱动下的可信软件信任链模型

可信引擎驱动下的软件可信性评价过程如图 2-7 所示。首先需要将可信软件加入 TPM 的信任链，生成度量其完整性的摘要值；其次可信引擎计算摘要值，与 TPM 中的摘要值比较完成软件完整性度量，将结果报告给可信引擎；再次可信引擎根据报告结果决定是否加载该软件，即若未通过软件完整性度量，说明软件已被修改，软件不可信，放弃加载，否则加载软件；最后当该软件运行时，可信引擎对其进行基于软件可信行为轨迹的动态可信评价，向可信引擎报告结果。可信引擎根据实时报告的结果决定软件是否允许继续运行。其中，软件可信行为轨迹为静态可信视图和动态可信视图的并集，可信软件首次运行时生成静态可信视图，可信软件经多次运行，训练生成动态可信视图。可信引擎通过学习更新动态可信视图，进而更新软件可信行为轨迹。

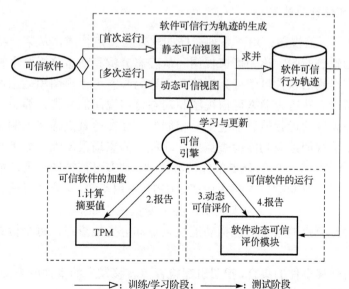

图 2-7　可信引擎驱动下的软件可信性评价过程

2.4.1　可信软件的设计

由图 2-7 可以看出，软件的可信性评价除了通过 TPM 进行软件完整性度量，更为关键的是软件的动态可信评价，而完成此项工作的依据就是软件可信行为轨迹。因此，可信软件的设计主要围绕软件可信行为轨迹的生成与应用展开。

软件可信行为轨迹包括运行轨迹和功能轨迹。运行轨迹从流程的角度描述软件轨迹，即是否按照正确的路径执行；而功能轨迹则从功能及场景信息的角度描述软件轨迹，即是否在正确的场景下实现了正确的功能。为了构造可信软件，将用于软件容错技术的检查点引入可信软件的设计开发过程，作为软件运行流程上关键位置处设置的监测点。

1. 可信软件检查点

可信软件检查点是用来刻画软件行为轨迹的监测点，包括功能检查点和分支检查点。其中，功能检查点在可信软件的一个独立基本功能结束处设置，一个独立基本功能可以是一个系统调用，也可以是一个功能模块，其属性包括检查点处完成的功能、与功能相关的参数策略（如参数取值范围、参数间或参数与返回值间的约束等）、上下文、时间戳、内存占用率、CPU 占用率等信息；分支检查点在软件程序分支处设置，其属性主要是分支的条件信息。无论是功能检查点还是分支检查点，设置的粒度越细，则可信软件检查的粒度越细，可信软件可信的程度越高，但对软件运行效率的影响也就越大，因此应在可信软件检查点粒度和软件运行效率间进行平衡。

2. 软件可信行为轨迹

定义 2-1　可信视图：由一系列有序的软件检查点构成，从某一特定角度描述软件可信行为轨迹的图，称为可信视图。从静态分析和动态分析两个视角对软件检查点进行观察得到的软件可信行为轨迹分别称为静态可信视图和动态可信视图。

软件可信行为轨迹为静态可信视图和动态可信视图的并集，静态可信视图和动态可信视图在软件的运行轨迹描述上是相同的，而在检查点描述上侧重不同方面的属性。静态可信视图涉及功能检查点中的功能、静态场景属性（如参数策略、上下文等），以及分支检查点中的分支条件信息属性；动态可信视图涉及功能检查点中的动态场景信息（如时间戳、内存占用率、CPU 占用率等）。软件可信行为轨迹可用一个五元组 (C, Σ, T, c_0, A) 来表示，各个变量说明如下。

（1）C 为检查点的集合，包括功能检查点和分支检查点，每个检查点包含一组属性。

（2）Σ 为转移事件的集合，指明引起检查点转移发生的事件或需要执行的动作，如一段时间间隔、输入、条件等。

（3）T 是转换函数的集合，表示为 $(C \times \Sigma) \to C$。

（4）c_0 是起始检查点，$c_0 \in C$。

（5）A 是接收检查点的集合，$A \subseteq C$。

图 2-8 给出了软件可信行为轨迹的示意图，其中 c_1、c_2、c_3、c_4 是设置的检查点。可信软件执行时按序到达每个可信软件检查点，保证软件运行轨迹的可信；通过对功能检查点处功能及场景信息的判断确保功能轨迹的可信。运行轨迹和功能轨迹的结合确保软件行为轨迹的可信。

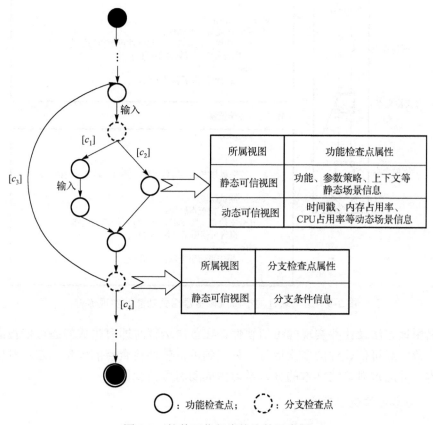

图 2-8 软件可信行为轨迹的示意图

定义 2-2 检查点传感器：检查点传感器是一种检测装置，能检测到软件是否运行到检查点，当软件运行到该检查点时触发，采集、处理相关信息并输出。

采用在每个可信软件检查点处植入检查点传感器的可信软件设计方法，生成软件可信行为轨迹。根据可信软件检查点类别的不同，分为功能检查点传感器和分支检查点传感器。检查点传感器的功能是在训练阶段，将软件检查点和信息输出写入软件可信行为轨迹；在测试阶段，将采集的检查点信息与软件可信行为轨迹比较，进行可信评价，报告评价结果。图 2-9 给出了功能检查点传感器和分支检查点传感器相关功能的实现流程。

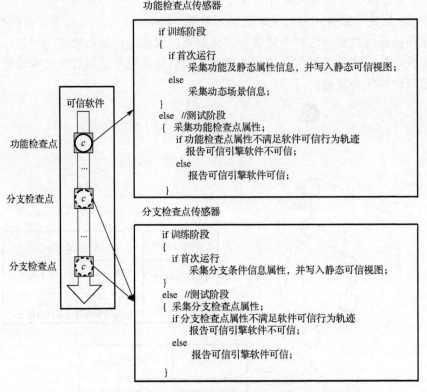

图 2-9　可信软件的检查点传感器相关功能的实现流程

采用该方法设计并实现的可信软件，在首次运行时即可生成静态可信视图。在训练阶段，经可信软件的多次运行，采集到可信软件检查点的大量动态场景属性信息样本，并通过对这些样本的分析学习生成动态可信视图。

3. 动态可信视图的生成

动态可信视图在软件的运行轨迹描述上与静态可信视图相同，现只关注功能检查点的动态场景属性。可信软件每次运行采集到的功能检查点的动态场景属性值无法用准确的数字表示，允许存在一定范围的误差，因此动态场景属性（如时间戳、内存占用率、CPU 占用率等）的正常取值需要通过训练从大样本的原始数据转变为符号数据，用各属性对应的区间数据来表示。

设动态场景属性个数为 n，令 $a_{ij}^1, a_{ij}^2, \cdots, a_{ij}^k$ 表示功能检查点 i 在属性 j 上的 k 个样本值。首先对各动态场景属性采用标准化处理法进行无量纲化预处理，功能检查

点 i 在属性 j 上的 k 个样本值经过预处理后记为 $a_{ij}^{1'}, a_{ij}^{2'}, \cdots, a_{ij}^{k'}$，其中 $a_{ij}^{l'}$ 为

$$a_{ij}^{l'} = (a_{ij}^{l} - \overline{p}_{ij}) / e_{ij}, \quad 1 \leqslant j \leqslant n, \ 1 \leqslant l \leqslant k \tag{2-1}$$

式中，$\overline{p}_{ij} = \dfrac{1}{k}\left(\sum\limits_{l=1}^{k} a_{ij}^{l}\right)$、$e_{ij} = \sqrt{\left(\sum\limits_{l=1}^{k}(a_{ij}^{l} - \overline{p}_{ij})^2\right)\bigg/(k-1)}$ 分别为功能检查点 i 在属性 j 上的均值和标准差。

采用 n 维数据向量 $x_i \in \mathbf{R}^n$ 来描述训练样本预处理后各动态场景属性的正常取值范围，$x_i = ([p_{i11}, p_{i12}], [p_{i21}, p_{i22}], \cdots, [p_{im1}, p_{im2}])^{\mathrm{T}}$，其中，$p_{ij1} = \min\limits_{1 \leqslant l \leqslant k}\{a_{ij}^{l'}\}$，$p_{ij2} = \max\limits_{1 \leqslant l \leqslant k}\{a_{ij}^{l'}\}$。

功能检查点 i 的 n 个动态场景属性的正常取值范围构成正常取值范围超矩形 NH_{in}，表示为 $[u_{in}, v_{in}]$。其中，$u_{in} = (p_{i11}, p_{i21}, \cdots, p_{im1})^{\mathrm{T}}$，$v_{in} = (p_{i12}, p_{i22}, \cdots, p_{im2})^{\mathrm{T}}$。

将各动态场景属性的可信级别分为可信、边界可信和不可信三级，对应的属性异常值分别为 0、(0, 1) 和 1。考虑训练阶段形成的正常取值范围超矩形 NH_{in} 边界值的敏感性，采用 γ- 截断 NH_{in} 的方法，形成一个比 NH_{in} 略小的可信区间超矩形 $\mathrm{CH}_{in} = [\tilde{u}_{in}, \tilde{v}_{in}]$。其中，$\tilde{u}_{in} = (\tilde{p}_{i11}, \tilde{p}_{i21}, \cdots, \tilde{p}_{im1})^{\mathrm{T}}$，$\tilde{v}_{in} = (\tilde{p}_{i12}, \tilde{p}_{i22}, \cdots, \tilde{p}_{im2})^{\mathrm{T}}$。$\mathrm{CH}_{in}$ 和 NH_{in} 具有相同的中点，且 $\tilde{u}_{in} = u_{in} + \gamma$，$\tilde{v}_{in} = v_{in} - \gamma$，通过调节 γ 的值来控制可接受的可信区间超矩形的范围。

边界可信区间超矩形 $\mathrm{BH}_{in} = [u_{in}', v_{in}']$，$u_{in}' = (p_{i11}', p_{i21}', \cdots, p_{im1}')^{\mathrm{T}}$，$v_{in}' = (p_{i12}', p_{i22}', \cdots, p_{im2}')^{\mathrm{T}}$。其中，$u_{in}' = u_{in} - \gamma$，$v_{in}' = v_{in} + \gamma$。通过可信区间超矩形 CH_{in} 和边界可信区间超矩形 BH_{in} 的集合运算，可得功能检查点动态场景属性的可信区域 CR_{in}、边界可信区域 BCR_{in} 和不可信区域 ICR_{in}，即

$$\mathrm{CR}_{in} = \mathrm{CH}_{in}, \quad \mathrm{BCR}_{in} = \mathrm{BH}_{in} \bigcap \mathrm{CH}_{in}, \quad \mathrm{ICR}_{in} = \mathrm{BH}_{in}$$

2.4.2 软件动态可信性评价

TCG 的信任链只对软件进行一次验证，即软件的完整性度量。而采用上述可信软件设计思想开发的软件，不仅需要进行软件完整性度量，还需要进行软件行为轨迹验证，软件可信性评价的流程如图 2-10 所示。

软件可信性取决于以下三点。

（1）基于 TPM 的软件完整性度量。若计算的摘要值与 TPM 中的摘要值匹配，则完整性度量异常值 $\mathrm{AV}_m = 0$，否则 $\mathrm{AV}_m = 1$。

（2）基于静态可信视图的软件运行轨迹、分支检查点的属性以及功能检查点的静态信息属性。由于这些属性对检查点可信性的判断是确定的，一旦偏离正常值，就能直接确定检查点的可信性不在可接受范围。若偏离静态可信视图，则检查点 c 的静态可信异常值 $\mathrm{AV}_{s_c} = 1$，否则 $\mathrm{AV}_{s_c} = 0$。

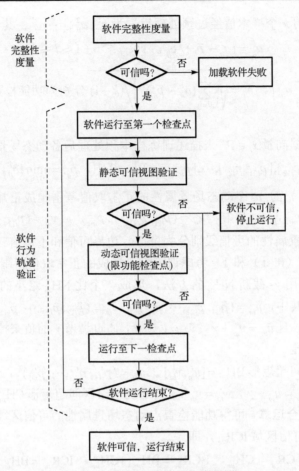

图 2-10 软件可信性评价流程图

（3）基于动态可信视图的软件功能检查点的动态场景属性。功能检查点的动态场景属性无法用准确的数字表示，允许存在一定范围的误差，具有一定的模糊性。功能检查点 i 的动态可信异常值 $\mathrm{AV}_{d_i} \in [0,1]$。

软件的异常值 AV 计算公式为

$$\mathrm{AV} = \begin{cases} 1, & \mathrm{AV}_m = 1 \text{或} (\exists c)\mathrm{AV}_{s_c} = 1 \\ \max(\mathrm{AV}_{d_i}), & \text{其他} \end{cases} \qquad (2\text{-}2)$$

式中，功能检查点 i 动态可信异常值 AV_{d_i} 计算公式为

$$\mathrm{AV}_{d_i} = \begin{cases} 1, & \\ \tanh \sum_{j=1}^{n} [w_{ij} d_j (v_i, \mathrm{CR}_{in})] & \exists j, p_{ij} \in \mathrm{ICR}_{in} \end{cases} \qquad (2\text{-}3)$$

式中，$d_j(v_i,\mathrm{CR}_{in})$ 为对于功能检查点 i，捕获到的当前场景属性向量 $v_i = [p_{i1},p_{i2},\cdots,p_{in}]$ 在第 j 维 v_i 到 CR_{in} 的距离，计算公式为

$$d_j(v_i,\mathrm{CR}_{in})=\begin{cases}0, & p_{ij}\in\mathrm{CR}_{in}\\ \min\{|p_{ij}-\tilde{p}_{ij1}|,|p_{ij}-\tilde{p}_{ij2}|\}, & p_{ij}\in\mathrm{BCR}_{in}\end{cases}\tag{2-4}$$

w_{ij} 为检查点 i 在动态场景第 j 维属性的权重，可以采用主观赋权法或客观赋权法得到。考虑客观赋权法是基于各属性值的客观数据的差异来确定各属性的权重，不依赖决策者的主观态度，突出了各属性的差异性，所以采用信息熵客观赋权法来确定动态场景各属性的权重，根据各属性值分散的程度来决定属性权重的大小。

针对功能检查点 i 的 k 个样本，第 l 个样本 x_l 经过无量纲化预处理后表示为 $[a_{i1}^{l'},a_{i2}^{l'},\cdots,a_{in}^{l'}]$（$1\leqslant l\leqslant k$）。考虑正常取值在一区间范围的属性值比较分散，首先对样本数据按式（2-5）进行进一步预处理，即

$$a_{ij}^{l''}=\begin{cases}1.0-\dfrac{\tilde{p}_{ij1}-a_{ij}^{l'}}{c_j}, & a_{ij}^{l'}<\tilde{p}_{ij1}\\[2mm] 1.0, & a_{ij}^{l'}\in[\tilde{p}_{ij1},\tilde{p}_{ij2}],\quad 1\leqslant j\leqslant n\\[2mm] 1.0-\dfrac{a_{ij}^{l'}-\tilde{p}_{ij2}}{c_j}, & a_{ij}^{l'}>\tilde{p}_{ij2}\end{cases}\tag{2-5}$$

式中，$c_j=\max\{\tilde{p}_{ij1}-m_j,M_j-\tilde{p}_{ij2}\}$；$M_j$、$m_j$ 分别为 $a_{ij}^{l'}$ 的一个允许上、下界。

设 k 个样本中属性 j 可能的取值为 $v_1,v_2,\cdots,v_{h_j}$，则属性 j 的熵值计算公式为

$$e_j=-K\sum_{r=1}^{h_j}q_{rj}\ln q_{rj}\tag{2-6}$$

式中，$K=\begin{cases}1, & h_j=1\\[2mm]\dfrac{1}{\ln h_j}, & h_j\geqslant 2\end{cases}$；$q_{rj}$ 为 k 个样本中取值为 v_r（$1\leqslant r\leqslant h_j$）的概率，即 $q_{rj}=\dfrac{|v_r|}{k}$（$|v_r|$ 为属性 j 取值为 v_r 的频数）。

由 e_j 可得属性 j 的权重为

$$w_j=\frac{1-e_j}{\displaystyle\sum_{\alpha=1}^{n}(1-e_\alpha)}\tag{2-7}$$

当软件运行时，可通过与给定软件异常值阈值 τ 的比较，实时地判断软件是否可信，以便决定软件是否可以继续运行。

2.4.3 软件可信性分析

针对一个软件，假设该软件运行样本数为 N，为讨论方便，样本只包括软件正常运行与在软件某一位置 L 处异常的运行。假设样本在位置 L 出现异常的概率为 P（$0 \leqslant P \leqslant 1$），则样本中出现软件异常运行的次数可以用 $N \times P$ 表示。

用 α_1 与 α_2 分别表示基于 TCG 信任链的软件和基于可信软件信任链的软件成功检测软件异常的期望，用 β_1 与 β_2 分别表示基于 TCG 信任链的软件和基于可信软件信任链的软件成功检测软件异常的概率的期望，则有

$$\alpha_1 = N \times P \times \beta_1, \quad \alpha_2 = N \times P \times \beta_2 \tag{2-8}$$

基于 TCG 信任链的软件只对软件的完整性进行验证，而基于可信软件信任链的软件除了软件完整性度量，还需要进行软件行为轨迹验证。在软件位置 L 处的异常，若通过软件完整性验证无法检测出，则通过软件行为轨迹验证可能检测出异常的检查点如下。

（1）若在 L 后相邻的检查点为功能检查点 C_{f_i}，则 L 处的异常应反映在 C_{f_i} 上。

（2）若在 L 后相邻的检查点为分支检查点 C_{b_j}，C_{b_j} 后的第一个功能检查点为 C_{f_k}，C_{b_j} 与 C_{f_k} 之间可能还有若干分支检查点 $C_{b_{j+1}}, \cdots, C_{b_{j+m}}$。现将 $C_{b_j}, C_{b_{j+1}}, \cdots, C_{b_{j+m}}$ 记为 C_b，则 L 处的异常要么反映在 C_b 上，要么反映在 C_{f_k} 上。

假设通过软件完整性度量即可成功检测软件异常的概率为 P_1；在 C_{f_i} 通过静态可信视图成功检测软件异常的概率为 P_2，通过动态可信视图成功检测软件异常的概率为 P_3；在 C_b 成功检测软件异常的概率为 P_4；在 C_{f_k} 通过静态可信视图成功检测软件异常的概率为 P_5，通过动态可信视图成功检测软件异常的概率为 P_6。那么，$\beta_1 = P_1$，当 L 后相邻的检查点为功能检查点时

$$\beta_2 = P_1 + (1 - P_1)P_2 + (1 - P_1)(1 - P_2)P_3$$

当 L 后相邻的检查点为分支检查点时

$$\beta_2 = P_1 + (1 - P_1)P_4 + (1 - P_1)(1 - P_4)P_5 + (1 - P_1)(1 - P_4)(1 - P_5)P_6$$

由于

$$(1 - P_1)P_2 + (1 - P_1)(1 - P_2)P_3 > 0$$

$$(1 - P_1)P_4 + (1 - P_1)(1 - P_4)P_5 + (1 - P_1)(1 - P_4)(1 - P_5)P_6 > 0$$

所以无论 L 后相邻的检查点为功能检查点还是分支检查点，都有 $\beta_2 > \beta_1$，基于可信软件信任链的软件成功检测软件异常的概率的期望大于基于 TCG 信任链的软件成功检测软件异常的概率的期望。图 2-11 给出了当 $P_1 = P_2 = P_3 = P_4 = P_5 = P_6 = p$ 时，β_1 和 β_2 的比较曲线图。其中，当 L 后相邻的检查点为功能检查点时，$\beta_2 = 3p - 3p^2 + p^3$；

L 后相邻的检查点为分支检查点时，$\beta_2 = 4p - 6p^2 + 4p^3 - p^4$。可以看出，在区间$(0,1)$内，$\beta_1$ 曲线一直处于 β_2 曲线下方，即 $\beta_1 < \beta_2$。由式（2-8）可以得出，$\alpha_2 > \alpha_1$，即基于可信软件信任链的软件成功检测软件异常的能力优于基于 TCG 信任链的软件。

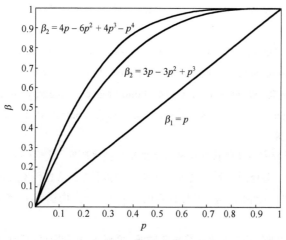

图 2-11　β_1 和 β_2 的比较曲线图

2.5　本　章　小　结

本章首先介绍了 TCG 的信任链技术及其不足，然后介绍了提出的一种基于 TCG 信任链的扩展模型，该方法对 TCG 的信任链进行扩充，增加了对软件运行时动态可信的验证；提出了可信引擎驱动下的可信软件信任链模型，并在此基础上提出了一种可信软件的设计方法并对其进行了可信性评价。采用该方法设计的软件成功检测软件异常的能力明显优于基于 TCG 信任链的软件。该可信软件设计方法已成功地应用于河北省自然科学基金项目管理系统中，使系统的可信性保障得到了很好的验证。下一步的工作是对可信软件设计方法进一步规范化，扩大适用范围，以期为可信软件的设计与开发提供一种更为通用的方法。

参　考　文　献

[1] Arbaugh W A, Farber D J, Smith J M. A secure and reliable bootstrap architecture. IEEE Symposium on Security and Privacy, Oakland, 1997: 65-71.

[2]　Itoi N, Arbaugh W A, Pollack S J, et al. Personal secure booting. Lecture Notes in Computer Science, 2001, 2119: 130-144.

[3]　Maruyama H, Munetoh S, Yoshihama S, et al. Trust platform on demand. TPOd, 2004: 181-186.

[4]　Sailer R, Zhang X L, Jaeger T, et al. Design and implementation of a TCG-based integrity measurement architecture. Proceedings of the 13th USENIX Security Symposium, San Diego, 2004: 223-238.

[5]　Shi E, Perrig A, Doorn L V. A fine-grained attestation service for secure distributed systems. IEEE Symposium on Security and Privacy, Oakland, 2005: 154-168.

[6]　Jaeger T, Sailer R, Shankar U. PRIMA: Policy-reduced integrity measurement architecture. Proceedings of the 11th ACM Symposium on Access Control Models and Technologies, New York, 2006: 19-28.

[7]　彭国军. 基于行为完整性的软件动态可信理论与技术研究. 武汉: 武汉大学, 2008.

[8]　沈昌祥, 张焕国, 冯登国, 等. 信息安全综述. 中国科学: 信息科学, 2007, 37(2): 129-150.

[9]　沈昌祥, 张焕国, 王怀民, 等. 可信计算的研究与发展. 中国科学: 信息科学, 2010, 40(2): 139-380.

[10]　张焕国, 罗捷, 金刚, 等. 可信计算研究进展. 武汉大学学报(理学版), 2006, 52(5): 513-518.

[11]　曲延文. 软件行为学. 北京: 电子工业出版社, 2006.

[12]　Dyer J, Lindemann M, Perez R, et al. Building the IBM 4758 secure coprocessor. IEEE Computer, 2001, 34(10): 57-66.

[13]　Presti S L. A tree of trust rooted in extended trusted computing. Proceedings of the 2nd Conference on Advances in Computer Security and Forensics (ACSF), Liverpool, 2007: 13-20.

[14]　赵波, 张焕国, 李晶, 等. 可信 PDA 计算平台系统结构与安全机制. 计算机学报, 2010, 33(1): 82-92.

[15]　张兴, 黄强, 沈昌祥. 一种基于无干扰模型的信任链传递分析方法. 计算机学报, 2010, 33(1): 74-81.

[16]　张兴, 陈幼蕾, 沈昌祥. 基于进程的无干扰可信模型. 通信学报, 2009, 30(3): 6-11.

[17]　徐明迪, 张焕国, 严飞. 基于标记变迁系统的可信计算平台信任链测试. 计算机学报, 2009, 32(4): 635-645.

[18]　徐明迪, 张焕国, 赵恒, 等. 可信计算平台信任链安全性分析. 计算机学报, 2010, 33(7): 1165-1176.

[19]　Garfinkel T, Pfaff B, Chow J, et al. Terra: A virtual machine based platform for trusted computing. Proceedings of SOSP'03, New York, 2003: 193-206.

[20]　Microsoft. Trusted Platform Module Services in Windows Longhorn. http://www. microsoft. com/ resources/ngscb/default. mspx [2016-12-23].

[21]　石勇. Windows 环境下信任链传递的研究与实现. 北京: 北京交通大学, 2007.

[22] Peng G J, Pan X C, Fu J M, et al. Static extracting method of software intended behavior based on API functions invoking. Wuhan University Journal of Natural Sciences, 2008, 13(5): 615-620.

[23] Peng G J, Pan X C, Zhang H G, et al. Dynamic trustiness authentication framework based on software's behavior integrity. Proceedings of the 9th International Conference for Young Computer Scientists (ICYCS 2008), Zhang Jiajie, 2008: 2283-2288.

[24] 刘孜文, 冯登国. 基于可信计算的动态完整性度量架构. 电子与信息学报, 2010, 32(4): 875-879.

[25] 李晓勇, 韩臻, 沈昌祥. Windows 环境下信任链传递及其性能分析. 计算机研究与发展, 2007, 44(11): 1889-1895.

[26] 李晓勇, 马威. 动态代码的实时可信传递研究. 电子学报, 2012, 40(10): 2009-2014.

[27] 田俊峰, 李珍, 刘玉玲. 一种可信软件设计方法及可信性评价. 计算机研究与发展, 2011, 48(8): 1447-1454.

第3章 信任评估

3.1 信任概述

信任是人类社会的一种自然属性，在现实人类社会中，人们进行交易活动之前，需要借鉴以往的交易历史记录或朋友推荐信息，对交易对象进行可信性及可靠性评估，然后根据评估结果，决定是否进行交易。虚拟网络环境下，面对海量的资源，存在恶意用户的欺诈和不可靠服务，导致用户在增加选择机会的同时，也面临着如何识别与选择一个既能满足功能和个性化需求，且又安全、可靠的服务问题[1]。当前一个有效的解决方法是采用信任评估系统。虚拟网络环境下的信任评估系统类似于人类社会交易中的可信性和可靠性评估。在进行交易前，交易双方借助信任评估机制，彼此了解对方，从而提高交易的成功率，降低交易失败所带来的损失。

1996 年，AT&T 实验室的 Blaze 等[2]为解决互联网环境下网络应用服务的安全问题，首次提出了"信任管理（Trust Management，TM）"的概念，认为分布式环境下的安全问题需要可信任的第三方提供安全决策信息，为解决分布式环境下的新的应用问题提供了一种新思路[3,4]。Winsborough 等[5]提出了一种资源请求者和资源提供者自动建立信任关系的协商（automated trust negotiation）机制。该方法需要服务提供者事先为请求者颁发具有指定权限的证书，因此在陌生实体间无法建立动态信任关系。文献[6]依赖主体属性授权，提出了一种为陌生实体间建立信任关系的方法。Alfarez 等[7]从信任的定义出发，基于信任的主观性，对信任评估进行了数学建模。

关于信任，当前还没有统一定义，综合第 2 章给出的各种信任定义，本书给出信任及相关定义如下。

定义 3-1 信任（trust）是一种建立在已有知识上的主观判断，是实体 A 根据所处的环境，通过对实体 B 提供服务或行为的长期观察，对其当前提供服务或行为的可信程度或期望的度量。

在人类现实生活交易时，人们通常希望选择与声望值高的人进行交易。然而，完全通过个人了解某人的声望，总带有片面性。另外如果两人之间没有直接交互，或直接交互次数很少，个人经验将变得不可靠。人们通常会参阅他人经验作为参考，因此可以将信任关系分为直接信任和间接信任。

定义 3-2 直接信任（direct trust）：实体间经过直接交易得出的信任程度，称为直接信任。

定义 3-3　推荐信任（recommendation trust）：实体间经过其他实体的推荐得出的信任程度，又称为间接信任。

定义 3-4　信任度（trust degree）：实体间信任关系的定量表示，又称为信任值或可信度。

定义 3-5　信誉（reputation）：对实体已有服务的质量、行为表现或特征的综合度量，反映的是系统中其他所有实体对该实体的总的信任程度。

由此可见，信誉和信任是两个既紧密相关又有区别的概念。信任是建立在历史经验基础上，一个实体对另一个实体具有某种能力的一种主观判断，是局部概念，具有主观性。信誉是一个实体由系统中所有实体形成的总的、综合的信任评价，具有全局性。在本书中，信任是系统中某个实体基于其他若干实体（全体/部分）对另一目标实体的信任评价计算而得到的对目标实体的一种信任度评估。因此在本书中，信任和信誉两个定义不做细分。

3.1.1　信任的定义

信任原本是一个心理学概念，是人们在交往的过程中表现出来的一种复杂的社会心理现象。信任是一种心理状态，在这种心理状态下，信任者愿意处于一种脆弱地位，有可能导致被信任者伤害；同时，信任者认为被信任者会做和预期一样的行为，其内在含义为相信被信任者会做承诺要做的事，不会做出信任者不希望做的事情。

社会学家将信任作为一种与社会环境紧密相关的社会现象，不少学者认为信任是社会制度和文化规范相结合的产物，是建立在理性的法规制度、道德和习俗基础上的社会现象。

经济学领域中，主要强调信任的可计算性，即经济学家认为信任是基于计算的理性行为。经济学家是在经济的基础上研究信任，认为信任不应掺杂任何感情等非理性因素。这与社会学家和心理学家不同，社会与心理学家都认为信任是无法确切计算出来的，心理学家认为信任是一种非理性的行为，而社会学家则强调信任的社会性和文化性。

张喜征在其著作中，综合社会学和心理学两种角度，认为信任至少包含两层含义[8]：①信任关系在一定情景下由施信者和受信者组成，缺一不可，在相互信任关系中，每一个关系主体同时扮演两种角色；②信任是一种心理活动，体现为施信者对受信者行为的预期偏好，并通过一定的外在行为表现出来，如遵守有关的合约、实现承诺等。他指出信任的概念涉及三个重要的构成要素，即信任者、被信任者和环境。

信任是一个非常复杂的概念，心理学、社会学、经济学、管理学、计算机科学等不同的研究领域对信任有着不同的定义，目前，关于信任还没有形成被广泛接受的、统一的定义。Gambetta[9]认为信任是一个概率分布的概念，把信任定义为一个实体评估另一实体在对待某一特定行为的主观可能性程度。文献[10]将信任定义为在特定的情境下，对某一实体能独立、安全且可靠地完成特定任务的能力的相信程度或坚固信念。文献[11]认为信任是对实体执行某种动作的概率的特殊反映，是经验的体现。Olmedilla 等[12]把信任定义为某一实体 A 根据另一实体 B 在具体阶段、具体环境中关于某一服务的行为表现对实体 B 的信任进行的计算，强调信任的环境、服务域和可计算性。TCG 把可信定义为：一个实体的行为如果总是以预期的方式运行，并能达到既定的目标，则实体是可信的[13]。文献[14]把信任定义为根据对某一实体提供服务或行为的长期观察得出对该实体当前提供服务或行为的可信程度或期望评价。总之，信任是对实体行为的主观判断，会随着实体交互行为和时间的变化而变化，并受环境等多种因子的影响，具有主观性、不确定性、传递性等特性。

3.1.2　信任的分类

对一个实体的信任不仅限于对实体身份的认证，还需要关注该实体的行为是否在预定范围内合法、有效地实施，实体的行为是否超出了它的授权范围等。基于此将信任划分为两类[15]。

（1）身份信任：这是最传统的可信认证机制了，确定实体身份并决定实体的授权。身份信任涉及用户或服务器的身份认证，也就是对主体所声称的身份进行确认，这方面的技术有加密、数据隐藏、数字签名、授权协议及访问控制。

（2）行为信任：相较于身份信任，对实体行为的可信认证更加宽泛，它更注重实体是否能够按照预期完成某项任务，重在对实体行为的评价，通过观察实体行为对实体的能力进行可靠性认证。

通过对实体进行身份认证，可以确定该实体就是要与之进行交易的实体，而不是有人假冒，但是这并不能保证该实体能够按照所期望的那样提供优质服务或供给与请求相符的商品，因此必须对实体的行为进行认证。只有在双重认证的保证下才敢和对方合作。因此，身份信任为交易奠定了基础，而行为信任则保证了交易的顺利进行，两者缺一不可。比较而言，身份信任是静态的，仅仅是在实体交易开始前对实体进行一些必要的检查，确保不存在假冒事件；而行为信任则是动态的，可根据实体间的交易行为动态更新实体间的信任关系，更符合当前网络的需要。

在现实生活中，人们通常倾向于和声望值高的人交易，然而在任何情况下都能完全了解一个人的声望是不可能的，这时其他人的经验就提供了一个参考，因此信任关系又可分为直接信任和推荐信任。

（1）直接信任：在给定的上下文环境中，实体间通过过去的直接交互经验得出对对方实体的信任程度，是对现实中"认识或了解"的抽象，通过直接信任度进行定量表示。

（2）推荐信任：实体间通过第三方（推荐实体）的推荐得出的信任程度，是对现实中"介绍或据说"的抽象，也称为间接信任。

因此，一个实体对另一个实体的可信度量是直接信任和推荐信任的综合，交互的重要程度是对其完成任务的能力、诚实度、可靠性等因素的综合判定。直接信任度的计算依赖于实体间的交互次数、交互时间和交互结果；推荐信任是对不同推荐实体推荐的综合，推荐信任值的大小取决于推荐实体本身的推荐可信度和对目标实体的推荐值。

3.1.3 信任的特征

信任来自于人类社会，计算机领域中的信任是对人类社会中的信任的模拟，以人类社会中的信任为基础，根据信任的定义可知，信任具有以下重要特征。

（1）非对称性。信任是单向的、单方面的，不具有对称性。实体 A 信任实体 B 并不意味着实体 B 信任实体 A，即使实体间相互信任，它们对对方的信任程度通常也是不同的，A 对 B 的信任值一般不等同于 B 对 A 的信任值。因为信任是主观的，个体间的差异使得对信任的判断也不相同。

（2）有限范围性。实体 A 信任实体 B 并不一定对 B 的一切行为都是信任的，实体 A 对实体 B 的信任是有一定的范围限制的，如服务领域、实体身份等。

（3）时间衰减性。信任随着时间的推移而衰减。一个长时间没有发生过交易的可信任节点可能已经不可信任。离现在越近的交易记录，对信任的影响越大；相反越久远的历史交易记录，对信任的影响越小。应保证网络中可信的实体不一定永远可信，不可信的实体不一定永远不可信。

（4）传递的有限性。信任不具有完全传递性，信任传递性只在一定条件约束下成立。实体 A 信任实体 B，实体 B 信任实体 C，并不能推出实体 A 就信任实体 C 的结论。因为实体之间的信任不完全相同，信任会随着路径跳数的增长而衰减，实体 A 对实体 C 的信任程度很可能低于实体 B 对实体 C 的信任程度。非同一信任领域内的信任更不具有传递性。

（5）内容相关性。当一个实体在某种程度上信任其他客体时，总是针对某一特定内容，如实体 A 曾经和实体 B 发生过交易，对 B 提供的某种商品非常满意，但是对 B 提供的其他商品就未必有同样的信任程度。

（6）多种对应关系。类似于几何学中集合之间的映射关系，这里实体之间的信任关系同样可以分为一对一、一对多、多对一和多对多的关系。

（7）信任的双重性。信任既具有主观性又具有客观性。

（8）动态性。动态性即信任与环境（上下文）和时间等因素相关，信任随时间以及上下文的变化而变化，是随时更新的一个动态变量。

（9）可度量性。也就是说可以度量实体的可信程度，划分信任等级。

3.2　典型的信任模型

3.2.1　eBay 系统中的信任模型

信任模型 TMBS[16]（Trust Model in eBay System）是世界著名电子商务平台 eBay[17]所使用的信任评估系统。TMBS 属于集中式信任评估系统，由中心服务器负责信任管理和存储。每次交易结束后，交易双方根据交易结果互相评价。信任评价分为三等：当收到一条好评时得+1 分；当收到一条中评时得 0 分；当收到一条差评时得 −1 分。

该算法简单，易于实现，但这一信用评价机制存在许多不足之处：第一，信用度的失真，无法处理交易者给出的不公正的反馈；第二，用户对信用度只有 1 分的影响，从而忽视了交易发生频繁的用户之间的信用评价值。

3.2.2　EigenTrust

EigenTrust 信任评估模型[18]是一种主观、全局、统一的信任评估模型。EigenTrust 模型通过定义有向图，把 P2P（Peer to Peer）系统中的节点集合定义为顶点的集合 V，节点间的信任关系定义为边的集合 E，通过迭代计算获得各个节点的全局信任度。

EigenTrust 算法是基于分布式哈希表（Distributed Hash Table，DHT）的分布式计算方法，它利用信任的传递特性，由直接信任值计算全局信任值。EigenTrust 算法中，确认节点本身是否恶意比确认其提供的文件是否恶意具有更高的优先级。

假设网络中每个节点 i 拥有一个特定的全局信任值，这个全局信任值反映了网络中所有和节点 i 交易过的节点对其的印象。EigenTrust 约定，每个节点在交易结束后都应对对方进行评价，假设节点 i 和节点 j 多次交易后，i 对 j 的直接信任值为 S_{ij}。为了将各个节点的直接信任值聚合形成全局信任值，EigenTrust 对 S_{ij} 进行归一化处理，处理后的直接信任值记为 C_{ij}，为降低恶意节点可能带来的问题，并考虑网络中存在的部分可信节点，引入了权重因子 $\alpha \in [0,1]$，经过多次迭代计算节点的全局信任值：

$$t^{(k+1)} = (1-a)C^{\mathrm{T}}t^{(k)} + ap \tag{3-1}$$

式中，$t^{(k)}$ 表示经过 k 次迭代后的全局信任值向量，且 $t_i^{(0)} = 1/n$，n 为网络中节点数量。EigenTrust 认为网络中部分节点是可信的，P 是可信节点的集合，$|P|$ 表示集合 P 中节点的个数，p 是可信节点的全局信任值，那么节点 $i \in P$ 时，$p_i = 1/|P|$，否则 $p_i = 0$。

EigenTrust 模型在计算推荐信任值时，认为直接信任值越高，其推荐信息越可信。EigenTrust 模型也考虑了恶意实体的行为对信任计算的影响。

EigenTrust 算法的缺点在于：①EigenTrust 没有考虑获取推荐信任的消息开销以及迭代计算的网络开销问题，每一次使用全局信任度都要在全网络内迭代，网络开销过大；②EigenTrust 模型没有考虑对恶意服务的惩罚机制；③EigenTrust 没有考虑安全性问题，如实体间的诋毁、共谋欺诈等恶意行为。

3.2.3 PowerTrust

PowerTrust 模型[19]从可信节点集合的确定、信任迭代收敛速度等方面对 EigenTrust 模型进行了改进。PowerTrust 模型在 EigenTrust 模型的基础上提出了一种动态选择非常可信节点的算法，该算法选出 m 个非常可信节点并用这些节点代替 EigenTrust 模型中的集合 P。由于非常可信节点是动态选择的，而不是静态指定的，这完全符合 P2P 网络的实际情况。

基于节点反馈量成幂律分布的事实，PowerTrust 利用幂次法收集本地节点反馈信息，首先统计每个节点向网络提供的反馈量，再进行分布式排序，最后选取最顶部的 m 个节点组成可信节点集合，解决了 EigenTrust 算法中的一些实际可行性问题。

在计算全局信任值过程中，PowerTrust 提出了"look-ahead"策略，在每次迭代时，在考虑邻居节点信任值的同时，也考虑邻居节点的信任值，明显地增加了迭代过程中的收敛速度。

PowerTrust 算法的优势体现在对 EigenTrust 算法的改进上，在抵抗恶意行为方面强于 EigenTrust 算法，但还存在一些不足之处：①该模型在计算信任值时没有考虑交易金额对信任值的影响，不能防范恶意节点利用小额交易积累信任值，在大额交易时实施欺诈；②对恶意节点的欺诈行为缺乏有效的惩罚措施。

3.2.4 PeerTrust

PeerTrust 算法[20]基于概率模型假设，提出了一种利用置信因子综合局部声誉和全局声誉的机制，它采用非迭代的方法计算信任值，综合考虑影响可信度量的多个信任因素：反馈评价、交易次数、提供反馈评价节点的可信度、交易上下文等。

综合上述因素，PeerTrust 给出了计算信任值的公式：

$$T(u) = \alpha \cdot \sum_{i=1}^{I(u)} \left(S(u,i) \cdot \mathrm{Cr}\left(p(u,i) \right) \cdot \mathrm{TF}(u,i) \right) + \beta \cdot \mathrm{CF}(u) \qquad （3\text{-}2）$$

式中，u 表示节点；$T(u)$ 表示节点 u 的信任度；$I(u)$ 表示节点 u 参与交易的次数；$p(u,i)$ 表示节点 u 的第 i 次交易对象；$S(u,i)$ 表示第 i 次交易完成后 $p(u,i)$ 对节点 u 的信任评价；$\mathrm{Cr}(v)$ 表示推荐节点 v 的可信度；$\mathrm{TF}(u,i)$ 表示节点 u 在第 i 次交易时的上下文系数；$CF(u)$是节点 u 的环境上下文系数；α 和 β 是权重参数，且 $\alpha+\beta=1$。

此外，参数 $Cr\big(p(u,i)\big)$ 用来区分反馈是否可信，其计算可采用两种测度模型。

（1）基于信任值的测度模型，这一模型与 EigenTrust 算法类似，体现了信任值越高的节点给出的评价信息越可信这一思想。

（2）基于反馈相似度的测度模型，表现为节点间交易相似度越高，其评价、推荐信息越可信。

PeerTrust 模型的优点首先体现在对恶意行为的抵抗能力，还提出了激励用户提供评价信息的机制。其次，PeerTrust 模型引入了交易上下文系数 $TF(u,i)$ 作为信誉评价的参数，更好地反映了节点实际贡献的差异，更加准确地刻画了节点信任。再次，基于归一化的参数 α 平衡收集的信誉信息和环境上下文因素，使信誉的构造更加全面和灵活。

PeerTrust 算法还存在一些不足之处：首先，PeerTrust 不能有效地检测和惩罚利用摇摆行为欺骗信任机制的节点，这样，一个恶意节点总是能找出规则调整其欺骗行为。其次，基于反馈相似度的测度模型没有考虑联合欺骗的问题，不能有效地抑制动态策略性的欺骗行为。再次，在大规模网络环境中由于交易的稀疏性，利用相似性计算节点可信度时可能会产生较大误差，影响信任评价的准确性。

3.3　信任评估理论

3.3.1　关键问题

构建信任模型的目的是为服务请求实体选择一个高可信的目标交互实体，为此信任模型中有以下关键问题需要考虑：①信任值表示方法，即如何用数学的方法描述可信度的大小；②信任网络的构建，即如何构建信任网络；③信任的动态管理，即如何对实体的信任值进行更新、如何对信任搜索和合并、如何识别恶意实体、如何对系统中的诚实可信实体进行激励并对恶意实体进行惩罚；④风险评估，即如何预测实体交互存在的风险大小。

1. 信任值表示方法

当前的信任评估模型中，出现了多种信任值表示方法。

（1）采用离散信任值，将实体的可信程度划分为若干个离散等级，用不同的离散值表示不同的可信程度。这种方法符合现实生活中人们表达信任的方式，具有简单、直观的特点，但需借助映射函数将离散值映射为相应的数值。此外，由于离散等级划分的模糊性和信任评价的不确定性，这种基于离散信任值的表示不够精确。

（2）采用概率值表示信任值，将信任值定义在[0,1]区间，信任值越接近 1 表示

对应实体越可信，反之信任值越接近 0 表示对应实体越不可信，其中信任值为 1 表
示绝对可信，信任值为 0 表示绝对不可信。这种方法能合理地运用与概率相关的推
理理论，充分地考虑历史交互信息，但将信任的主观性和不确定性混淆为概率的随
机性。

（3）采用模糊理论研究实体的可信度，通过特征向量和隶属度等概念，实现对
信任的定量化描述。实体间的信任等级表述为相应论域上的多个模糊子集，例如，
用模糊子集 T_1、T_2、T_3 和 T_4 分别表示"绝对信任""一般信任""临界信任"和"不
信任"，计算实体对各个模糊子集的隶属度，用特征向量表示实体的信任值。这种基
于模糊理论的信任值表示方法能够解决非此即彼的排他关系，较好地解决了信任的
模糊性问题。

（4）基于灰色系统理论的信任模型，将实体的某些难以用数值精确刻画的关键
属性以白化权函数量化，引入灰关联度的概念和计算方法，通过定义灰关联度得出
对实体的信任值，而实体间的信任关系用灰类描述。这种模型充分考虑了信任评估
模型中的不确定信息，尤其适用于评价数据稀疏的系统。

（5）基于云模型的信任评估模型，通过对基本的云模型进行扩展提出了信任云
的概念，信任云是一种特殊的云模型，它根据信任关系及其描述方式的特点，把对
信任的表达用云模型的方式反映出来，表现为一个三元组（Ex，En，He）。其中，
Ex 为信任期望，作为基本信任度；En 为信任熵，反映了信任关系的不确定度；He
为信任超熵，反映了信任熵的不确定度。

当前，随着研究的深入，仍然会有其他的信任模型被提出来，这是一项正在进
行中的工作。

　　2.　信任网络的构建

在大规模的分布式系统中，单纯与某实体有直接交互经验的实体甚少，因此，
信任网络的构建既要依赖于自身的交互历史，也要充分地利用其他实体的推荐，是
直接信任与推荐信任的综合。当前基于推荐的信任模型得到了广泛应用，根据计算
方法不同，可分为全局信任模型和局部信任模型。局部信任模型中，服务请求实体
首先通过询问其他有限的几个实体来获取对某目标实体的推荐度；然后综合自身与
该目标实体的直接交互经验，确定对方的信任值。这类信任模型具有计算开销小、
收敛快的特点，但由于获取的推荐信息较少，所以得到的信任值往往也是局部和片
面的，具有很大的主观性。全局信任模型中，服务请求实体需要获知系统中所有实
体对某目标实体的信任评价，计算得出的信任值是一个全局唯一的信任值，这种模
型中信任是全局的、客观的，但全局信任值的计算开销大、收敛慢。

推荐信任值的计算中，推荐可信度和推荐路径的合成也是需要重点考虑的问题。
Eigentrust[21]和文献[22]的模型中仅使用实体的全局信任值本身作为推荐权重，即认

为具有高全局信任值的实体其推荐也更加可信，然而提供诚实服务的实体所推荐的信息并不一定可信。SWRTrust 模型[23]则以实体之间评分行为的相似度加权其推荐度计算全局信任值，该模型从自身出发，认为与自身评分行为越相似的实体越可信。文献[24]提出了一种基于节点兴趣差异的 P2P 信任模型，用于量化和评估推荐的可信程度，根据节点间的兴趣相似性来确定对推荐的采纳程度，访问节点更倾向于相信与自身兴趣相似的推荐节点的评价。张骞等[25]则从交互领域出发，提出了一种多粒度的信任模型，将信任模型的粒度进一步细化，能够针对具体的领域进行信任度的量化。胡建理等[26]提出了一种基于反馈可信度的全局信任模型，推荐权重的计算既考虑反馈实体本身的全局信任度又考虑其反馈可信度，而反馈可信度的计算则依赖于实体间的交互频繁程度和评分行为的相似程度。文献[27]提出了一个加权大多数算法（Weighted Majority Algorithm，WMA），算法的思想是对不同推荐者的推荐分配不同的权重，根据权重来聚合相应的推荐，并根据交互的结果动态地调整相应权重。文献[28]提出了基于 D-S（Dempster-Shafer）证据理论的RETM（Recommendation Evidence based Trust Model）模型，利用改进的 D-S 证据合成规则融合来自不同证据源的不一致推荐信息，并利用证据可信度进行推荐证据合成之前 noisy 推荐信息的过滤，从而解决推荐信任计算中强行组合矛盾推荐信息引起的性能下降问题。

3. 信任的动态管理

信任建立在历史交互行为的基础上，距离当前越近的历史行为，对信任值的影响越大；反之越小，即信任具有时间衰减性。不同学者从不同方面、不同角度对信任模型进行了研究，引入时间衰减因子降低历史交易行为对当前信任值的影响。

开放的分布式网络环境中存在欺骗行为，据此可将节点实体划分为诚实节点和恶意节点，诚实节点提供的服务与推荐都是诚实可信的，而恶意节点会以不同的欺骗方式对服务请求实体进行欺骗，因此信任模型需对恶意节点进行识别从而遏制恶意行为的发生。苗光胜等[29]提出了一种基于节点行为相似度的共谋团体识别模型，通过分析节点之间的行为相似度有效地检测出信任模型中存在的共谋团体。田俊峰等[30]则从评价信息是否可信的角度对信任模型进行了分析，提出了基于能力和品质的信任模型，利用能力与品质的值作为模型中的评价向量，采用基于支持度的算法进行推荐信息的合并，能够有效地抵制诋毁和共谋等恶意行为。

为了使信任模型能够更好地用于实体行为的可信评估，信任模型应具有对诚实实体的激励和对恶意实体的惩罚机制，其目的在于激励用户实体提供真实可信的服务并且遏制非法用户实体的各种欺骗行为，从而维护诚实用户实体的合法利益。张洪等[31]提出了一种具有激励机制的弹性信誉模型（Resilient Reputation Model，RRM），通过建立相应的鼓励与惩罚机制，激励用户持续提供真实可信的服务，并对欺骗行为及时进行惩罚。

　　4. 风险评估

　　单纯基于信任值的信任模型在感知节点失常行为时缺乏灵敏性，因此依靠信任模型并不能解决也不能保证系统安全交易的问题，而风险评估的引入能为信任决策提供进一步的客观参考依据。目前，关于信任与风险的关系仍处于探索阶段，不同的学者从不同的角度对风险进行了定义。Manchala[32]最早研究了信任与风险的关系，但缺乏对信任的度量。Jøsang 等[33]扩展了 Manchala 的模型，重新定义了信任和风险的关系，并提出了基于主观逻辑的风险分析方法。杨宏宇等[34]将模糊理论引入风险计算中，通过层次分析法和模糊综合评估模型解决风险因子的权重分配问题。张润莲等[35]通过对系统的资产识别、脆弱性识别和威胁识别，提出了一种加权复合函数计算实体行为潜在风险的方法。李小勇等[36]提出了基于多维决策属性的信任量化模型，依据经济学中风险投资的原理，从服务的角度对风险进行了定义。

3.3.2　研究现状

　　目前已有的信任模型多种多样，按照信任的表示和信任计算方法的不同，主要分为以下几类。

　　1. 基于概率的信任模型

　　基于概率的信任模型中采用概率的方法描述信任度，典型代表是 Beth 信任模型[37]和 Jøsang 信任模型[33]。Beth 信任模型将信任分为直接信任和推荐信任，以对实体完成任务的期望为基础，根据肯定经验和否定经验计算出实体能够完成任务的概率，以此概率作为实体信任度的度量，并给出了由经验推荐所给出的信任度推导和综合计算公式。此类模型的不足之处在于，模型对直接信任的定义比较严格，仅采用肯定经验对信任关系进行度量。另外，在对多个推荐信任进行综合时，采用简单的算术平均的方法无法反映信任关系的真实情况。

　　Jøsang 信任模型是以二项事件后验概率的 beta 分布函数为基础提出的一种主观逻辑信任模型，模型中引入事实空间（evidence space）与观念空间（opinion space）的概念来描述和度量信任关系，并提出了一套主观逻辑运算子来推导和计算信任度。事实空间由一系列实体产生的可观察到的事件组成，在二维主观逻辑中，事件被简单地分为肯定事件和否定事件，利用二项事件后验概率的 beta 分布函数对实体产生的某个事件的概率的可信度进行计算；观念空间由一系列对陈述语句或命题的主观信任评估组成，主观信任度用四元组 $\omega = (b,d,u,a)$ 描述，其中 b、d、u 分别表示对命题的信任度、不信任度、不确定度，a 为基率。

2. 基于模糊理论的信任模型

基于模糊理论的信任模型从信任关系的模糊性出发，运用模糊数学相关理论进行实体行为的可信评估。唐文等在文献[38]中将模糊集合理论成功引入信任模型中，用多个模糊子集合定义具有不同信任度的主体集合，运用模糊综合评判得出对主体信任度的描述，并基于模糊算子进行信任关系的形式化推导，较好地解决了信任的模糊性问题。在此思路基础上，文献[39]和[40]对基于模糊理论的信任模型进行了进一步探讨，从不同角度进行了深入研究。

3. 基于灰色系统的信任模型

文献[41]提出了基于灰色系统理论的信任评估模型，引入灰色系统理论中的灰元、灰数、灰量和灰类的概念。其中，灰元是指信息不完全的元素，灰数是指信息不完全的数，灰量是指信息不完全的变量，灰类则是灰变量的一个特定值。此类信任模型中将被评价的实体组成的集合定义为聚类实体集，评价实体组成的集合定义为客户集，被评价的属性为关键属性，所有灰类构成灰类集。通过客体对主体的关键属性评分定义权重矩阵和白化矩阵，利用灰色聚类分析计算客体对主体的灰色信任度。

4. 基于云模型的信任模型

云模型的概念是由李德毅首次提出的，该理论是在对概率理论和模糊集合理论进行交叉渗透的基础上，通过特定的构造函数形成的定性概念与定量描述之间的转换模型。文献[42]将云模型的概念引入信任评估模型中，通过对基本的云模型进行扩展，提出了信任云的概念，用云模型的信任期望、信任熵、信任超熵这三个特性进行信任的表达。文献[43]提出了基于隶属云理论的主观信任评估模型，将多个属性维度的信任评价云合成为对主体的信任云，并基于隶属度函数提出了信任等级云的概念，通过对主体信任云和信任等级基云比较进行主体信任等级的评估。信任云模型实现了对信任概念的完整描述，能够将主体主观信任的模糊性、随机性和不确定性有机结合起来，获取的信任信息包含更多的语义内容，增加了信任相关决策的依据。但当前此类研究仍处于起步探索阶段，还有很多工作需要进一步深入研究。

当前，信任已成为支撑电子商务、分布式应用、系统安全等领域的关键性技术之一，但信任评估相关理论还不完善，随着大规模分布式应用的不断涌现和迅速发展，又会提出一些新要求，反过来也会促使信任评估理论和实践不断完善。结合前面分析介绍，本书认为当前信任评估还存在下面一些问题。

（1）信任定义不统一。信任关系是最复杂的社会关系之一，可信与否是由人来决定的，用来满足用户主观上的一种预期，具有很强的主观性、不确定性和模糊性，是一种主观上的心理认知。各种模型根据自己的环境，都给出了信任定义，虽然大多含义相同，但还没有达成共识，形成一个统一的"信任"定义。

（2）现有的分布式信任模型为了提高信任评估的精度，大多通过基于信任链的广播方式在整个系统中进行信任搜索，在大规模分布式网络环境下，存在信任收敛慢、通信开销大、信任路径发现困难等问题，从而影响了系统的可扩展性和应用前景。

（3）当前大多数信任模型，在进行信任值计算时，如果实体 A 信任实体 B，则意味着实体 B 的所有行为都被 A 信任，而实际情况则不然。很多应用场景中，A 信任 B 并不意味着实体 B 的所有行为都可以被 A 信任，例如，A 仅仅在计算机某一研究领域认为 B 的断言是可被信任的，但在其他研究领域 B 的断言却不一定被 A 所信任。这说明实体间的信任关系和某一个特定的应用环境相关。在构造推荐信任链时，同样也需要明确的应用环境。例如，实体 A 信任实体 B 是针对命题 p，实体 B 信任实体 C 却是针对命题 q，显然不能直接推导出 A 信任 C 的结论。

另外，信任评估和服务请求者的应用目的相关。例如，用户 A 和用户 B，同时请求一部电影，用户 A 偏好高清晰度，用户 B 偏好高速度下载，同一服务导致用户 A 和用户 B 各执己见。交易结束后，能提供高清晰度服务的实体，能满足用户 A 的需求，用户 A 服务满意度就高，受 A 信任。如果该服务不能提供高下载速度，对用户 B 而言，服务满意度就差，B 则认为其不值得信任。

因此信任评估必须和一个特定的应用环境及一个明确的目的联系在一起，离开应用环境和目的，信任评估值就失去了其指导作用。然而，当前大多数信任模型对上述问题没有明确提出，缺乏对应的解决方案。

（4）当前大多数模型没有综合考虑影响信任的可能因素。例如，大多数信任模型没有考虑风险对信任的影响问题，如何解决实体初始信任值的获取问题，如何消除恶意实体的恶意推荐对信任评估的影响问题等。

（5）当前信任评估模型在进行服务对象选取时，认为信任值越高，服务质量就越好。这类评估模型没有充分地考虑服务请求者和服务提供者的个性偏好，从而导致服务结束后的信任评价缺乏可量化的指导依据，不能准确地刻画客观服务事实。

结合上面提出的问题，我们认为可在以下几个方面对信任评估模型展开进一步的研究。

（1）进一步研究信任关系，特别是分布式环境下的动态信任关系的新特性，及信任的定义、度量、存储、领域相关性等问题，这些是信任评估模型建立的基础。

（2）随着大规模分布式应用技术的发展，完全分布式管理开销过大，应进一步研究如何构建一个适合于大规模分布式环境下的信任评估系统结构，在保障原系统特性的同时，降低管理上的复杂性，提高系统运行效率。

（3）尽可能地挖掘影响信任关系的各种因素，例如，时间因素、交易额度、连续成功交易次数、风险机制等，研究如何从多角度、多维度精确地刻画信任关系的复杂性，使信任评估结果更合理。

（4）从影响信任关系评价的多维服务属性入手，结合请求者的个性偏好，研究如何从海量的服务中，选择一个既安全可靠，又能满足服务请求者个性偏好的服务资源。

（5）结合其他学科相关知识，探索适合描述分布式环境下信任关系的新模型。

3.4　基于层次结构的信任管理框架

随着网络应用规模和复杂性的日益增加，系统变得越来越难于管理，并且完全分布式的管理开销明显增大。

组织是人类社会中广泛存在的一种形式，通过不同组织对其内部资源和服务的管理与共享，能够有效地降低社会管理的复杂度，提高管理效率。

"物以类聚，人以群分"。在人类社会商业销售模式中，有一种同类商品集聚型销售模式，指出售产品有差异，但属于同一类商品的众多商家在某一地域范围内集聚的商业分布现象。究其得以迅速普及发展的主要原因：从消费者角度，降低了用户购物的搜索成本；对经营者而言，降低了交易成本和经营风险。

在人类社会中，人们之间随着交往次数的不断增多，相互了解的不断深入，具有相同目的和应用背景的人，逐渐形成一个个社会交往圈。处于同一社会圈中的人们之间交往频繁，由于相互之间经过多次交互，所以互相之间也比较了解。在选择交易对象时，人们也更愿意相信同一社交圈中的对象并与之进行交易。

本书借鉴上述人类社会现象，将分布式网络环境下的实体按应用环境和目的聚集为逻辑上的信任域，构建了一种基于 Agent 与信任域的层次化信任管理框架，以此作为信任评估系统中信任管理和度量的系统结构。目的是使实体间的交易更多地在本域内完成，将实体信任搜索的通信开销最大限度地限定在本域范围内，以此提高信任值的收敛速度，减低通信开销。

3.4.1　Agent 技术

Agent 的概念最早出现于人工智能领域，学术界还没有统一定义。FIPA（Foundation for Intelligent Physical）将 Agent 定义为存在于某一环境中具有自治能力的实体，具有自治性、反应性、主动性、社会性等特性[44]。

自治性（autonomous）：Agent 能够在不受外界干涉的条件下完成操作，并能够控制自己的行为和内部状态。

反应性（responsive）：Agent 能够感知外界环境并做出反应。

主动性（pro-activeness）：Agent 不仅能对所处环境做出响应，而且可以根据当前环境主动地执行某些操作或任务。

社会性（social ability）：Agent 能和其他 Agent 通过某种语言进行信息交流。

Agent 的体系结构主要揭示 Agent 由哪些模块组成，各模块的功能、联系和交互机制，如何根据感知到的内外部状态确定自己的行为。Agent 的体系结构主要有慎思型（deliberative architecture）、反应型（reactive architecture）和混合型（hybrid architecture）三种。

按照 Agent 的应用可分为单 Agent 系统、多 Agent 系统和移动 Agent。多 Agent 系统，顾名思义，即由多个在逻辑上或物理位置上分布的 Agent 组成，相互之间通过共享资源、交换信息，为协同解决共同的任务而形成的一个有组织的系统。移动 Agent 除了具有 Agent 的基本特征，还具有移动性，可以在异构的软硬件环境中，自主地从一台主机迁移到另外一台主机。多 Agent 系统和移动 Agent 结合起来，就构成多移动 Agent 系统。多移动 Agent 系统具有协作性、并行性、易扩展性和分布性等特征。由于多移动 Agent 系统具有降低网络系统的负载、提高通信效率、动态适应环境变化等优势，所以在分布式环境下得到了广泛应用。

徐小龙等[45]利用多 Agent 技术，通过构建 P2P 平台的协作层，提出来一种基于多移动 Agent 的 P2P 动态协作模型，将对等实体间的协作转化为 Agent 之间的协作，提高了 P2P 环境中实体间协作的灵活性和鲁棒性。Varalakshmi 等[46]提出了一种基于信誉的信任管理架构，每个网格管理域中设置多个代理，通过代理之间的相互通信，提高系统的可靠性。缺点是解决代理间信息不一致问题付出的代价较大。郑啸等[47]为解决大规模分布式服务计算环境下服务发现计算开销大、可扩展性弱、适应性差等问题，在自设计的非结构化 P2P 服务注册模型下，提出了利用蚁群算法指导 Agent 行为的基于 Agent 的服务发现算法，在动态分布式环境下，具有良好的可扩展性和适应性。田俊峰等[48]从网络实体行为出发，提出了一个基于 Agent 和信任领域的一个可信管理框架，在框架内依据实体行为进行了可信研究并仿真验证了其有效性。

3.4.2 基于 Agent 和信任域的层次化信任管理框架

1. 构建思想

借鉴文献[48]，提出了基于 Agent 和信任域的层次化信任管理框架的构建思想。

（1）随着网络应用和用户规模的迅速发展，系统复杂性日益增加，管理变得越来越困难，采用完全分布式管理开销明显增大。采用层次化管理结构，可有效地降低管理上的复杂性。

（2）引入 Agent 技术，可简化问题的复杂性，提高解决问题的有效性和效率。

（3）一个实体的信任度必须和一个特定的应用环境及一个明确的目的联系在一起，离开应用环境和目的，信任评估值就失去它的指导作用。

（4）在特定应用环境下，以某种应用环境和目的构建的信任域，可以有效地增加域内实体间的重复交互次数，将通信开销很大程度上限制在本域范围内。域 Agent

集中管理本域各成员的信任关系，信任值收敛速度快，通信开销小。

2. 信任管理框架

为解决现有开放网络系统中的信任管理复杂，信任值收敛速度慢，通信开销大等问题，借鉴人类社会中，"物以类聚，人以群分"经验和"组织"的管理模式，基于 Agent 技术与信任域，将分布式网络环境下的实体按应用环境和目的聚集为逻辑上的信任域，构建基于 Agent 与信任域的层次化信任管理框架（A Trust Management Framework with Hierarchical Structure based on Agent and Trust-Domain，TMF-ATD），以此作为信任评估系统中信任管理和度量的系统结构，其逻辑框架如图 3-1 所示。

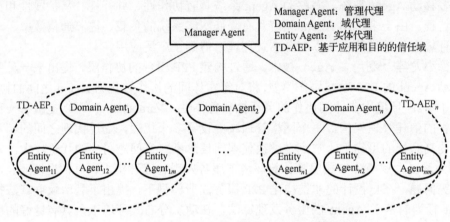

图 3-1　基于 Agent 与信任域的层次化信任管理框架

3. TMF-ATD 框架构成

TMF-ATD 由 Manager Agent、Domain Agent 和 Entity Agent 构成层次管理框架模型。

（1）Manager Agent 作为系统的绝对信任根，负责管理系统中的全局信任关系，负责管理和收集 Domain Agent 的信任信息[48]。

（2）Domain Agent 是信任域中信任关系和服务属性的管理者，负责收集与管理本信任域中各实体的信任信息，协同 Entity Agent 制定不同类型服务的服务属性。

（3）Entity Agent 由 Domain Agent 创建并管理。

（4）TD-AEP 表示依据应用和目的构建的信任域。

4. TMF-ATD 框架的优势

在分布式环境下，构建基于 Agent 和信任域的层次化信任管理框架，具有以下优势。

（1）以信任域为单位，采用分布式和集中式结合的层次化管理方式，可有效地降低大规模分布式系统管理的复杂性。

（2）实现了对信任模型的改进。局部信任模型收敛速度较快，信任计算开销较小，但其信任评估准确性差。全局信任模型信任评估准确，有利于不良实体行为的识别，但网络开销大，全局迭代产生的消息负载重，信任收敛速度慢。采用 TMF-ATD 管理，域内采用局部信任评价，域间采用域与域的全局信任评价，实质上是局部和全局信任的结合。域内实体间交易信任共享可加速信任收敛过程，降低了信任求解的计算代价，提高了计算效率。

（3）随着系统运行和实体间交往的深入，域内行为可靠的实体会逐渐形成较稳定的合作伙伴，相互间能以较高的效率获得可靠的服务。对恶意实体，其合作关系很难趋于稳定，因此在获取服务效率和可靠性方面相对较差，从而对实体改善其行为能起到一定的激励作用。

（4）每个信任域相当于一个自治域，Domain Agent 可实施对域内实体的有效管理。例如，为了防止恶意实体当信任值低于一定阈值后，重新注册身份，可将注册实体的 ID（IDentity）与其真实身份挂钩。

（5）Domain Agent 能够得到域内所有实体的交易反馈，维护域内实体的信任关系，因此对实体做出的信任度评估更准确。

3.4.3　基于应用和目的的信任域

信任评估系统通过收集、分析用户的历史交易信息，利用信任评估算法，选择信任度高的实体进行交易，达到减少交易风险，降低交易失败造成的损失。由于分布式环境下实体之间直接交易次数很少，为了提高信任值的精确度，需要在整个系统内收集被评估实体的信任值。在收集全局信任关系时，大多数评估模型采用泛洪技术实现，从而导致网络通信开销大，信任值收敛速度慢、计算量大等问题，并且影响系统的可扩展性和可用性。

信任评估必须和一个特定的应用环境及一个明确的目的联系在一起，离开应用环境与目的，信任评估值就失去其指导作用。

"物以类聚，人以群分"。在人类社会中，人们之间随着交往次数的不断增多，相互了解的不断深入，具有相同目的和应用背景的人，逐渐形成一个个社会交往圈。处于同一社会圈中的人们之间交往频繁，由于相互之间经过多次交互，所以互相之间也比较了解。在选择交易时，更倾向于选择同一圈内对象。在选择隶属于不同社交圈中的交易对象时，人们也更愿意相信同一社交圈中对象的推荐信息。

网络具有社会性，上述现象，在虚拟网络环境下同样适用。因此，本书将虚拟网络环境下的实体，按应用背景和目的，聚集为逻辑上的信任域（Trust Domain based on Application Environment and Purpose，TD-AEP）。目的是使实体间的交易更多地在本域内完成，将实体信任计算的通信开销最大限度地限定在本域范围内，以此提高信任值计算时的收敛速度。

　　为了有效地管理信任域，引入 Agent 技术，在每个信任域内设置一个 Domain Agent 和若干个 Entity Agent。基于应用和目的的信任域如图 3-2 所示。

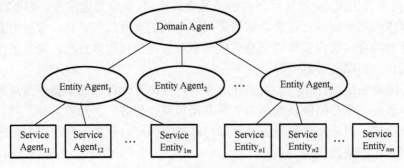

图 3-2　基于应用和目的的信任域

3.5　本 章 小 结

　　随着网络应用和用户规模的迅速发展，系统复杂性日益增加，管理变得越来越困难，采用完全分布式管理开销明显增大。

　　借鉴人类社会中同类商品集聚型销售模式和"组织"的管理职能，将分布式网络环境下的实体按应用环境与目的聚集为逻辑上的信任域，构建基于 Agent 和信任域的层次化信任管理框架，以此作为信任评估系统中信任管理和度量的系统结构。目的是使实体间的交易更多地在本域内完成，将实体信任搜索的通信开销最大限度地限定在本域范围内，以此提高信任值的收敛速度、降低通信开销。

参 考 文 献

[1] Zhang Q, Sun Y, Liu Z, et al. Design of a distributed P2P-based grid content management architecture. Proceedings of the 3rd Annual Communication Networks and Services Research Conference, Washington, 2005: 339-344.

[2] Blaze M, Feigenbaum J, Lacy J. Decentralized trust management. Proceedings of the 1996 IEEE Symposium on Security and Privacy, Washington, 1996: 164-173.

[3] Blaze M, Feigenbaum J, Keromytis A D. Keynote: Trust management for public-key infrastructures. Proceedings of the 6th International Workshop on Security Protocols, London, 1999: 59-63.

[4] Blaze M, Loannidis J, Keromytis A. Offline micropayments without trusted hardware. Proceedings of the 5th International Conference on Financial Cryptography, London, 2002: 21-40.

[5] Winsborough W H, Seamons K E, Jones V E. Automated trust negotiation. Proceedings of DARPA Information Survivability Conference and Exposition, New York, 2002: 88-102.

[6] Johnson W, Mudumbai S, Thompson M. Authorization and attribute certificates for widely distributed access control. Proceedings of the 7th Workshop on Enabling Technologies: Infrastructure for Collaborative Enterprises, Washington, 1998: 340-345.

[7] Alfarez A R, Halles S. A distributed trust model. Proceedings of the 1997 Workshop on New Security Paradigms, New York, 1997: 48-60.

[8] Alfarez A R, Hailes S. Using recommendations for managing trust in distributed systems. Proceedings of the IEEE Malaysia International Conference on Communication (MICC'97), Kuala Lumpur, 1997.

[9] Gambetta O. Can We Trust Trust? Trust: Making and Breaking Cooperative Relations. Oxford: Basil Blackwell, 1990: 213-237.

[10] Grandison T, Sloman M. A survey of trust in internet applications. IEEE Communications Surveys & Tutorials, 2000, 3(4):2-16.

[11] Abdulrahman A, Hailes S. Supporting trust in virtual communities. Hawaii International Conference on System Sciences, Maui, 2002: 6007-6016.

[12] Olmedilla D, Rana O F, Matthews B, et al. Security and trust issues in semantic grids. Proceedings of the Dagstuhl Seminar, Semantic Grid: The Convergence of Technologies, New York, 2005:191-200.

[13] 孙玉星, 黄松华, 陈力军, 等. 基于贝叶斯决策的自组网推荐信任度修正模型. 软件学报, 2009, 20(9): 2574-2586.

[14] 王衡军, 王亚弟, 张琦. 移动 AdHoc 网络信任管理综述. 计算机应用, 2009, 29(5): 1308-1311.

[15] 李瑞轩, 高昶, 辜希武, 等. C2C 电子商务交易的信用及风险评估方法研究. 通信学报, 2009, 30(7): 78-85.

[16] Paul R, Richard Z. Trust among strangers in internet transactions: Empirical analysis of eBays reputation system. Advances in Applied Microeconomics, 2002, 11: 127-157.

[17] eBay. http://pages.ebay.com/help/feedback/reputation-ov.html [2016-11-09].

[18] Sepandar D K, Mario T S, Hector G M. The EigenTrust algorithm for reputation management in P2P networks. Proceedings of the 12th International Conference on World Wide Web, New York, 2003: 640-651.

[19] Zhou R F, Hwang K. PowerTrust: A robust and scalable reputation system for trusted peer to

peer computing. IEEE Transactions on Parallel and Distributed Systems, 2007, 18(4): 460-473.

[20] Xiong L, Liu L. PeerTrust: Supporting reputation-based trust for peer-to-peer electronic communities. IEEE Transactions on Knowledge Data Engineering, 2004, 16(7): 843-857.

[21] Kamvar S D, Schlosser M T, Garcia-Molina H. The EigenTrust algorithm for reputation management in P2P networks. Proceedings of the 12th International Conference on World Wide Web, Budapest, 2003: 640-651.

[22] 窦文, 王怀民, 贾焰, 等. 构造基于推荐的 Peer-to-Peer 环境下的 Trust 模型. 软件学报, 2004, 15(4): 571-583.

[23] 李景涛, 荆一楠, 肖晓春, 等. 基于相似度加权推荐的 P2P 环境下的信任模型. 软件学报, 2007, 18(1): 157-167.

[24] 于真, 郑雪峰, 王少杰, 等. P2P 信任模型研究. 小型微型计算机系统, 2009, 30(9): 1715-1719.

[25] 张骞, 张霞, 文学志, 等. Peer-to-Peer 环境下多粒度的 Trust 模型构造. 软件学报, 2006, 17(1): 96-107.

[26] 胡建理, 吴泉源, 周斌, 等. 一种基于反馈可信度的分布式 P2P 信任模型. 软件学报, 2009, 20(10): 2885-2898.

[27] Yu B, Singh M P, Sycara K. Developing trust in large-scale peer-to-peer systems. The 1st IEEE Symposium on Multi-Agent Security and Survivability, Piscataway, 2004: 1-10.

[28] 田春岐, 邹仕洪, 王文东, 等. 一种基于推荐证据的有效抗攻击 P2P 网络信任模型. 计算机学报, 2008, 31(2): 270-281.

[29] 苗光胜, 冯登国, 苏璞睿. P2P 信任模型中基于行为相似度的共谋团体识别模型. 通信学报, 2009, 30(8): 9-20.

[30] 田俊峰, 孙冬冬, 杜瑞忠, 等. 基于节点能力和品质的 P2P 网络信任模型. 通信学报, 2009, 30(10): 119-125.

[31] 张洪, 段海新. RRM: 一种具有激励机制的信誉模型. 中国科学: 技术科学, 2008, 38(10): 1747-1759.

[32] Manchala D W. Trust metrics, models and protocols for electronic commerce transactions. The 18th International Conference on Distributed Computing Systems, Amsterdam, 1998: 312-321.

[33] Jøsang A, Presti S. Analyzing the relationship between risk and trust. The 2nd International Conference on Trust Management (iTrust 2004), Oxford, 2004: 135-145.

[34] 杨宏宇, 李勇, 陈创希. 基于模糊理论的信息系统风险计算. 计算机工程, 2007, 33(16): 44-47.

[35] 张润莲, 武小年, 周胜源, 等. 一种基于实体行为风险评估的信任模型. 计算机学报, 2009, 32(4): 688-698.

[36] 李小勇, 桂小林. 可信网络中基于多维决策属性的信任量化模型. 计算机学报, 2009, 32(3):

405-416.

[37] Beth T, Borcherding M, Klein B. Valuation of trust in open network. The 3rd European Symposium on Research in Computer Security, Brighton, 1994: 1-18.

[38] 唐文, 陈钟. 基于模糊集合理论的主观信任管理模型研究. 软件学报, 2003, 14(8): 1401-1408.

[39] 张景安. 网格环境中动态信任模型研究. 计算机工程与设计, 2009, 30(20): 4606-4611.

[40] Aringhieri R, Damiani E. Fuzzy techniques for trust and reputation management in anonymous peer-to-peer systems. Journal of the American Society for Information Science and Technology, 2006, 57(4): 528-537.

[41] 徐兰芳, 胡怀飞, 桑子夏, 等. 基于灰色系统理论的信誉报告机制. 软件学报, 2007, 18(7): 1730-1737.

[42] 王守信, 张莉, 李鹤松. 一种基于云模型的主观信任评价方法. 软件学报, 2010, 21(6): 1341-1352.

[43] 黄海生, 王汝传. 基于隶属云理论的主观信任评估模型研究. 通信学报, 2008, 29(4): 13-19.

[44] 史忠植. 智能主体及其应用. 北京: 科学出版社, 2000.

[45] 徐小龙, 王汝传. 一种基于多移动 Agent 的对等计算动态协作模型. 计算机学报, 2008, 31(7): 1261-1267.

[46] Varalakshmi P, Thamarai S S, Pradeep M. A multi-broker trust management framework for resource selection in grid. Proceedings of IEEE Workshop COMSWARE-2007, Bangalore, 2007: 1-6.

[47] 郑啸, 罗军舟, 宋爱波. 基于 Agent 和蚁群算法的分布式服务发现. 软件学报, 2011, 21(8): 1795-1809.

[48] 田俊峰, 杜瑞忠, 刘玉玲. 基于节点行为特征的可信性度量模型. 计算机研究与发展, 2011, 48(6): 934-944.

第 4 章　信任评估模型

4.1　信任评估模型分类

根据信任评估模型系统结构的不同，信任评估模型可以分为集中式结构和分布式结构两种。前面已有介绍，这里不再赘述。

依据评估所用理论的不同，可以将信任模型分为基于精确性理论的信任评估模型和基于非精确性理论的信任评估模型两类，如图 4-1 所示。

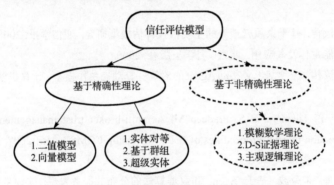

图 4-1　依据评估理论对信任评估模型的分类

4.1.1　基于精确性理论的信任评估模型

依据信任取值的不同，基于精确性理论的信任评估模型又可分为数值型和向量型两类。

（1）数值型评估模型。数值型评估模型根据给出的交易结果，又可分为离散信任值和概率信任值两类。

离散信任值模型一般将实体的信任程度划分为若干个等级，用不同的值代表不同的信任程度。最简单的是二元信任评估模型[1]，每次交易结束后，根据交易结果，给出信任评价，认为实体要么可信，用 "1" 表示；要么不可信，用 "0" 或 "–1" 表示。信任度=（可信交易次数 – 不可信交易次数）/总交易次数。文献[2]提出的 DMGTM 模型中，给出 worst、bad、normal 和 perfect 四种信任程度，分别用 –0.2、0、0.75 和 1 表示四种信任程度。这种评估方法优点是计算方法简单，易操作；不足之处是不能对服务进行精确建模，刻画信任评价值比较粗糙。

采用概率值方式的信任模型[3,4]，一般将信任值定义在[0,1]区间。交易结束后，信任评价值越接近 1，表示该实体越可信；反之，表示该实体越不可信。其中，1 表示绝对信任，0 表示绝对不信任。这类信任模型属于细粒度划分，合理地运用概率相关理论，能较准确地描述信任关系；不足之处是将信任的不确定性和主观性混淆为概率的随机性。

（2）向量型评估模型。由于数值型评估模型只能通过一个维度描述实体交互情况，对实体复杂的行为特征刻画比较粗糙。为了能够从多维度对实体的复杂行为进行描述，人们提出了基于多维向量的信任评估模型。例如，文献[5]提出的基于贝叶斯网络的 P2P 信任模型，从真实性和判断相似性两方面作为实体行为来计算其推荐可信度。文献[6]针对当前云模型中评价粒度粗糙等问题，提出了一种基于多维信任云的评估模型，将每一个 n 维评价向量看作一个 n 维云滴，根据其他实体对该实体的评价向量，构建基于每一属性的一维信任云，由所有属性得到的信任云便是多维信任云。在 P2P 环境下，Wang 等[7]提出了基于多维信任度量的信任模型，将直接信任分为一个主观维度和若干个客观维度，并通过加权方式区分了主观因素和客观因素对信任度量的影响，但加权算法简单，对交易次数、交易金额等考虑不全。谭振华等[8]基于社会网络的基本理论，提出了基于时间因子、交易频率、交易额度等在内的多维历史向量的 P2P 分布式信任评价模型。为解决 Ad Hoc 网络中节点的不端行为，Li 等[9]从协作信任、行为信任等角度，提出了一种 Ad Hoc 网络环境下的多维信任评估管理方法。针对自组织网络应用中的信任问题，Wang 等[10]提出了基于多维证据的信任管理模型，以提高节点信任计算的可靠性。针对移动 Agent 电子商务环境下，信任评估算法评价的单一性，甘早斌等[11]提出了基于声誉的多维度信任计算算法，较好地体现了个体偏好、风险态度等因素对信任评估的影响。

在基于精确性理论的信任评估模型中，依据系统中各实体的地位，可分为基于对等实体的、基于群组的和基于超级实体的信任评估模型。

（1）在对等实体的信任模型中，各实体的地位平等，例如，文献[12]通过测量共享文件系统中各个实体的带宽、延迟、可靠性等指标，提出了一种文件共享合作模型。文献[13]提出的一种基于多移动 Agent 的对等计算动态协作模型，将 P2P 网络中的实体、实体间的协作、资源及对资源的使用相互剥离，实体间通过多移动 Agent 构建形成 P2P 平台的协作层，将实体间的协作转换为移动 Agent 之间的协作，提高了 P2P 网络中协作的灵活性和鲁棒性。在分布式环境下，完全分布操作，存在信任评估代价过高、信任收敛速度慢、通信开销过大等问题。

（2）基于群组的信任评估模型。在人类社会中，组织是广泛存在的社会形式，通过不同组织对其内部资源和服务的管理，能够有效地降低社会管理的复杂度，提高管理效率。"物以类聚，人以群分"，通常交往密切的实体之间，往往具有相同或相似的行为特征。借鉴人类社会情况，把具有功能或行为相似的实体组成不同的群组，可有效地简化信任计算量。张玉清等[14]将网络中的所有实体按兴趣属性分成不同的群组，提出的一种基于群组的 P2P 完备信任模型 Trust Frame，这样实体间的信任关系就可划分为群组内和群组间的信任关系，并进行不同的度量，可有效地降低系统通信开销。田慧荣[15]将实体分布在不同的群组，将信任关系划分为实体间、实体与群组、群组与群组之间三种，可有效地降低实体间信任推荐的通信开销。孙知信等[16]利用多层分组策略，通过组内信任度、组间信任度和个人评价，提出了一个全局信任评估模型，具有较高的评价可信度。文献[17]提出了一种基于领域的层次化信任评估模型，引入 Agent 技术，将模型的管理框架分两层，分别由管理域代理 Manager Agent 和管理域内节点信息的 Domain Agent 组成，实现了基于服务满意度的信任评估。

（3）在基于群组的信任评估模型中，设定一个超级实体，负责群组内实体的推荐信任管理。例如，文献[18]提出的基于超级节点的对等网络信任模型，将所有节点划分为不同的群组，每个群组内设置一个超级节点，负责群组内信任管理，并将节点间的信任关系划分为超级节点间、超级节点与普通节点以及普通节点间三种，并给出了各种关系的信任度计算方法。范会波等[19]将 P2P 网络中的节点根据兴趣爱好划分为不同的自治簇，每个自治簇中设定一个超级节点负责簇内节点的信任管理，提出了基于超级节点的 P2P 信任模型。

4.1.2　基于非精确性理论的信任评估模型

由于信任关系具有模糊性、主观性和不确定性，采用精确理论评价具有一定的局限性，所以一些学者采用了非精确理论来构建信任评估模型。这些模型在对实体的信任评价中增加了不确定性因素，反而更能准确地计算出实体的信任度，计算方法也更合理。

（1）基于模糊理论的信任模型。由于信任的模糊性和不确定性，一些学者利用模糊理论建模信任关系。例如，文献[20]为解决网格环境下资源访问过程中信任关系的模糊性和不确定性问题，在对信任向量进行运算时，为了体现信任链路中各实体的信任度，采用模糊算子合成规则完成用户对目标资源信任关系的构建，并和自身的信任策略进行比较，以决定是否访问该资源。

（2）基于 D-S 证据理论构建的信任模型。证据理论由 Dempster 在 1967 年首次提出[21]，后由 Shafer 进一步发展完善[22]，成为一种系统化的不精确推理理论，因此也称 Dempster/Shafer 证据理论，即 D-S 证据理论，隶属于人工智能领域。文献[23]将实体的局部信任值表示为其行为特征支持的证据，结合置信度进行建模，通过量化区分不同推荐证据的可靠性，给出对信任关系不确定性评判依据，并利用 D-S 证据合成规则进行融合，得到实体在系统中的全局信任值。文献[24]在改进 D-S 证据理论的基础上，利用合成规则融合局部信任度，提出了 P2P 环境下的一种信任模型

DSETTM，可提高实体信任度计算的准确性。

（3）基于主观逻辑的信任评估模型。上面提到的模型存在一个问题，即没有考虑人认识事物的主观性，因为评价是由人做出的，所以不能不考虑人的主观因素对信任评估的影响。Jøsang[25]基于信任关系的主观性和不确定性，提出了基于主观逻辑的信任评估模型。引入事实空间和观念空间，描述与度量信任关系，并定义了一组主观逻辑算子用于信任计算，取得了一些研究成果[26-33]。相对于经典概率理论，Jøsang 的主观逻辑理论更能表达人的主观倾向。文献[34]为解决 Ad Hoc 网络中移动实体间信任关系的不可预知性问题，在主观逻辑的基础上，提出了一种新的移动 Ad Hoc 下的主观逻辑信任模型，可有效地提高移动 Ad Hoc 网络的安全性。文献[35]在信任云的基础上，为解决电子商务应用中交易双方主观信任评价问题，提出了一种基于主观信任云和信任变化云的信任关系量化评价方法。结合交易双方历史信息，较好地解决了电子商务中客户的决策问题。文献[36]扩展了 Jøsang 主观逻辑中的逻辑算子和证据算子，指出并改进了合意算子中存在的缺点，提出了一种用于信任管理的主观逻辑，可同时处理不确定和矛盾信息。文献[37]为了解决分布式环境下群体间的信任关系，基于主观逻辑理论，利用抽象出的顺序、选择、循环和并行四种群体约束模式及其复合嵌套来刻画群体间的约束关系，并给出其直接信任和推荐信任的计算方法，对群体间信任关系的建立提供了很好的支持。文献[38]在 Jøsang 主观逻辑的基础上，提出了基于主观逻辑的网格信任模型，引入衰减算子和融合算子，用来融合网格实体间的不同推荐信任值，以提高网格服务选择的可靠性。文献[39]为解决 P2P 网络环境下实体间信任缺失问题，提出了基于主观逻辑的 P2P 信任模型，通过信任的传递、融合及引入风险机制，可有效地防范恶意实体的欺诈行为。王汝传等[40]在开放式网络环境下，针对主观信任的模糊性，提出了一种信任更新机制，可有效地防止恶意实体的推荐。唐文等[41]利用主观信任的模糊性，将语言变量、模糊逻辑引入到主观信任管理，运用模糊 IF-THEN 规则对人类信任推理的一般知识和经验进行了建模，提出了一种具有很强描述能力的形式化的信任推理机制。

4.2　基于多服务属性的信任评估模型

服务质量的好坏，受多个因素影响，导致不同用户在交易结束后，依据不同的偏好，对服务结果的评判存在歧义，从而使得信任评价的标准不统一，也不能细致地刻画信任关系的复杂性和不确定性。

为解决信任评估系统中存在的上述问题，借鉴人类社会交易过程，在虚拟网络环境下，引入多服务属性，提出了一种基于多服务属性的信任评估模型（MSATrust）[42]，根据实体提供的服务特性，从中抽取出影响信任评价的具有代表性的多服务属性，组成服务属性集。服务请求者根据自身的兴趣偏好，结合服务提供者的服务属性值和信任值，决定是否选择该实体进行交易。交易结束后，计算服务请求者实际得到的服务质量和服务提供者声称的服务质量差异度，并对本次服务进行信任评判。

4.2.1　相关定义

定义 4-1　设 X 是系统中的实体域，令 $X = \{x_1, x_2, \cdots, x_N\}$，$N \in (1, 2, 3, \cdots)$，其中 $x_1, x_2, \cdots, x_N$ 表示系统中的 N 个实体。在每次交互中，实体根据自身扮演的角色，可分为：服务请求实体（service requester entity）、服务提供实体（service provider entity）和服务推荐实体（service recommender entity）。

信任是一个多学科、多维度的概念，目前尚未形成一个统一的定义。可信计算组织 TCG 采用实体行为预期定义实体的可信性：如果一个实体的行为总是以预期的方式达到预期的目标，认为该实体是可信的[43]。武汉大学张焕国教授将可信定义为：可信≈安全+可靠[44]。

假设 x_i, x_j 为系统中任意两个实体，且 $i, j \in \mathbf{N}, i \neq j$，借鉴 TCG 中对可信的定义，交易结束后，评判实体本次交易是否可信。

定义 4-2　信任评判：基于某个时间戳，服务请求者 x_i 与服务提供者 x_j 交易结束后，x_i 所得到的实际服务质量与 x_j 所声称的服务质量相符，则认为在本次交易中 x_i 是可信的。

定义 4-3　直接信任度：实体 x_i 对 x_j 的直接信任度表示为实体 x_i 通过与 x_j 直接交互而得到的实体 x_j 的信任值，用 $DT(x_i, x_j)$ 表示。

由于直接信任关系只涉及和该实体有过直接交互的实体，如果该实体没有直接交互实体，或和该实体直接交互的实体很少时，直接信任关系将变得不可靠，这时可引入推荐信任。

定义 4-4　邻居实体：凡是与请求实体 x_i 有过直接历史交易的其他实体，都称为实体 x_i 的邻居实体。

定义 4-5　推荐信任度：利用相应的算法，综合邻居实体间信任传递得到对实体 x_j 的信任值，称为推荐信任度，用 $RT(x_i, x_j)$ 表示。

定义 4-6　全局信任度：结合实体 x_i 对 x_j 的直接信任和推荐信任得到实体 x_i 对 x_j 的总的信任值，称为全局信任度，用 $T(x_i, x_j)$ 表示。

在本书中，规定实体的信任取值区间为[0,1.0]，新加入的实体，或该实体和服务提供实体没有直接交易记录时，将其初值信任值设为 0.5，表示中等信任。当信任度为 0 时，表明该实体不可信。

定义 4-7　服务属性集：定义为影响实体间交易质量和信任评价的因素构成的

集合为服务属性集，用 $\text{ATTR} = \{\text{attr}_1, \text{attr}_2, \cdots, \text{attr}_M\}$ 表示，其中 attr_i 表示影响服务质量的第 i 种属性，如价格、速度、可靠性、易用性等，不同服务类型，其服务属性集可能不同。为了便于处理，采用归一化方法将各属性值处理为[0,1]之间且无量纲的值。

定义 4-8　自身服务质量属性值：服务提供者 x_j 根据自身提供服务的能力，在 t 时刻向外宣称的各服务属性的服务质量值，表示为 $Q_{\text{ATTR}}^{x_j,t} = \{q_{\text{attr}_1}^{x_j,t}, q_{\text{attr}_2}^{x_j,t}, \cdots, q_{\text{attr}_M}^{x_j,t}\}$，其中 $0 \leqslant q_{\text{attr}_m}^{x_j,t} \leqslant 1$ 表示服务提供者 x_j 的第 m 种服务属性的自身服务质量值。为了准确地刻画自身服务质量，本书假设服务提供者能根据自身即时服务表现和服务请求者的反馈，更新自身服务质量属性值。

定义 4-9　用户体验质量属性值：在每次交易结束后，针对每个服务属性，服务请求实体（用户） $x_i(x_i \in X)$ 对服务提供实体 $x_j(x_j \in X)$ 实际交易时得到的服务质量属性值，定义为 $\{q_{\text{attr}_1}^{x_i,x_j}, q_{\text{attr}_2}^{x_i,x_j}, \cdots, q_{\text{attr}_M}^{x_i,x_j}\}$，用 $Q_{\text{ATTR}}^{x_i,x_j} = \{q_{\text{attr}_1}^{x_i,x_j}, q_{\text{attr}_2}^{x_i,x_j}, \cdots, q_{\text{attr}_M}^{x_i,x_j}\}$ 表示，其中，$0 \leqslant q_{\text{attr}_m}^{x_i,x_j} \leqslant 1(m = 1, 2, \cdots, M)$ 表示一次交易结束后，服务请求者 x_i 对服务提供者 x_j 的第 m 种服务属性的评价值。

定义 4-10　个性偏好：不同实体在选择服务对象时，对每个服务属性的重要程度各有喜好，用 $\omega = \{\tilde{\omega}_1, \tilde{\omega}_2, \cdots, \tilde{\omega}_M\}$ 表示，其中，$\tilde{\omega}_m$ 表示第 m 个服务属性 attr_m 相对于其他服务评价因子的重要程度，且满足：

$$0 \leqslant \tilde{\omega}_m \leqslant 1, \quad \sum_{m=1}^{M} \tilde{\omega}_m = 1 \tag{4-1}$$

则称 $\tilde{\omega}_m$ 为第 m 种属性 $\text{attr}_m(m = 1, 2, \cdots, M)$ 的权重因子。

4.2.2　交易流程

交易流程如下。

（1）服务请求实体 x_i 确定自己需要的服务类型和个性偏好值，发出服务请求信息。

（2）能提供该服务的实体在收到服务请求后，结合请求者的个性偏好和该时刻自身的各服务质量属性值，根据式（4-2）计算自身服务提供能力值（作为自身提供该服务的一个参考，相当于自我检测，作为考验自身能否满足该请求者的参考值）和该时刻自身的各服务属性质量值（假设发出该应答后，在收到请求者应答前，x_j 的各服务属性值不发生变化）返回给请求者。

$$Q_{x_j}^{\text{self},t} = Q(x_j, t) = \sum_{m=1}^{M} \tilde{\omega}_m q_{\text{attr}_m}^{x_j,t} \tag{4-2}$$

（3）服务请求者根据其个性偏好和服务提供者提供的各服务属性质量值，根据式（4-2）计算服务提供者的服务质量提供能力，并判定是否满足自身服务质量要求。

（4）服务请求者从满足服务要求的提供者中选择一个服务提供者 x_j，同时向自己所信赖的邻居实体发送信任查询信息。

（5）服务推荐者收到信任查询请求后，将自己所了解的关于实体的 x_j 的直接信任度信息返回给服务请求者。

（6）服务请求者将自己的直接信任值和推荐信任值综合，然后根据自己的信任策略决定是否接受（4）所选的服务提供者。

（7）如果服务请求者认为该服务提供者可以信赖，则向该服务发出执行服务请求信息；否则重复（4），直到找到一个可以完成服务要求且可以信赖的服务提供者。

（8）完成本次交易后，服务请求者与服务提供者根据本次交互结果进行相互评价，并更新各自的信任值。

4.2.3　基于用户体验质量的信任评价

服务请求实体 x_i 和服务提供实体 x_j 完成一次交易后，根据各服务属性，通过式（4-3）评价实体 x_j 的服务质量，得到用户体验质量为

$$Q^t_{x_i,x_j} = Q(x_i,x_j,t) = \sum_{m=1}^{M} \tilde{\omega}_m q_m^{x_i,x_j} \qquad (4\text{-}3)$$

定义 4-11　服务质量差异度评价：一次服务结束后，根据服务提供者自身声称的服务质量和交易后服务请求者实际得到的服务质量，得到服务质量差异度公式为

$$D^{Q(x_j)}_{Q(x_i,x_j)} = \frac{\left| Q^t_{x_i,x_j} - Q^{\text{self},t}_{x_j} \right|}{Q^t_{x_i,x_j}} \qquad (4\text{-}4)$$

式中，$D^{Q(x_j)}_{Q(x_i,x_j)}$ 表示服务提供者 x_j 和服务请求者 x_i 在该次交易结束后，x_i 所得到的实际服务质量与 x_j 所宣称的服务质量的差异。若 $D^{Q(x_j)}_{Q(x_i,x_j)}$ 超过一定阈值，则认为 x_i 所得到的实际服务质量与 x_j 交易之间所声称的服务质量不符，有理由认定实体 x_j 是在提供虚假服务，认为实体 x_j 不可信，降低其信任值。反之，表明实体 x_j 对外真实地宣称了自己的服务特征，其行为可信。基于用户体验质量的信任评价值可通过式（4-5）得到。

$$V_k(x_i,x_j) = \begin{cases} 1, & 0 \leqslant D_{Q(x_i,x_j)}^{Q(x_j)} \leqslant \varepsilon_1 \\ 0.5, & \varepsilon_1 < D_{Q(x_i,x_j)}^{Q(x_j)} \leqslant \varepsilon_2 \\ 0, & \varepsilon_2 < D_{Q(x_i,x_j)}^{Q(x_j)} \leqslant 1 \end{cases} \qquad (4\text{-}5)$$

式中，$0 \leqslant \varepsilon_1 \leqslant \varepsilon_2 \leqslant 1$，$V_k(x_i,x_j)$ 表示服务请求者 x_i 与服务提供者 x_j 第 k 次交易结束后，根据服务质量评价差异度，得到该次实体的信任评判值。

4.2.4　信任度计算

在 MSATrust 模型中，实体信任值大小取决于两方面：①根据自身直接交易得到的直接信任值；②通过其他实体推荐得到的推荐信任值。综合直接信任值和推荐信任值，可以得出实体 x_i 对 x_j 的综合信任值。

$$T(x_i,x_j) = \beta \mathrm{DT}(x_i,x_j) + (1-\beta)\mathrm{RT}(x_i,x_j), \quad \beta = 1 - \rho^k, \rho \in (0,1) \qquad (4\text{-}6)$$

式中，$T(x_i,x_j)$ 表示实体 x_i 对 x_j 的综合信任值；$\mathrm{DT}(x_i,x_j)$ 表示实体 x_i 对 x_j 的直接信任值；$\mathrm{RT}(x_i,x_j)$ 表示实体 x_i 通过其他实体推荐得到对 x_j 的推荐信任值；β 表示在综合信任值计算中直接信任值所占的权重，$\beta = 1 - \rho^k$，其中 ρ 为直接信任值调节因子，k 表示实体 x_i 与 x_j 之间的直接交易次数，随着 k 值的增加，β 值越大，表明随着实体间交往次数的增加，实体越相信自己的直接判断，这样既符合人类交往实际，又能防御恶意实体的恶意推荐。

1. 直接信任度计算

每次交易结束后，服务请求者根据该次（假设第 k 次）服务质量评价差异度，得到本次信任评价值 $V_k(x_i,x_j)$。由于实体间的信任值受多种因素影响，所以本书在进行信任值计算时，考虑交易时的上下文环境（如本次交易价值大小）、信任的时间衰减等特性，通过式（4-7），得到第 k 次交易结束后，实体 x_i 对 x_j 的直接信任值 $\mathrm{DT}_k(x_i,x_j)$。

$$\mathrm{DT}_k(x_i,x_j) = \begin{cases} V_k(x_i,x_j) \times c_k(x_i,x_j), & k=1 \\ \delta \mathrm{DT}_{k-1}(x_i,x_j) + (1-\delta)V_k(x_i,x_j) \times c_k(x_i,x_j), & k \geqslant 2 \end{cases} \qquad (4\text{-}7)$$

式中，$\delta(0 \leqslant \delta \leqslant 1)$ 定义为历史因子，用来权重本次信任评估值相对历史直接信任值所占的比例大小，δ 值越小，表明以往交易信任值对信任值计算影响越大。$c_k(x_i,x_j)$ 用来表征该次交易时的上下文环境，如本次交易的价值大小。

式（4-7）存在一个问题，相同上下文环境下，在不考虑信任随时间衰减特性时，实体 x_i 与 x_j 完成 100 次真实可信交易和 1 次真实可信交易得到的信任值一样。如果考虑信任的时间衰减因素，则实体 x_i 与 x_j 完成 100 次真实可信交易得到的信任值比进行 1 次真实可信交易得到的信任值还要低，这显然不符合实际情况，对长期提供真实可信服务的实体也缺乏激励机制。为此，本书引入交易次数调节函数：

$$\sigma = \sqrt{s/(n+1)} \tag{4-8}$$

式中，s 表示成功交易的次数；n 表示总交易次数。修正式（4-7）得到

$$DT_k(x_i, x_j) = \begin{cases} \sigma V_k(x_i, x_j) \times c_k(x_i, x_j), & k=1 \\ \delta DT_{k-1}(x_i, x_j) + \sigma(1-\delta)V_k(x_i, x_j) \times c_k(x_i, x_j), & k \geqslant 2 \end{cases} \tag{4-9}$$

通过交易次数调节函数，实体要想获得高信任值，必须多次提供真实可信服务。

2. 推荐信任度计算

服务请求实体 x_i 为了获取推荐信任值，通过邻居节点 x_k 的信任传递，收集和服务提供实体有过直接交易的实体，通过式（4-10）计算得到对实体 x_j 的推荐信任值。

$$RT(x_i, x_j) = \sum_{k=1}^{N} DT(x_i, x_k) \times DT(x_k, x_j) / N \tag{4-10}$$

式中，N 表示推荐实体的个数；$DT(x_i, x_k)$ 是实体 x_i 对邻居实体 x_k 的直接信任值；$DT(x_k, x_j)$ 是实体 x_k 对 x_j 的直接信任值。在人类社会中，越可信的朋友的推荐信任一般也越可信。因此，本书用实体 x_i 对实体 x_k 的直接信任值 $DT(x_i, x_k)$ 作为实体 x_k 的推荐信任系数，认为信任值越高的实体，其推荐可信度也越高。这样可有效地防范个别信任值低的实体的恶意推荐。

4.2.5　仿真实验与结果分析

为了验证 MSATrust 模型的有效性，采用斯坦福大学开发的 P2P 仿真软件 Query cycle Simulator，以 P2P 环境下的文件下载为背景进行了仿真验证。开发语言采用 Java，操作系统为 Windows XP。

Query cycle Simulator 提供了网络节点数目、网络节点类型以及网络节点的行为等大量网络节点设置方法，并具有仿真结果数据采集功能。另外，Query cycle Simulator 通过内嵌 EigenTrust 模型的仿真代码，实现了 EigenTrust 的性能评估。

Query cycle Simulator 的源代码包括 qcsim 包和 qcui 包两部分。qcsim 实现了仿真平台的网络结构、节点行为类型、消息响应及交易处理过程；qcui 实现了仿真平台的界面。Query cycle Simulator 流程如图 4-2 所示。

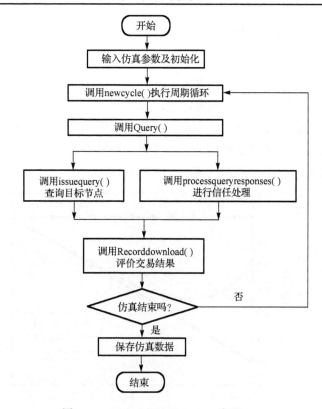

图 4-2　Query cycle Simulator 流程

仿真参数及取值如表 4-1 所示。文件随机均匀分布于各实体中，仿真周期数为 100 个，在每个仿真周期中，每个实体选择一个自己没有的文件进行下载，即在整个仿真周期内，每个实体完成 100 次文件下载。

表 4-1　仿真参数及其取值

参数	参数说明	初始值
N	节点数	1000
N_f	文件个数	50000
M	服务属性数	4
$q_{attr_1}^{x_j} \sim q_{attr_M}^{x_j}$	服务属性值	[0,1]之间，且 $\sum_{m=1}^{M} q_{attr_m}^{x_j} = 1$
$\tilde{\omega}_1 \sim \tilde{\omega}_M$	服务质量评价权重	[0,1]之间，且 $\sum_{m=1}^{M} \tilde{\omega}_m = 1$
ρ	直接信任值调节因子	0.6
$\varepsilon_1, \varepsilon_2$	阈值	0.05,0.2
∂	历史因子	0.6

1. 直接交易次数对信任度的影响

直接信任值调节因子 ρ 设为 0.6，从图 4-3 可以看出，当直接交易次数很少时，推荐信任度占的比例较大，随着实体 x_i 对 x_j 直接交易次数的增加，直接信任值在综合信任度计算中，所占的比例越来越大，即实体 x_i 与 x_j 之间随着交易次数的增加，越来越相信自己的直接判断。这也符合人类社会中，人们之间随着相互交往次数的增多，了解的深入，越来越相信自己的直接判断能力。同样，引入直接信任值调节因子，对恶意实体的虚假推荐也有一定的抑制作用。

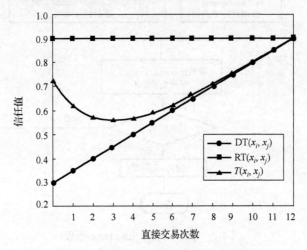

图 4-3　直接交易次数对信任度的影响

2. MSATrust 遏制恶意实体仿真试验

为了验证 MSATrust 模型抵御恶意实体的恶意行为能力，根据不同恶意实体的行为表现，在仿真实验中，设定了 4 类实体。

（1）诚实实体（sincere peer）：在交易过程中，该类实体始终如一地提供真实可信的服务，在信任推荐和评价时，也能提供真实的推荐与评价信息。

（2）简单恶意实体（simply malicious peer）：在交易过程中，该类实体始终为其他实体提供虚假服务和评价，因此该类实体信任值下降很快，并被淘汰。在仿真实验中，对该类实体定义为按一定比例提供不真实服务。本书设定的比例为 40%。

（3）策略恶意实体（strategic malicious peer）：该类实体根据自身策略，有选择地提供真实和虚假服务，以确保自己在系统允许的信任范围内长期保持自己的恶意目的。即当信任值降低到某个阈值以下，开始提供真实服务，提升自己的可信度；当信任值达到某个高度，又开始提供虚假服务，实施自己的恶意目的。

（4）合谋恶意实体（collusive malicious peer）：指部分恶意实体联合起来，形成合谋团队，交易过程中，在夸大同伙信任值的同时，诋毁其他实体的信任值，从而抬高同伙实体的信任值，诱骗其他实体相信自己的同伙，达到恶意目的。

在仿真实验时，为了便于比对，同时还实现了 EigenTrust 模型和无信任模型（NoTrust）时的交易情况。

评价信任模型有效性的一个重要指标是成功交易率（successful transaction percentage），即系统中成功交易次数占所有交易次数的比例。

（1）简单恶意实体。从图 4-4 可以看出，当系统中简单恶意实体为 0 时，三种模型的下载成功率都很高。随着系统中简单恶意实体比例的增加，无信任模型的系统成功交易率下降最快，当系统恶意实体增加至 50%时，其成功交易率只有 30%左右。由于 EigenTrust 模型缺乏对恶意实体的惩罚，其成功交易率下降幅度也比较大。而 MSATrust 模型随着交易次数的增加，由于能够较有效地识别并抑制简单恶意实体，当恶意实体比例达到 50%时，其成功交易率仍能达到 70%左右。

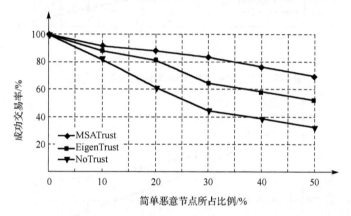

图 4-4　成功交易率随简单恶意实体增加变化情况

（2）策略恶意实体。假设策略恶意实体的阈值为 0.6，当其信任值高于 0.6 时，策略恶意实体按 30%的概率提供真实可信服务；当信任值低于 0.6 时，策略恶意实体按 100%的比例提供真实可信服务。从图 4-5 可以看出，两种模型在不同比例策略恶意实体攻击下成功交易率的变化情况。EigenTrust 模型由于对恶意实体缺乏惩罚机制，其成功交易率下降较快。MSATrust 引入成功交易次数调节函数作为奖惩，策略恶意实体信任值上升慢，下降快，更多的交易在诚实实体间进行，其成功交易率下降较慢。

（3）合谋恶意实体。图 4-6 对比了两种不同模型在合谋恶意实体下系统成功交易率情况，仿真中合谋实体诋毁好实体并夸大同类实体，为好实体提供不可信服务，为同类实体提供可信服务。由于 EigenTrust 模型对合谋作弊攻击未做处理，随着合谋恶意实体比例的增加，其信任值下降很快。在交易初期，MSATrust 信任模型和

EigenTrust 模型成功交易率接近，原因是初始时，直接交易次数少，推荐信任所占比例较大，合谋恶意推荐导致交易成功率下降很快。随着直接交易次数的增加，由于直接信任调节因子的作用，在 MSATrust 模型中，直接信任所占权重越来越大，推荐信任在综合信任值计算中影响越来越小。因此，MSATrust 模型对合谋恶意实体具有一定的防御作用。

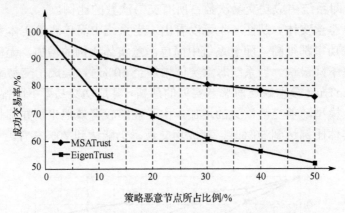

图 4-5　成功交易率随策略恶意实体增加变化情况

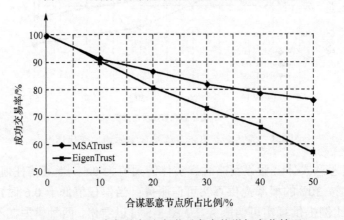

图 4-6　成功交易率随合谋恶意实体增加变化情况

通过仿真结果显示，MSATrust 模型能根据实体的行为表现，建立对应的信任关系，指导实体间的交易，并能较好地抵御恶意实体的恶意攻击。

4.3　基于扩展主观逻辑的信任评估模型

可信计算作为信息系统安全的一种新技术，已成为信息安全领域的一个新热潮，但其可信性评估理论尚不完善[23]；随着云计算、P2P 计算、网格计算、Ad Hoc 等大规模的分布式应用的普及，在极大地方便用户管理和利用资源的同时，面临的安全问题也成为其重大挑战之一，而安全和信任评估是各种分布计算安全的重要内容之一[45-47]。因此构建分布式环境下的信任评估模型具有重要意义。

从信任关系的主观性、模糊性和复杂性出发，针对 Jøsang 主观信任模型评价粒度过于粗糙，评价结果不精确的问题，本书以 P2P 网络为研究背景，提出了一种基于扩展主观逻辑的信任评估模型，利用实体间交易的肯定信任值[0,1]和否定信任值[0,1]代替 Jøsang 模型中的肯定事件数与否定事件数，来计算实体的信任值，以提高信任模型的准确度和精确性。引入时间衰减系数与交易价值系数以调节信任评价值，提升实体信任值计算的合理性。引入不确定性的风险因素值，作为信任值的叠加，以抵御恶意实体的欺诈行为。

4.3.1　相关工作及定义

由于 D-S 证据理论能解决事物的不确定性问题，在很多领域得到了广泛应用[48-52]。Dezert[53]通过引入"超强集"的概念，扩展了 D-S 证据理论。文献[54]和[55]成功地运用不确定性推理理论，解决了现实生活中证据不充分的事物问题。

鉴于信任关系的不确定性和主观性，Jøsang 等[25-32]利用主观逻辑理论对信任关系进行了建模，逐渐形成了一套较为完整的主观逻辑理论。相对经典概率理论而言，更能体现人的主观倾向性。

概率论中称为贝塔 (β, beta) 分布的概率密度分布函数的数学形式为

$$f(x) = \frac{1}{beta(\alpha, \beta)} x^{\alpha-1}(1-x)^{\beta-1}, \quad 0<x<1, \quad \alpha>0, \quad \beta>0 \qquad （4-11）$$

这样，参数 beta(α, β) 的含义为

$$beta(\alpha, \beta) = \int_0^1 x^{\alpha-1}(1-x)^{\beta-1}dx \qquad （4-12）$$

beta 分布变量 x 只能出现在[0,1]区间，符合信任概率的取值范围。

主观逻辑中的事实空间由肯定事件和否定事件组成，通过考察交易者的历史交易信息资料、交易执行成功次数（用 r 表示）、交易执行失败次数（用 s 表示），用历史信息预测未来交易的可能性，依据二项事件（binary event）后验概率服从 beta 分布的思想，构造概率确定性密度函数 $f(p|\alpha, \beta)$，其中 p 为任意给定的概率参数，

$$\alpha = r+1, \quad \beta = s+1 \qquad （4-13）$$

概率密度函数 $f(p|\alpha, \beta)$ 代表了一个后验概率，在本书中其表示的含义为在系统历史交易记录中，成功交易的次数为 $\alpha-1$ 次，失败交易的次数为 $\beta-1$ 次，在此基础上，用来评估下一次交易成功的概率。

在 Jøsang 的主观逻辑中，利用观念空间和事实空间描述信任关系。观念空间由

一组对实体的主观信任评价组成，可用四元组 $\omega_{X_i}^{X_j} = \{b_{X_i}^{X_j}, d_{X_i}^{X_j}, u_{X_i}^{X_j}, a_{X_i}^{X_j}\}$ 进行描述，其中 $\omega_{X_i}^{X_j}$ 表示实体 X_j 对 X_i 的信任观念；$b_{X_i}^{X_j}, d_{X_i}^{X_j}, u_{X_i}^{X_j}$ 分别表示实体 X_j 对 X_i 的信任程度、不信任程度和不确定程度；$a_{X_i}^{X_j}$ 表示实体 X_i 对 X_j 的先验概率，也称为基率。该四元组满足：

$$b_{X_i}^{X_j} + d_{X_i}^{X_j} + u_{X_i}^{X_j} = 1,\ b_{X_i}^{X_j}, d_{X_i}^{X_j}, u_{X_i}^{X_j} \in [0,1] \tag{4-14}$$

事实空间由一组可观察到的肯定事件和否定事件组成。Jøsang 主观逻辑利用式（4-15）将实体的信任观念 $\omega_{X_i}^{X_j}$ 定义为观察到的肯定事件数（用 r 表示）和否定事件数（用 s 表示）的函数。

$$\begin{cases} b_{X_i}^{X_j} = \dfrac{r}{r+s+C} \\[2mm] d_{X_i}^{X_j} = \dfrac{s}{r+s+C} \\[2mm] u_{X_i}^{X_j} = \dfrac{C}{r+s+C} \end{cases} \tag{4-15}$$

式中，该函数被称为证据映射函数，C 为不确定因子，值固定为 2。Jøsang 对证据映射函数的合理性进行证明，同时给出了实体期望的计算公式：

$$E_{X_i}^{X_j} = b_{X_i}^{X_j} + u_{X_i}^{X_j} \cdot a_{X_i}^{X_j} \tag{4-16}$$

4.3.2　扩展主观逻辑

实体之间的信任关系具有动态性，不同时期的交易历史信任值对信任关系影响不同，一般越接近当前时刻，信任评价对实体近期行为影响也越大。因此本书引入时间衰减系数，用来反映不同时期信任评价对信任评估影响的重要程度。

定义 4-12　时间衰减系数：从当前时刻起，将时间轴划分为 m 个等长的间隔周期，第 k 次交易得到的信任评价值相对于当前时刻的信任折扣幅度称为时间衰减系数，即

$$\varPhi(t_k) = e^{-(t_0 - t_k)/t} \tag{4-17}$$

式中，t_0 表示当前交易时间区间；t_k 表示第 k 次交易所在的时间区间；t 为 t_k 距离 t_0 的间隔周期长度。通过时间衰减系统，调节不同时间区间信任评价对可信度的影响，距离当前时间越近，影响越大。

在人类社会中，交易价值越高，成功交往次数越多，互相之间建立的关系越可信，虚拟网络环境同样具有该特性。因此本书引入交易价值系数 $\varPhi(v_k)$，来调节交易价值对信任评价的影响程度，即

$$\varPhi(v_k) = e^{-1/v_k}\ (v_k > 0)$$

其中，v_k 是第 k 次交易的价值。

通过表 4-2 可以看出，随着交易价值增大，对信任评价影响也越大。这样可有效地避免恶意实体通过多次小额交易获取一定信任，而在大额交易时实施欺骗的行为。

表 4-2　信任评价值随交易价值取值不同的变化情况

v_k 值	0.3	0.5	0.8	1	2	3	10	100	1000
$\Phi(v_k)$ 值	0.036	0.135	0.287	0.368	0.607	0.717	0.905	0.990	0.999

引入时间衰减系数和交易价值系数后，肯定信任值与否定信任值变为

$$\mathrm{PT}_{X_i,X_j} = \sum_{i=1}^{n} \Phi(t_k) \cdot \Phi(v_k) \cdot \mathrm{TE}_{X_i,X_j}^{k}, \quad n > 2 \tag{4-18}$$

$$\mathrm{SN}_{X_i,X_j} = \sum_{i=1}^{n} \Phi(t_k) \cdot \Phi(v_k) \cdot (1 - \mathrm{TE}_{X_i,X_j}^{k}), \quad n > 2 \tag{4-19}$$

式中，$\mathrm{TE}_{X_i,X_j}^{k}$ 为信任值。

用肯定信任值、否定信任值代替肯定事件数和否定事件数，并引入时间衰减系数与交易价值系数后，式（4-15）变为

$$
\begin{cases}
b_{X_i}^{X_j} = \dfrac{\displaystyle\sum_{i=1}^{n} \Phi(t_k) \cdot \Phi(v_k) \cdot \mathrm{TE}_{X_i,X_j}^{k}}{\displaystyle\sum_{i=1}^{n} \Phi(t_k) \cdot \Phi(v_k) \cdot \mathrm{TE}_{X_i,X_j}^{k} + \sum_{i=1}^{n} \Phi(t_k) \cdot \Phi(v_k) \cdot (1 - \mathrm{TE}_{X_i,X_j}^{k}) + C} \\[3ex]
d_{X_i}^{X_j} = \dfrac{\displaystyle\sum_{i=1}^{n} \Phi(t_k) \cdot \Phi(v_k) \cdot (1 - \mathrm{TE}_{X_i,X_j}^{k})}{\displaystyle\sum_{i=1}^{n} \Phi(t_k) \cdot \Phi(v_k) \cdot \mathrm{TE}_{X_i,X_j}^{k} + \sum_{i=1}^{n} \Phi(t_k) \cdot \Phi(v_k) \cdot (1 - \mathrm{TE}_{X_i,X_j}^{k}) + C} \\[3ex]
u_{X_i}^{X_j} = \dfrac{C}{\displaystyle\sum_{i=1}^{n} \Phi(t_k) \cdot \Phi(v_k) \cdot \mathrm{TE}_{X_i,X_j}^{k} + \sum_{i=1}^{n} \Phi(t_k) \cdot \Phi(v_k) \cdot (1 - \mathrm{TE}_{X_i,X_j}^{k}) + C}
\end{cases} \tag{4-20}
$$

4.3.3　动态基率

基率 $\alpha \in [0,1]$ 定义为对系统中某实体信任评估的先验概率，一般将其设定为以往信任评价的观测率。从客观上讲，观测率会随时间变化而动态变化，因此基率也应该随时间动态变化，但在 Jøsang 主观逻辑理论中，并没有考虑基率的动态性。由于分布式环境下各实体本身的不确定性和动态性，给一个新加入的实体指定一个合

理的基率非常重要。α 越大，表示不确定性取值更倾向于信任程度。可以将初始值 α 设定为 0.5，也可以根据实际情况，设定一个合适的取值。为了体现基率的动态性和信任的主观性，可将基率设定为该时刻实体 X_i 对实体 X_j 的直接信任值。

4.3.4　信任值计算

借鉴人类社会网络中信任关系建立的特征，依据实体间信任关系建立的来源，将分布系统中实体间的信任关系分为两类：直接信任和推荐信任。

定义 4-13　直接信任值（direct trust value）：综合实体 X_i 和实体 X_j 之间的直接交互历史信息及 X_i 对 X_j 主观期望，从而得出对 X_j 实体未来行为的信任程度，用 $\text{DT}_{X_i}^{X_j}$ 表示，即

$$\text{DT}_{X_i}^{X_j} = b_{X_i}^{X_j} + a \times u_{X_i}^{X_j} \tag{4-21}$$

推荐信任指通过其他实体的推荐而间接地获得的信任关系。在考虑推荐信任时，为了避免恶意实体的恶意推荐，应考虑推荐实体的信任度，一般认为，推荐实体的信任度越高，其推荐信息越可信。通过这种信任传递方式，可以在分布网络环境下对陌生实体进行信任评估。

Jøsang 主观逻辑理论定义了推荐算子（recommendation operator）和合意算子（consensus operator），推荐算子可用于信任的传递推导计算，合意算子可用于信任合并计算。

1）推荐算子 $\otimes$

设 $\omega_B^A = \{b_B^A, d_B^A, u_B^A\}$，$\omega_C^B = \{b_C^B, d_C^B, u_C^B\}$，则

$$\omega_C^{AB} = \{b_C^{AB}, d_C^{AB}, u_C^{AB}\}$$

式中

$$\begin{cases} b_C^{AB} = b_B^A \times b_C^B \\ d_C^{AB} = d_B^A \times d_C^B \\ u_C^{AB} = d_B^A + u_B^A + b_B^A \times u_C^B \end{cases} \tag{4-22}$$

记为 $\omega_C^{AB} \equiv \omega_B^A \otimes \omega_C^B$，推荐算子可用来计算信任的传递。

2）合意算子 $\oplus$

设 $\omega_C^A = \{b_C^A, d_C^A, u_C^A\}$，$\omega_C^B = \{b_C^B, d_C^B, u_C^B\}$ 分别表示节点 A 和节点 B 对节点 C 的信任观念，则节点 A 和节点 B 对节点 C 的综合信任观念

$$\omega_C^{A,B} = \{b_C^{A,B}, d_C^{A,B}, u_C^{A,B}\}$$

式中

$$
\begin{cases}
b_C^{A,B} = (b_C^A \times u_C^B + b_C^B \times u_C^A)\,/\,k \\
d_C^{A,B} = (d_C^A \times u_C^B + d_C^B \times u_C^A)\,/\,k \\
u_C^{A,B} = (u_C^A \times u_C^B)\,/\,k
\end{cases}
\tag{4-23}
$$

式中，$k = u_C^A + u_C^B - u_C^A \times u_C^B$，$k \neq 0$，记为 $\omega_C^{A,B} \equiv \omega_C^A \oplus \omega_C^B$，在计算推荐信任值时，如果有多个推荐信任值，则可通过合意算子对多个推荐信任值进行融合，得到总的推荐信任值。

本书为了简化模型，将推荐信任关系控制在邻居实体内进行。对于新加入的实体，初始信任值和推荐节点的信任值均设为 0.5。

美国著名心理学家米尔格兰姆通过实验验证得出，世界上任何两个人之间要想建立联系，最多只需 6 个人即可，即六度分割理论，又称为六度空间理论。受六度空间理论启示，本书在形成推荐信任链时，设置一个 TTL，初始值设为 6。每经过一级推荐，TTL 值减 1，减到 0 则终止该条信任链的搜索。

定义 4-14 邻居实体（neighbor）：在 P2P 系统中，邻居节点定义为所有和实体 X_i 有过直接交易的实体，统称为 X_i 的邻居实体。

定义 4-15 推荐信任值（recommendation trust value）：指通过其他实体推荐而得到目标实体 X_j 的信任值，称为推荐信任值，用 $\mathrm{RT}_{X_i}^{X_j}$ 表示。

$$
\mathrm{RT}_{X_i}^{X_j} = \left(\sum_{i=1}^{m} \mathrm{DT}_{X_i}^{X_k} \cdot \mathrm{DT}_{X_k}^{X_j} \right) \Big/ m
\tag{4-24}
$$

式中，$\mathrm{DT}_{X_i}^{X_k}$ 表示实体 X_i 对 X_k 的直接信任值；$\mathrm{DT}_{X_k}^{X_j}$ 表示实体 X_k 对实体 X_j 的直接信任值；m 表示推荐实体的数量。

定义 4-16 信任值（trust value）：用来度量实体 X_i 对实体 X_j 信任关系的一种定量表示，通过综合直接信任值和推荐信任值得出，用 $\mathrm{TV}_{X_i}^{X_j}$ 表示。

$$
\mathrm{TV}_{X_i}^{X_j} = \beta \mathrm{DT}_{X_i}^{X_j} + (1-\beta)\mathrm{RT}_{X_i}^{X_j}
\tag{4-25}
$$

式中，β 为直接信任的权重。在人类实际交往中，人们对自己的直接判断更认可。另外，实体之间直接交易次数越多，互相之间了解的也就越深入，因此，直接信任的权重应该随着交易次数的增加而动态增加。本书定义 $\beta = 1 - \rho^n (0 \leq \rho \leq 1)$，其中 n 表示实体的直接交易次数。

通过表 4-3 可以看出，随着 n 值的增大，β 值越来越大，即直接信任所占的权重越来越大，表现为随着两实体间直接交易次数的增加，实体越来越看重自己的直接判断能力，这也符合人类的社会实际。

表 4-3　直接信任权重根据交易次数和 ρ 值变化的变化情况

交易次数	1	2	3	5	10	15	20	25	30
$\rho=0.9$ 时直接信任权重	0.10	0.19	0.27	0.47	0.65	0.79	0.88	0.93	0.96
$\rho=0.85$ 时直接信任权重	0.15	0.28	0.39	0.62	0.80	0.91	0.96	0.98	0.99

4.3.5　风险

在分布环境下，由于实体行为的主观性、动态性和不确定性，一些恶意实体开始时伪装成好实体，等骗取较高信任度后，便开始利用其较高的信任值实施欺骗。还有些恶意实体，按一定比例提供诚实服务，从而使自己的信任值始终保持在系统规定的某个可信阈值内，实施欺骗，达到自己的目的。由于一般信任评估模型信任值下降较慢，上述两类实体无疑会给系统带来很大的危害，而风险的引入，可有效地解决上述问题。

在本书中，风险指的是在交易执行过程中，发生和预期相反的结果的可能性，是一种不确定性取值。

为了简化模型，本书只考虑实体 X_i 和实体 X_j 之间交互的直接风险值，用 $R_{X_i}^{X_j}$ 表示。

$$R_{X_i}^{X_j} = d_{X_i}^{X_j} + (1-\alpha)u_{X_i}^{X_j} \tag{4-26}$$

引入风险后的实体 X_i 和 X_j 信任值用 $T_{X_i}^{X_j}$ 表示。

$$T_{X_i}^{X_j} = \lambda_1 \mathrm{TV}_{X_i}^{X_j} - \lambda_2 R_{X_i}^{X_j} \tag{4-27}$$

式中，λ_1 和 λ_2 分别为实体 X_i 与 X_j 信任值和风险值的权重，其取值可根据实体 X_i 与 X_j 交互的敏感程度决定，λ_1 / λ_2 取值越小，风险所占权重越大，即信任值对风险越敏感。

4.3.6　仿真实验与结果分析

1. 仿真环境与参数设定

在 P2P 环境下，以文件下载为应用背景，采用 BISON[56]项目组开发的 PeerSim 1.0.5[57]为仿真平台，对本书设计的模型进行仿真。为了验证本书模型的有效性，同时仿真实现了 EigenTrust 信任评估模型[58]并进行了对比。

PeerSim 是利用 Java 实现、基于组件技术、可支持 P2P 网络动态性和可扩展性的 P2P 仿真器。PeerSim 支持两种仿真模式：Cycle-based 模式和 event-based 模式。PeerSim 支持基于接口的模块化编程，常用的接口有以下几种。

（1）Node：表示系统中的一个实体，每个实体都包含一个 ID 和若干协议的协议栈。

（2）Protocol：设计用来在 Cycle-based 模式中运行的特定协议，定义了实体的行为，即在每一个运行周期中要完成的操作。

（3）Linkable：为其他协议提供访问邻居实体的服务。

（4）Control：用于控制仿真过程，也可以用来初始化仿真参数，在仿真期间用来观察修改仿真过程。

软硬件环境：CPU E7500 2.93GHz，内存 2GB，硬盘 320GB，Microsoft Windows XP SP3 操作系统，Java Development Kit 为 SUN JDK1.4.08；Java 开发环境为 IBM MyEclipse 5.5.1 GA。

在仿真实验中，定义了以下四类实体。

（1）诚实实体：该类实体始终为其他实体提供真实服务（真实文件）和评价。

（2）简单恶意实体：定义为始终提供不真实服务和评价的实体。在仿真实验中，如果直接按始终提供不真实服务（虚假文件）和评价，则该类实体很快就会被系统淘汰，因此本书定义该类实体按一定比例为其他实体提供不真实服务与评价。仿真实验中，比例值设定为 30%。

（3）策略恶意实体：该类实体根据自身策略，选择性地提供真实和虚假服务。例如，为了确保自己的信任值维持在系统允许的信任等级内，以方便实施自己的恶意目的，当其信任值降低到某个阈值以下，开始提供真实服务，提升自己的可信度；当信任值达到某个高度，又开始提供虚假服务，实施自己的恶意目的。

（4）合谋恶意实体：该类实体提供虚假推荐信息，擅自夸大同类而诋毁其他实体。

仿真参数及其取值如表 4-4 所示。

表 4-4　仿真参数及其取值

参数	取值	说明
实体个数	1000	仿真实验中，实体定义数量
恶意实体比例	10%～50%	仿真实验中，恶意实体所占比例
文件数量	10000	定义的文件数量，随机均匀分布，假设每一个文件至少被一个诚实实体拥有
仿真周期/次	100	仿真周期数
初始信任值	0.5	初始信任值
v_k	(0,100]	第 k 次交易的价值，随机生成
ρ	0.9	直接信任值调节因子，随着直接交易次数的增大，直接信任所占权重也越大
λ_1	0.7,1	信任值权重
λ_2	0.3,0	风险值权重

2. 仿真结果与分析

每个仿真周期中，每个实体从其认定的其他高信任值实体中下载一个自身没有的文件，如果下载成功，则表明该次交易成功，且该实体已拥有该文件。

1）四类实体平均信任值随交易次数增加的变化情况

图 4-7 给出诚实实体占 40%，其他恶意实体分别占 20%时，四种类型的实体随交易次数的增加，其平均信任值的变化情况。从图可以看出，诚实节点由于一直提供真实服务，所以其平均信任度随交易次数增加，一直呈上升趋势。而其他恶意实体，随着交易次数的增加，其平均信任值总体呈下降趋势。由于合谋恶意实体间互相夸大同谋实体，所以其平均信任值先上升，随着交易次数的增多，又逐渐下降。策略恶意实体比较狡猾，其信任值呈起伏波浪状下降。通过仿真可以看出，模型中不同类型的实体，随着交易次数的增加，其平均信任值按预期设想变化。

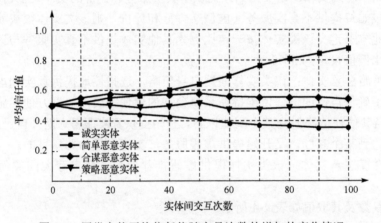

图 4-7　四类实体平均信任值随交易次数的增加的变化情况

2）交易成功率比较

图 4-8 给出了本书模型（$\lambda_1 = 0.7, \lambda_2 = 0.3$ 与 $\lambda_1 = 1.0, \lambda_2 = 0$）、EigenTrust、NoTrust 模型系统的成功交易率随恶意实体所占比例的变化情况。当系统中没有简单恶意实体时，各模型都具有很高的成功交易率。但随着恶意实体所占比例的增大，NoTrust 模型由于没有抵御恶意攻击机制，其成功交易率下降很快。本书模型利用期望和不确定性来量化风险，在相同环境下，通过一定的惩罚与风险机制（$\lambda_1 = 0.7, \lambda_2 = 0.3$ 时），保持了比 EigenTrust 信任模型较高的成功交易率。

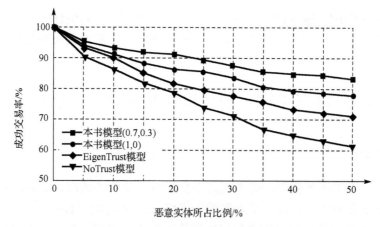

图 4-8　几种模型的交易成功率比较

3）信任计算开销的比较

信任计算开销主要包括信任请求、推荐信任搜索、信任计算需要的开销。信任搜索的开销（实体间推荐的长度）直接取决于信任模型的思想策略，搜索的实体越多，信任计算开销越大，也越能反映实体的全局信任表现。在 PeerSim 仿真平台上，信任计算开销可以用完成交易所经过的信任路径的跳数总和进行计算。仿真实验在不同的网络实体数量下，测试诚实实体下载成功率达到 80%时，两种信任模型的信任计算开销仿真结果如图 4-9 所示。

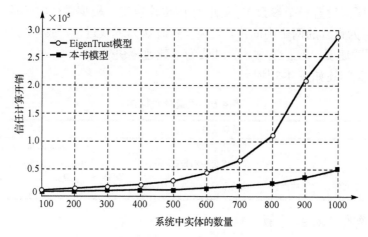

图 4-9　两种信任模型的信任计算开销仿真结果

通过图 4-9 显示，本书模型和 EigenTrust 模型的信任计算开销差异很大。EigenTrust 模型在较小的网络规模下，信任计算开销较小。随着网络规模增加，计算开销明显增大，表明 EigenTrust 模型的可扩展性不好。由于本书引入了邻居节点和"六度空间理论"，通过前面仿真实验表明，在对实体全局信任值影响不大的情况下，使得搜索路径长度减小，从而降低了计算开销，表明本书模型具有较好的可扩展性。

4.4　基于多维主观逻辑的 P2P 信任评估模型

4.4.1　多维评价

以往的二维主观逻辑中，对节点的评价只可能是两种情况：肯定或否定。这使得评价过于片面和死板。现在引入多维的评价方式 $R = (R(x_i) | i = 1, \cdots, k)$ [14,15]。

以面向 P2P 文件共享应用中的三维评价为例进行说明，将消费者对服务质量的满意程度即对这个服务提供者提供服务的评价分为三个等级，消费者在下载完成后可以做出相应的评价。这三个等级为：① $R(x_1) = B \,(\text{bad})$，文件为不真实文件或为恶意文件或无响应；② $R(x_2) = C \,(\text{common})$，文件为真实文件但质量一般，或下载有延迟；③ $R(x_3) = G \,(\text{good})$，文件为真实文件且质量好，下载速度快。

评价等级可以根据实际情况给出多个参数进行具体划分，例如，以一个三元组（真实性、下载速度、质量）为例进行划分，在实际应用中可以增加考查参数。

真实性：下载得到的文件若为用户所请求的文件就是真实文件，否则为不真实文件。

下载速度：设置一个参数 K=文件大小/传输速度，根据具体实际情况设置 K 的大小，k_1，k_2 为设置的两个中间值，当 $K < k_1$ 时认为下载过慢，或无响应；当 $K \in [k_1, k_2]$ 时认为下载速度一般；当 $K > k_2$ 时认为下载速度快。

质量分类描述如表 4-5 所示。

表 4-5　质量分类描述

质量	数据文件	影音文件
质量好	没有数据丢失	画面流畅、音质好
质量一般	有少量数据丢失和误码	画面不够流畅、音质不清晰
质量差或为恶意文件	数据丢失严重或下载的文件带有病毒	画面无法显示、音质极差或下载的文件带有病毒

4.4.2　声誉值 Re 的计算

声誉值 Re 由局部信任 L 和全局信任 A 两部分组成，计算公式为

$$\text{Re} = \gamma L + (1 - \gamma)A, \quad 0 \leqslant \gamma \leqslant 1 \tag{4-28}$$

式中，γ 是局部信任的权重；$1 - \gamma$ 是全局信任的权重。

1. 局部信任 L 的计算

节点的局部信任不只与历史评价有关，还与下面两个因素有关。

1）时间衰减

节点的行为不是一成不变的，它们的行为可能会随着时间改变，评价距离当前时刻越近，越能反映节点的近期行为，所以要对最近的评价给予更高的权重；评价距离当前的时间越久，对声誉值的影响应该越小，其评价的权重越小。

对节点 y 进行的 x_i 等级的评价记为 $R_y(x_i)$，相当于给了 y 一次 x_i 等级的评价，评价值设为 1。设 T_i 为时间衰减因子，则有

$$T_i = \mathrm{e}^{-(t - t_{R_y(x_i)})}$$

式中，t 为当前时刻，$t_{R_y(x_i)}$ 为给出评价 $R_y(x_i)$ 的时刻。

设在一段时间内对 y 加入衰减的累积评价为 $R_{y,t}(x_i)$，其中包括 n 次评价，则 $R_{y,t}(x_i)$ 可以表示为

$$R_{y,t}(x_i) = \sum_{k=1}^{n} \mathrm{e}^{-(t - t_{R_y^k(x_i)})} \times R_y^k(x_i), \ i = 1, 2, 3 \tag{4-29}$$

式中，$R_y^k(x_i)$ 为对 y 的第 k 次评价；t 为当前时刻；$t_{R_y^k(x_i)}$ 表示给出第 k 次评价的时刻。

2）评价可信度 D_R

定义 4-17 邻居节点：设节点 i 和节点 j 分别为对等网络中的两个节点，如果节点 j 与节点 i 有过历史交互记录，则称 j 为 i 的邻居节点。本书中称发起请求并对响应者进行评价的节点为 rater，被评价的节点为 ratee。

定义 4-18 评价可信度：反映了一个节点所给出的评价的可信程度。

采用评价可信度可以对抗恶意节点的诋毁。一个节点对另一个节点进行评价时带有很大的主观性，邻居节点的恶意评价会对该节点的声誉值产生恶劣的影响，因此邻居节点的评价可信度会直接影响评价的准确性。

评价可信度不应该是主观给出的，在本节中评价可信度设为 D_R，利用评价节点 rater 的可信度 T 和对 i 类评价的全局期望值 $E_A(x_i)$，作为本次评价的衡量因子，即

$$D_R = kT + (1-k)E_A(x_i), \ i = 1, 2, 3 \tag{4-30}$$

式中，k 是可信度的权重；$1-k$ 是期望值的权重。评价节点 rater 的可信度 T 在一定程度上也决定了本次评价 $R_{y,t}(x_i)$ 的可信度；另外，其他节点对本类评价的期望值越小，说明这个节点的此次评价越不可靠。加入评价可信度之后，恶意节点对攻击目标的过分诋毁或夸大行为将对攻击目标产生较小的影响。

$$R_{y,t,D_R}(x_i) = D_R \cdot R_{y,t}(x_i), \ i = 1, 2, 3 \tag{4-31}$$

得出对于不同评价等级评价的局部期望分别为

$$E_L(x_i) = \frac{R_{y,t,D_R}(x_i) + Ca_F(x_i)}{C + \sum_{i=1}^{k} R_{y,t,D_R}(x_j)}, \quad i = 1,2,3 \tag{4-32}$$

式中，$i = 1,\cdots,k$，在本节中令 $k = 3$。

对每个等级评价的期望赋予一个权重 $\varepsilon(x_i) = (i-1)/(k-1)$，则节点的局部信任值计算公式为

$$L = \sum_{i=1}^{k} \varepsilon(x_i) E_L(x_i), \quad i = 1,2,3 \tag{4-33}$$

2. 全局信任值 A 的计算

在计算节点的全局信任时，尽可能地增加邻居节点的数目，这样可以降低不确定性的因素，使其全局信任值更准确。

在计算过程中一般有下面两种情况。

1）两个节点在不同的时间段做出的评价

这种情况下评价是独立的，将这两个节点的评价进行加和，在这里使用累积熔合算子（cumulative fusion）。

设两个节点的观念 $\omega_X^A = (b_X^A, u_X^A, a_X^A)$ 和 $\omega_X^B = (b_X^B, u_X^B, a_X^B)$ 分别为节点 A 与 B 在相同的识别框架 X 下的两个观念，$X = (x_i \mid i = 1,\cdots,k)$，观念 $\omega_X^{A\Diamond B}$ 可以计算如下。

（1）当 $u_X^A \neq 0 \vee u_X^B \neq 0$ 时，有

$$\begin{cases} b_{x_i}^{A\Diamond B} = \dfrac{b_{x_i}^A u_X^B + b_{x_i}^B u_X^A}{u_X^A + u_X^B - u_X^A u_X^B} \\ u_X^{A\Diamond B} = \dfrac{u_X^A u_X^B}{u_X^A + u_X^B - u_X^A u_X^B} \end{cases} \tag{4-34}$$

（2）当 $u_X^A = 0 \wedge u_X^B = 0$ 时，有

$$\begin{cases} b_{x_i}^{A\Diamond B} = \gamma b_{x_i}^A + (1-\gamma) b_{x_i}^B \\ u_X^{A\Diamond B} = 0 \end{cases}$$

式中

$$\gamma = \lim_{\substack{u_X^A \to 0 \\ u_X^B \to 0}} \frac{u_X^B}{u_X^A + u_X^B} \tag{4-35}$$

$\omega_X^{A\Diamond B}$ 称为 ω_X^A 和 ω_X^B 的累积熔合观念，表示 A 和 B 的独立观念的合并。在这里使

用符号 ⊕ 来命名这个信任算子，即

$$\omega_X^{A \lozenge B} \equiv \omega_X^A \oplus \omega_X^B \qquad (4\text{-}36)$$

2）两个节点在同一时间段做出的评价

这种情况下评价不是独立的，将这两个节点的评价进行平均，在这里使用平均熔合算子（averaging fusion）。

设两个节点的观念 $\omega_X^A = (b_X^A, u_X^A, a_X^A)$ 和 $\omega_X^B = (b_X^B, u_X^B, a_X^B)$ 分别为节点 A 与节点 B 在相同的识别框架 X 下的两个观念，$X = \{x_i \mid i = 1, \cdots, k\}$，观念 $\omega_X^{A \lozenge B}$ 可以计算如下。

（1）当 $u_X^A \neq 0 \vee u_X^B \neq 0$ 时，有

$$\begin{cases} b_X^{A \lozenge B} = \dfrac{b_{x_i}^A u_X^B + b_{x_i}^B u_X^A}{u_X^A + u_X^B} \\[3mm] u_X^{A \lozenge B} = \dfrac{2 u_X^A u_X^B}{u_X^A + u_X^B} \end{cases} \qquad (4\text{-}37)$$

（2）当 $u_X^A = 0 \wedge u_X^B = 0$ 时，有

$$\begin{cases} b_{x_i}^{A \lozenge B} = \gamma b_{x_i}^A + (1 - \gamma) b_{x_i}^B \\[2mm] u_X^{A \lozenge B} = 0 \end{cases}$$

$\omega_X^{A \lozenge B}$ 称为 ω_X^A 和 ω_X^B 的平均熔合观念，表示 A 和 B 的非独立观念的合并。在这里使用符号 $\underline{\oplus}$ 来命名这个信任算子，即

$$\omega_X^{A \lozenge B} \equiv \omega_X^A \underline{\oplus} \omega_X^B \qquad (4\text{-}38)$$

利用上述两个熔合算子对观念进行合并得到的全局评价为 R_F。由全局评价 R_F 可以得到全局期望为

$$E_F(x_i) = \frac{R_F(x_i) + C a_F(x_i)}{C + \sum\limits_{j=1}^{k} R_F(x_j)}, \quad i = 1, 2, 3 \qquad (4\text{-}39)$$

式中，$R_F(x_i)$ 为观念合并后得到的综合评价。

全局信任计算公式为

$$A = \sum_{i=1}^{k} \varepsilon(x_i) E_A(x_i), \quad i = 1, 2, 3 \qquad (4\text{-}40)$$

4.4.3　风险值 Ri 的计算

单纯考虑声誉值存在一定问题，即在感知节点失常行为时缺乏灵敏性，无法识别恶意节点。风险来自于以前交互过程中有失败、损失发生的历史，风险值决定于

产生这些失败、损失的频度和恶劣程度，与恶意节点交互发生失败、损失的频度与恶劣程度越大，风险也就越大，风险值能够被用作预测其未来行为的有力参考，因此可以作为识别恶意节点的有效手段。计算节点的风险值，可以为系统动态更新节点的可信度提供客观的依据。

本节在计算节点风险值时，当节点操作合法时，降低其风险值；当节点操作非法时，结合所识别的相关评估指标，提高其风险值。计算满足如下规则：①节点的恶意行为将提高其风险值；②节点的诚实行为将降低其风险值；③节点风险的衰减是一个缓慢的过程，需要节点长期的合法行为支持；④节点的风险极易失控，即节点的恶意行为将急剧加大其风险。

在本节中风险可以利用负面评价 $R(x_1)$ 的期望进行计算，要同时考虑负面评价的局部期望 $E_L(x_1)$ 和负面评价的全局期望 $E_A(x_1)$，另外，再加上局部信任里的观念 ω_X 中不确定度 u_X 所含的风险成分。于是风险可以表达为

$$\mathrm{Ri} = \lambda E_L(x_1) + (1-\lambda)E_A(x_1) + (1-a_F(x_1))u_X \qquad (4\text{-}41)$$

式中，λ 是局部期望的权重；$1-\lambda$ 是全局期望的权重；$1-a_F(x_1)$ 是观念中的不确定性 u_X 对风险的贡献程度；a_F 是基率；u_X 为

$$u_X = \cfrac{C}{C + \sum\limits_{j=1}^{k} R_{y,t,D_R}(x_j)}$$

而对于负面评价也为多维的情况，如评价等级 $R(x_1)$，$R(x_2)$，$\cdots$，$R(x_n)$ 皆为负面评价，此时需要引入一个参数 ρ 作为不同等级的权重，$\rho_{R(x_1)} > \rho_{R(x_2)} > \cdots > \rho_{R(x_n)}$，则有

$$\mathrm{Ri} = \sum_{i=1}^{n} \rho_{R(x_i)} \left(\gamma E_L(x_i) + (1-\gamma)E_A(x_i) + (1-a_F(x_i))u_X \right) \qquad (4\text{-}42)$$

本模型将风险划分为 5 级，等级值越高，风险越大，风险等级划分如表 4-6 所示。

表 4-6　风险等级划分

标识	等级范围	描述
A	0.8~1	风险很高，对系统产生致命威胁
B	0.6~0.8	风险高，对系统产生极大威胁
C	0.4~0.6	风险中等，对系统产生一定威胁
D	0.2~0.4	风险低，对系统产生较小威胁
E	0~0.2	风险很低，对系统产生的威胁可忽略

4.4.4　可信度计算

信任是动态可变的，本节通过平衡节点的声誉值和风险值来综合评估节点表现出的诚信状态，以得到一个客观、真实的节点可信度。在节点可信度计算中，节点

可信度的变化与声誉值的变化成正比，与风险的变化成反比。节点风险值的降低可以使可信度缓慢升高，其可信度的提高需要长期的努力，这是一个缓慢的过程，但节点的信任容易被打破，即节点风险的提高将引起节点可信度的急剧下降。

根据节点风险的变化情况，节点的可信度计算分为两种情况：①节点在高风险状态下的风险下降并不能提高其可信度；②只有当风险降低到一定程度后，其风险的下降才能提高其可信度。设 θ 为风险阈值常数，是实体风险发生实质性变化时，系统对节点可信度进行奖励或处罚的风险阈值。

节点的可信度计算基于节点当前的声誉值和风险值，用 Re 和 Ri 分别表示，则节点的可信度为

$$
T = \begin{cases} \alpha \mathrm{Re} - \beta \mathrm{Ri}, & \mathrm{Ri} \in [\theta, 1] & \text{(4-43a)} \\ \alpha \mathrm{Re} + \beta(\theta - \mathrm{Ri}), & \mathrm{Ri} \in [0, \theta) & \text{(4-43b)} \end{cases}
$$

式中，α、β 分别是两者的权重，$\alpha \geqslant 0$，$\beta \leqslant 1$。α、β 的取值可根据对交互结果产生的风险的敏感程度来决定，α / β 的值越小，可信度对风险值越敏感；反之，受风险的影响相对较小。式（4-43a）用于计算节点在风险提高或高风险状态下的可信度，式（4-43b）用于计算节点在低风险状态下的可信度。

4.4.5　仿真实验与结果分析

1. 仿真环境

仿真实验的软硬件环境：CPU P4 2.93GHz，内存 1GB，硬盘 160GB，操作系统为 Microsoft Windows XP SP3，Java Development Kit 为 Sun JDK1.4.08，Java 开发环境为 IBM MyEclipse 5.5.1 GA。

此仿真实验以基于 BISON[59]项目组提供的 PeerSim[60]为仿真平台。实验模拟在文件共享系统中进行，其规模为具有 1000 个节点的 P2P 网络，判断一次交互是否成功的标准是看文件是否真实。把节点分为好节点和坏节点，其中坏节点可以具体分为一般恶意节点、合谋恶意节点和策略恶意节点三种类型。一般恶意节点，这类节点比较有规律地提供不真实的文件，在仿真中此类节点对每个服务请求以 40%的概率提供可信文件。合谋恶意节点，这类节点诋毁其他好节点并夸大同伴节点，提供不真实的文件。策略恶意节点，此类节点会在不同的时机提供真实文件或虚假文件，具有一定的策略性，例如，在其可信度达到一定的高度时便以较低的概率提供真实文件，等它的可信度降低时又以较高的概率提供真实文件来抬高自己的可信度，以使自己的可信度能够维持在系统允许存在的范围之内，从而方便进行恶意行为，不容易被系统发现，也达到了欺骗其交互对象的目的。

初始信任值都为 0.5,本节讨论的基于多维主观逻辑的信任模型中的各项参数设置如表 4-7 所示。

表 4-7　仿真参数及其取值

参数	α	β	γ	k	λ	C
取值	0.7 或 1	0.3 或 0	0.7	0.6	0.7	2

2. 结果分析

1）随交互次数的增加四类节点可信度的变化

图 4-10 给出了随着交互次数的增加，四类节点可信度的变化趋势。随着交互次数的增多，好节点的可信度逐渐上升；一般恶意节点的可信度很快下降；合谋恶意节点的可信度逐步降低；策略恶意节点的可信度有一定的起伏，这是因为策略恶意节点比较狡猾，对于这类节点的识别有一定的难度，其可信度总体走向没有明显的上升或下降。可以看出，模型很好地反映了节点实体可信度随交互次数的变化而变化，符合预期的分析。

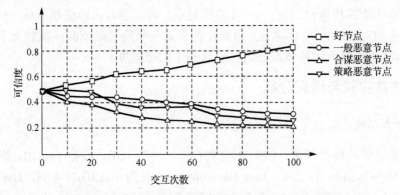

图 4-10　四类节点的可信度随交互次数增加的变化曲线

2）一般恶意节点的比例对于交互成功率的影响

图 4-11 给出了在一般恶意节点攻击模式下 no-reputation system 和 EigenRep 两种参数下的基于多维主观逻辑的信任模型（Multinomial Subjective Logic based Trust Model，MSL-TM）的交互成功率随一般恶意节点比例的变化情况。在仿真实验中，假设好节点以 97% 的概率提供可信文件，一般恶意节点为了隐藏其恶意行为对每个服务请求以 40% 的概率提供可信文件。当系统中没有一般恶意节点时，交互成功率都非常高。随着恶意节点数的增多，由于没有采取任何预防和抵御机制，no-reputation system 的交互成功率下降得非常快；EigenRep 模型由于缺乏惩罚机制，对这种一般恶意节点无法进行准确识别，所以其交互成功率也有较大幅度的下降；MSL-TM（0.7,0.3）由于加入了风险因子（β=0.3），显现出较强的优势。这是因为该模型利用期望和不确定性来量化风险，对节点行为的把握更加准确，从而提高了交互的成功率。

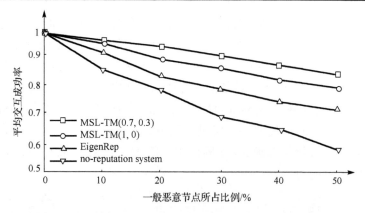

图 4-11　一般恶意节点所占的比例对于交互成功率的影响

3）合谋恶意节点的比例对于交互成功率的影响

合谋恶意节点诋毁所有与之有过交易的好节点，夸大其他同类节点，这实际上是一种较为严重的协同作弊，试图通过降低可信节点的可信度并提高同伙的可信度来破坏网络的有效性。通过图 4-12 所示的结果和对比可以看出，由于 no-reputation system 和 EigenRep 缺乏惩罚机制，所以在初期诋毁和夸大对其交互成功率的影响不大，但随着合谋恶意节点提供的不真实服务越来越多，造成系统的有效交互（下载）率明显下降。MSL-TM 加入了评价可信度和风险因素，在最初阶段，合谋恶意节点给出的评价太离谱，直接导致了其交互成功率的下滑，但随着系统对恶意节点的抑制，其交互成功率会变得比较稳定。本模型能够有效地抑制恶意节点的诋毁和夸大，能够最终具有较高的平均交互成功率。

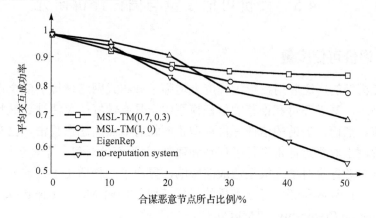

图 4-12　合谋恶意节点所占的比例对于交互成功率的影响

4）策略恶意节点的比例对于交互成功率的影响

策略恶意节点比较狡猾，有一定的潜伏期，从图 4-13 中可以看出，刚开始策略恶意节点会提供真实文件来掩饰自己，所以开始阶段几种机制的交互成功率差别并不大。随着交互次数的增加，一些节点的恶意行为开始暴露，由于 EigenRep 的计算方法中不含有对此类行为的惩罚机制，所以不能有效地识别这类恶意行为，不能动态跟踪恶意节点并做出反应，因此系统的交互成功率随策略恶意节点比例的增大会有较大幅度的下降。考虑了风险的 MSL-TM（0.7,0.3）相比只考虑声誉的 MSL-TM（1,0）平均交互成功率下降的幅度要小，可见风险值计算的重要性，同时也说明利用期望和不确定性来量化风险是准确的。实验结果证明 MSL-TM 在应对恶意节点比例变化时有较强的抗风险能力。

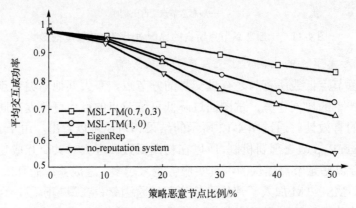

图 4-13　策略恶意节点的比例对于交互成功率的影响

4.5　评价可信度量与信任评价研究

4.5.1　评价可信度量

信任模型的广泛应用在很大程度上增强了分布式网络环境的安全性，在众多的信任模型中，基于评价和推荐的信任模型由于具有较好的灵活性、健壮性，成为发展的主流。然而，当前的信任评价模型正面临着节点的恶意攻击，已有的模型只是在一定程度上对恶意评价进行了识别和遏制，并没有针对每一个评价进行可信度量。为了降低恶意评价对信任模型造成的影响，提出了一种适用于开放分布式网络环境下的基于信任领域和评价可信度量的信任模型（Trust Model based on the trust area and Evaluation Credibility，TMEC）[6]。

1. TMEC 信任模型的建立

首先给出模型的相关定义，在这些定义的基础上介绍 TMEC 模型的工作过程。

定义 4-19　根据担任角色的不同，节点实体分为三种类型：①服务提供者

（Service Provider，SP）；②服务请求者（Service Requester，SR）；③反馈者（Feedback Rater，FR）。

定义 4-20　评价向量：服务请求者（节点 i）根据与服务提供者（节点 m）此次交互情况给出对服务提供节点的满意度评价，表示为 R_{im}。为了更准确地刻画服务提供者所提供的服务质量，采用细粒度的多维评价向量，定义资源节点的 n 个属性，不同的资源属性对资源可信度产生的影响也不同。

定义 4-21　评价等级：评价的更粗糙、直观的表示，模型中假定评价等级分为四级，分别是非常可信、一般可信、临界可信和不可信。每一个评价向量都可根据映射关系映射到对应的评价等级上。

在节点之间的交易中，随着时间的变化，节点自身的情况也在发生变化，因此把一段时间划分为若干个时间帧，每一个时间帧后，统计该帧内收到的评价向量，进行计算。

定义 4-22　评价的支持度：所属时间帧内与该评价落在同一评价等级的评价数目与该帧内所有评价数目的比值。假设服务提供节点 j 在一个时间帧内总共交易 n 次，其中落在某一评价等级上的评价次数为 m，则该帧内评价等级上的每一个评价的支持度为 m/n。

定义 4-23　评价一致性因子：用来刻画提交评价的服务请求者以往所提交的所有评价和其他服务请求节点相对同一个交易节点所提交的评价的一致程度。

在大多数节点是诚实节点的网络环境中，一个节点所提交的评价和大多数节点提交的评价越一致，代表该评价越真实。一个节点在过去的交易中，交易后所提交的评价和其他节点提交的评价越一致，此次评价越可信。评价一致性因子的计算如下：

$$r_i^{l+1} = \alpha \times r_i^l + \beta \times \text{spd} \tag{4-44}$$

式中，r_i^{l+1} 表示节点 i 在第 $l+1$ 次评价后的评价一致性因子，对于新加入的节点，认为"人之初性本善"，$r_i^0 = 1$。spd 表示评价的支持度。α 和 β 分别为此次评价之前的评价一致性因子和本次评价的支持度的权重，满足 $\alpha + \beta = 1$ 且 $\alpha, \beta \in [0,1]$，本模型中取 $\alpha > \beta$ 即更在意节点评价行为的长期表现。

定义 4-24　全局信誉值：服务提供者提供真实可信服务的可信程度，随着诚实交易次数的增加而增加。肯定的评价使得节点全局信誉值上升，而否定的评价则使节点全局信誉值下降。

定义 4-25　反馈信誉值：节点作为反馈者角色时提供评价信息的可信程度。初始时，任意节点的反馈信誉度为 0.5，该值随评价结果动态修正。反馈者对其他服务提供者的评价次数越多，其反馈信誉值越大；反馈者的评价一致性因子越大，其反馈信誉值越大。

假设大多数服务请求者都能在交易后根据服务提供者所提供服务的实际情况，给予真实的评价信息，但存在少数恶意节点及虚假评价。虚假评价严重影响了信任模型的可用性，因此判别每一个评价的真实可信程度直接影响所构建的信任模型的可信性。存在以下几种情况：①服务提供者本身提供的服务是好的，但为了使自身信誉值增长更快，"雇佣"一些节点与其进行虚假交易，即在反馈者中存在共谋节点；②恶意节点进行的虚假评价，夸大或者诋毁服务提供者；③服务请求者所给出的评价虽然与该服务提供者该帧内的大多数评价不一致，但存在对应评价真实的可能。因此需要对服务提供者收到的每个评价向量进行可信性分析，模型流程主要包括如下几个步骤。

（1）统计当前时间帧内对应服务提供者所收到的所有评价向量。

（2）判断每一个评价向量所属评价等级。

（3）判断是否有虚假评价，若存在虚假评价，则需剔除虚假评价后跳转（4）；否则直接跳转（4）。

（4）计算每个评价向量的支持度。

（5）更新对应服务请求者的评价一致性因子。

（6）更新服务提供者的信誉值。

2. TMEC 模型实现

节点之间的信任关系是和具体的上下文环境密切相关的，例如，在网格环境中，节点 A 信任节点 B 能够提供高质量的计算能力，但不意味着节点 B 提供数据网格服务时依然可信。因此 TMEC 模型基于信任领域来构建。信任领域的划分依赖于节点所提供的服务类型，提供相同类型服务的节点实体划分为同一个信任领域。信任领域内节点分为域首节点和域内节点，其中域首节点负责该信任领域内域内节点的信誉值维护和更新，域内节点只负责向外提供服务或向其他的服务提供者请求服务。信任领域间通过 Manager-Agent 进行领域间信任信息的传递和交互。TMEC 模型的逻辑结构图如图 4-14 所示。

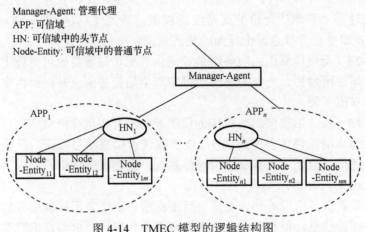

图 4-14　TMEC 模型的逻辑结构图

设节点 p 对节点 q 的评价向量为一个 n 维向量，表示为 $R_{pq}=(r_1,r_2,\cdots,r_n)$，其中 r_i 为节点 p 对节点 q 所提供服务的第 i 个属性的评价值，满足 $i\in[1,n]$ 且 $r_i\in[0,1]$。

定义 4-26　设论域为非空集合 $X=\{$评价向量$\}$，x 为 X 中的元素，对任意的 $x\in X$ 给出映射 μ_A：$X\to[0,1]$，$x\mid\to\mu_A(x)$，则 μ_A 确定一个 X 的模糊子集 A，μ_A 成为 A 的隶属函数，$\mu_A(x)$ 称为 x 对 A 的隶属度。定义评价等级：①不可信，满足 $0\leqslant\mu_A(x)<T_0$；②临界可信，满足 $T_0\leqslant\mu_A(x)<T_1$；③一般可信，满足 $T_1\leqslant\mu_A(x)<T_2$；④非常可信，满足 $T_2\leqslant\mu_A(x)\leqslant1$。其中 $0\leqslant T_0\leqslant T_1\leqslant T_2\leqslant1$，$T_0$、$T_1$、$T_2$ 各取值可根据系统的严格程度定义。μ_A 隶属函数定义为

$$\mu_A=\begin{cases}\text{不可信,} & (\exists i)(r_i<T_0)\\ \text{临界可信,} & \big((\exists i)(r_i<T_1)\big)\wedge\big((\forall i)(r_i>T_0)\big)\\ \text{一般可信,} & \big((\exists i)(r_i<T_2)\big)\wedge\big((\forall i)(r_i>T_1)\big)\\ \text{非常可信,} & (\forall i)(r_i>T_2)\end{cases}$$

属于同一共谋团体的节点之间的行为具有一定的相似性，共谋团体内的成员会对相同的目标节点给予一致的攻击行为，因此可根据节点之间的评分相似度来判别是否存在共谋团体。

定义 4-27　设存在一个节点集合 U，U 中的任意两个节点 i 和 j，其评分相似度为 S_{ij}，若 $|U|\geqslant\delta$ 且 $S_{ij}\geqslant\varepsilon$，则称该集合 U 中的节点构成了共谋团体，其中 δ 为共谋团体规模阈值，ε 为节点行为相似度阈值，且 $\varepsilon\in[0,1]$。

对任一服务提供者同一帧内收到的所有评价，对评价向量与评价等级的映射关系进行离散化，若某一个评价等级上的评价向量总数大于所定义的共谋团体规模阈值 δ，则判别对应的反馈者中是否有共谋团体成员，否则不需判别，具体识别步骤如下。

（1）计算该评价等级上任两个反馈者的评分相似程度。令反馈者集合为 U，近一段时间反馈者（节点 i）评价过的节点集合为 $U_i=\{a_1,a_2,\cdots,a_m\}$，反馈者（节点 j）评价过的节点集合为 $U_j=\{b_1,b_2,\cdots,b_n\}$，$I=U_i\bigcap U_j=\{c_1,c_2,\cdots,c_k\}$ 为节点 i 与节点 j 的共同评价过的节点集。节点 i 和节点 j 对集合 I 中节点的评分向量分别为：$(R_{i1},R_{i2},\cdots,R_{ik})$ 和 $(R_{j1},R_{j2},\cdots,R_{jk})$，则节点 i 和节点 j 的行为相似度表示为

$$S_{ij}=\sum_{m=1}^{k}(R_{im}\times R_{jm})\Bigg/\left(\sqrt{\sum_{m=1}^{k}R_{im}^2}\sqrt{\sum_{m=1}^{k}R_{jm}^2}\right)$$

式中，若分母为 0，则令 $S_{ij}=0$。

（2）共谋团体识别。根据集合 U 中任意两个节点的评分相似度构成一个评分相似度矩阵，如表 4-8 所示。

表 4-8　评分相似度矩阵

	Node$_1$	...	Node$_i$	...	Node$_n$
Node$_1$	1	...	S_{1i}	...	S_{1n}
⋮	⋮	...	⋮	...	⋮
Node$_i$	S_{i1}	...	1	...	S_{in}
⋮	⋮	...	⋮	...	⋮
Node$_n$	S_{n1}	...	S_{ni}	...	1

在表 4-8 的矩阵中主对角线的元素值均为 1，即 $S_{ii}=1$；对 $\forall i,j$，若 $S_{ij}<\varepsilon$ 则令 $S_{ij}=0$，否则令 $S_{ij}=1$。使用矩阵变换算法对上述矩阵进行等价变换，找到阶数大于 δ 的小方阵，则该小方阵对应的节点集合构成一个共谋团体。

N 个时间帧后，服务提供节点 p 的全局信誉值可表示为

$$T_p^N = f(t)\times T_p^{N-1} + \sum_{i\in U'}(\mathrm{Re}\,c_i\times\mathrm{Spj}_i\times\overline{W}_i) \tag{4-45}$$

式中，$f(t)$ 为时间衰减函数，引入目的是考虑全局信誉值的时间衰减性；N 代表当前时间帧；集合 U' 为当前时间帧内有效评价集合（去除了共谋节点对应的评价）；i 代表评价集 U' 中的任一评价；$\mathrm{Re}\,c_i$ 为评价 i 对应的反馈节点的反馈信誉值，反馈节点的反馈信誉值越大，该节点给予的反馈意见的影响越大（例如，对于一本书的推荐，该领域内权威人士的推荐意见要比普通读者的推荐意见可信程度高）；Spj_i 为评价 i 在评价集 U' 中的支持度；$\overline{W}_i$ 为评价向量 i 的所有属性的加权平均值，评价向量 i 中共有 n 个属性，不同属性所占权重不同。肯定的评价 $\overline{W}_i$ 值为正数，否定的评价 $\overline{W}_i$ 值为负数。若设 r_{ij} 为评价向量 i 的第 j 个属性的取值，w_j 为其权重，则

$$\overline{W}_i=\begin{cases}-1, & \text{评价向量所属评价等级为"不可信"}\\ \left(\sum_{j=1}^{n}w_j\times r_{ij}\right)\bigg/\left(\sum_{j=1}^{n}w_j\right), & \text{其他}\end{cases} \tag{4-46}$$

4.5.2　推荐权重确定

在开放的分布式环境下，对予以交互的实体往往缺乏可信程度的知识，因此推荐信任关系对于构筑分布式系统的信任机制具有重要意义。以往大多数模型认为，推荐因子依赖于推荐实体的信任值，认为信任值高的实体其所提供的推荐信息也可信，实际上，这种假设并不总成立，这些模型中的信任值高代表着该实体所提供的服务可信程度高，但推荐可信度不一定高。例如，交易可信的实体可能对其竞争实体提交虚假的推荐信息；推荐可信度高的实体，若实体不能提供可靠的服务，则信任值不一定高。而推荐实体权重的分配直接影响推荐结果的准确，因此提出了一种基于多维因素影响的推荐权重的确定方法，引入推荐领域相关度，更客观地评价推

荐信息的可信程度。推荐因子随推荐结果动态修正，对推荐实体而言，若持续提供可信的推荐信息，则增加其推荐信任值；若恶意推荐，则惩罚，降低其推荐信任值，以此来鼓励诚实推荐及惩罚恶意推荐。

定义 4-28　交易信誉度：作为服务提供者的实体提供真实可信服务的可信程度，随着诚实交易次数的增加而增大。

定义 4-29　推荐信誉度：实体本身作为推荐者角色时向其他实体提供推荐信息时的可信程度。

初始时，任意实体的推荐信誉度为 0.5，该值随推荐结果动态修正。提供诚实推荐后，按式（4-47）增加该实体的推荐信誉度；若为恶意推荐，则对该节点加以惩罚，降低其推荐信誉值，此时按式（4-48）计算修正后的推荐信誉值。

$$T\operatorname{Re}c_m^{k+1} = T\operatorname{Re}c_m^k + a \times (1 - T\operatorname{Re}c_m^k)(1-\varepsilon) \tag{4-47}$$

$$T\operatorname{Re}c_m^{k+1} = T\operatorname{Re}c_m^k - b \times T\operatorname{Re}c_m^k(1-\varepsilon^{-1}) \tag{4-48}$$

$$\varepsilon = \left| E_{ij} - R_{mj} \right| / S_{ij} \tag{4-49}$$

式（4-47）和式（4-48）中 $T\operatorname{Re}c_m^k$ 为第 k 次推荐后，实体 m 的推荐信誉度；$T\operatorname{Re}c_m^{k+1}$ 为第 $k+1$ 次推荐后修正产生的实体 m 的推荐信誉度；参数 a, b 满足 $0 < a < b < 1$，即实体的推荐信誉度满足增长慢、下降快的要求；参数 ε 为平均推荐误差，由式（4-49）产生，其中 E_{ij} 为服务请求者 SP（实体 i）与服务提供者 SR（实体 j）完成交互后计算出的实体 j 的信誉度，R_{mj} 为推荐实体 m 对实体 j 的局部信任度，S_{ij} 为所有推荐者对实体 j 的局部信任度的标准偏差。显然在式（4-47）中 $\varepsilon \in [0,1]$，式（4-48）中 $\varepsilon > 1$。

定义 4-30　推荐领域相关度：推荐者所属信任领域和被推荐实体所属信任领域的相关程度，用变量 σ 表示，且 $0 < \sigma \leqslant 1$，若两个实体属于同一信任领域，定义 $\sigma = 1$；两实体所属信任领域相关程度越小，σ 越趋于 0。显然，σ 越大，推荐信息越可信。

定义 4-31　推荐因子：实体 m 向其邻居节点 i 提供的推荐信息所对应的权重，用变量 W_{im} 表示。显然，实体 m 向其邻居节点 i 提供推荐信息时，实体 m 本身的推荐信誉值越高，推荐信息越可信；推荐领域相关度越大，推荐信息越可信，例如，计算机安全领域的专家推荐计算机安全方面的书籍的可信程度肯定高于该专家推荐的文学方面的书籍；此外，实体 i 和推荐者——实体 m 交互次数越多，了解程度越大，则对于实体 m 所提供的推荐信息的可信度越高。

$$W_{im} = T\operatorname{Re}c_m \times \sigma \times f(n) \tag{4-50}$$

定义 4-32　局部信任度：推荐实体 m 对所推荐的目标实体 j 的信任程度，用变量 TR_{mj} 表示。

　　信任具有主观传递性，在信任的传递过程中，以路径 $A \Leftarrow B \Leftarrow C \leftarrow O$ 为例，C 对 O 的信任来源于 C 与 O 的直接交互经验，C 将对 O 的评价传递给 B，进一步经 B 推荐给 A。因此该路径有关 O 的推荐信任要考虑各个中间推荐节点的推荐可信程度。

　　在图 4-15 所示模型中，SR 为提出服务请求的实体，SP 为服务提供实体即被评估对象（为描述方便，称为实体 j），R_i（$i = 1, 2, \cdots, h$）为推荐路径上的各个中间推荐节点，h 表示此条推荐路径的长度，h 的上限可由 SR 根据此次交互的重要程度给出，也可由系统指定一个阈值，当推荐路径的长度大于指定阈值时，将放弃这条推荐路径。

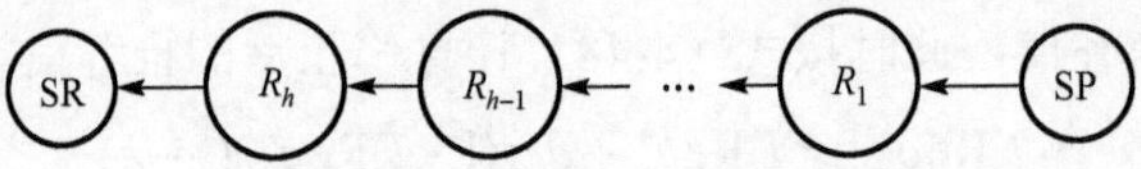

图 4-15　信任传递模型

　　R_h 对目标实体 j 的局部信任度依赖于 R_h 对 R_{h-1} 的信赖程度及 R_{h-1} 对实体 j 的局部信任度，R_1 作为目标实体 j 的最直接推荐者，与其有过直接交互，此时将 R_1 作为目标实体 j 的局部信任度定义为两者的交易成功率。因此，R_h 对目标实体 j 的局部信任度为

$$\mathrm{TR}_{R_{hj}} = \mathrm{TR}^{(h)} = \begin{cases} S_{R_1 j} / (S_{R_1 j} + F_{R_1 j}), & h = 1 \\ W_{R_h R_{h-1}} \times \mathrm{TR}^{(h-1)}, & h \neq 1 \end{cases} \tag{4-51}$$

式中，$S_{R_1 j}$ 为 R_1 与被评估对象（实体 j）交易历史中交易成功的次数；$F_{R_1 j}$ 为 R_1 与被评估对象（实体 j）交易历史中交易失败的次数；$W_{R_h R_{h-1}}$ 为 R_{h-1} 向 R_h 推荐信息时对应的推荐因子。

　　定义 4-33　设实体 i 的推荐者集合 $\mathrm{REG} = \{R_1, R_2, \cdots, R_l\}$，$l$ 为推荐节点个数，当 $l = 0$，即没有推荐节点时，推荐信任值为 0；当 $l > 0$ 时，设 TR_{mj} 为第 m 个推荐者对实体 N_j 的局部信任度，则由推荐者集合中的所有推荐者综合产生的推荐信任为

$$E_{ij} = \left(\sum_{m=1}^{l} (W_{im} \times \mathrm{TR}_{mj}) \right) \bigg/ \sum_{m=1}^{l} W_{im} \tag{4-52}$$

式中，W_{im} 为实体 m 向其邻居节点 i 提供推荐信息时的推荐因子。

　　通过上述方法服务请求者（实体 i）得到服务提供者（实体 j）的推荐信任，然后结合本身与实体 j 的直接交互经验，通过式（4-53）综合产生实体 i 对实体 j 的信任值。

$$T_{ij} = \partial \times R_{ij} + (1 - \partial) \times E_{ij}, \quad 0 \leqslant \partial \leqslant 1 \tag{4-53}$$

式中，R_{ij} 是实体 i 对实体 j 的直接信任情况；E_{ij} 为推荐实体对实体 j 的推荐信任情

况。如果 $\partial \to 0$，则表示不考虑两实体之间的直接交互情况；而当 $\partial \to 1$，则表示更看重两实体直接交互，而忽略推荐节点的推荐信任。最后根据公式计算出 T_{ij}，由服务请求者决定是否与该实体 j 进行交互。

4.5.3　基于云模型的信任评价

1. 云模型简介

1995 年，李德毅院士首次提出了云模型，模型以高斯函数为基础，利用熵表达概念数值范围的模糊性，利用超熵反映云滴的离散程度，把模糊性和随机性完全集成到一起，构成定性与定量相互之间的映射。

定义 4-34　云与云滴：设 U 是一个用数值表示的定量论域，C 是 U 上的定性概念，若定量值 $x \in U$ 是定性概念 C 的一次随机实现，x 对 C 的确定度 $\mu(x) \in [0,1]$ 是有稳定倾向的随机数，$\mu : U \to [0,1], \forall x \in U, x \to \mu(x)$，则 x 在论域 U 上的分布称为云，记为 $C(X)$，每一个 x 称为一个云滴。

云模型所表达的概念整体特征可以用云的三个数字特征来反映：期望（Expected value，简写为 Ex）、熵（Entropy，简写为 En）和超熵（Hyper entropy，简写为 He），计算公式如下：

$$\text{Ex} = \frac{1}{N} \sum_{i=1}^{N} x_i \tag{4-54}$$

$$\text{En} = \sqrt{\frac{\pi}{2}} \times \frac{1}{N} \sum_{i=1}^{N} |x_i - \text{Ex}| \tag{4-55}$$

$$\text{He} = \sqrt{\frac{1}{N-1} \sum_{i=1}^{N} (x_i - \text{Ex})^2 - \text{En}^2} \tag{4-56}$$

上述公式中，变量 N 表示云滴个数；x_i 代表第 i 个云滴。由式（4-54）～式（4-56）可知：期望是云滴在论域空间分布的期望，是最能够代表定性概念的点；熵反映定性概念的不确定性，通常熵越大，模糊性和随机性也越大；超熵是熵的不确定性的度量，即熵的熵。

2. 多维信任云模型

信任云[62]是用云模型表示的定性信任概念，信任云由若干云滴组成，把信任度空间 $\text{TD} = [0,1]$ 作为云的定量论域，C 是 TD 上的定性信任概念，$x \in \text{TD}$ 是定性概念 C 的一次定量信任评价，x 对 C 的确定度 $\mu(x) \in [0,1]$ 是有稳定倾向的随机数，$\mu : \text{TD} \to [0,1], \forall x \in \text{TD}, x \to \mu(x)$，则 x 在论域 TD 上的分布称为信任云，记为 $\text{TC}(X)$，每一个 x 称为一个云滴。

定义 4-35 评价向量：实体交互后，由服务请求方（实体 p）提交的对服务提供实体（实体 q）此次提供服务的满意度评价，定义为一个 n 元组 E_{pq}，$E_{pq}=(s_1,s_2,\cdots,s_n)$，其中 s_i 表示实体 p 对实体 q 的第 i 个属性的评价值。

将每一个 n 维评价向量看作一个 n 维论域的云滴，对于任一实体，可根据其他实体所提交的针对该实体的评价向量，建立针对每一个属性的一维信任云，由此对该实体所建立的信任云即为多维信任云。

定义 4-36 多维信任云：多维信任云的定量论域是一个多维（n）的信任度空间 $TD=[0,1]^n$，C 是 TD 上的定性信任概念，$x\in TD$ 是定性概念 C 的一次定量信任评价，$x(i)$ 是此定量信任评价中第 i 个分量的值，$c(i)$ 是信任度空间第 i 维的定性信任概念，$x(i)$ 对 $c(i)$ 的确定度 $\mu(x(i))\in[0,1]$ 是有稳定倾向的随机数，$\mu:TD\to[0,1]^n$，$\forall x\in TD$，$x\to\mu(x)$，则 x 在论域 TD 上的分布称为多维信任云，记为 $TC(X)$，每一个 x 称为一个云滴。

定义 4-37 直接信任云：实体 p 根据与实体 q 之间的直接交互经验计算产生的信任云称为实体 p 对实体 q 的直接信任云，记为 DTC_{pq}。采用云模型中的三个特征参数可表示为

$$DTC_{pq}[(Ex_1,Ex_2,\cdots,Ex_n),(En_1,En_2,\cdots,En_n),(He_1,He_2,\cdots,He_n)]$$

假设 $X_{pq}=\{x_1,x_2,\cdots,x_m\}$ 是实体 p 对实体 q 的历史信用度评价全集，其中 x_i 是第 i 次交互后实体 p 根据实际的交互情况对实体 q 的 n 维评价向量，$x_i(j)$ 代表该评价向量中第 j 个分量的值，即对实体 q 的第 j 个属性的评价值。处于不同评价时刻的评价数据对实体当前信任评估的影响不同，距离当前时刻越近的评价数据其影响越大，反之距离当前时刻越远的评价数据其影响越小，评价向量 x_i 所对应的权值为 w_i，满足 $\sum\limits_{i=1}^{m}w_i=1$。

对 $X_{pq}=\{x_1,x_2,\cdots,x_m\}$ 中所有评价向量的相同分量（$j,j\in[1,n]$），利用加权逆向云生成算法计算一维云滴 $\{x_1(j),x_2(j),\cdots,x_m(j)\}$ 所表示的定性概念的期望 Ex_j、熵 En_j 和超熵 He_j。

定义 4-38 推荐信任云：实体 p 根据其他实体对目标实体 q 的推荐综合产生的对实体 q 的信任云称为实体 p 对实体 q 的推荐信任云，记为 RTC_{pq}。采用云模型中的三个特征参数可表示为

$$RTC_{pq}[(Ex_1,Ex_2,\cdots,Ex_n),(En_1,En_2,\cdots,En_n),(He_1,He_2,\cdots,He_n)]$$

假设实体 p 有 k 个邻居实体 $r_1,r_2,\cdots,r_k$，$RTC_{pq}^{r_i}$ 表示实体 p 通过邻居实体 r_i 对实体 q 的推荐计算得出实体 p 对实体 q 在该推荐路径下对应的推荐信任云，则实体 p 对实体 q 的推荐信任云是通过 k 个邻居实体所获知的相应推荐信任云的综合，计算

公式如下:

$$\mathrm{RTC}_{pq}[(\mathrm{Ex}_1,\mathrm{Ex}_2,\cdots,\mathrm{Ex}_n),(\mathrm{En}_1,\mathrm{En}_2,\cdots,\mathrm{En}_n),(\mathrm{He}_1,\mathrm{He}_2,\cdots,\mathrm{He}_n)]$$
$$=\mathrm{RTC}_{pq}^{r_1}\oplus\mathrm{RTC}_{pq}^{r_2}\oplus\cdots\oplus\mathrm{RTC}_{pq}^{r_k}$$

$$\mathrm{Ex}_j=\frac{1}{k}\sum_{i=1}^{k}\mathrm{Ex}_{ji} \tag{4-57}$$

$$\mathrm{En}_j=\frac{1}{k}\sqrt{\sum_{i=1}^{k}\mathrm{En}_{ji}^2} \tag{4-58}$$

$$\mathrm{He}_j=\frac{1}{k}\sum_{i=1}^{k}\mathrm{He}_{ji} \tag{4-59}$$

式（4-57）～式（4-59）中，$j\in[1,n]$，Ex_j、En_j 和 He_j 分别为实体 p 根据其他实体对目标实体 q 的推荐综合产生的对实体 q 的第 j 个属性的推荐信任云的期望、熵和超熵。Ex_{ji}、En_{ji} 和 He_{ji} 代表 $\mathrm{RTC}_{pq}^{r_i}$ 中第 j 维信任云的期望、熵和超熵。

显然 $\mathrm{RTC}_{pq}^{r_i}$ 取决于实体 p 对邻居实体 r_i 作为推荐者角色的推荐可信度以及实体 r_i 对实体 q 的推荐情况。

3. 评价可信度量

不同服务消费者所提交的评价向量的可信程度不同，评价向量越可信，所构建的信任模型可用性越强，因此在生成实体信任云前需要对所收到的所有评价向量进行可信性度量。

4. 加权逆向云生成算法

每个时间帧结束时，统计所有服务提供实体当前时间帧内所收到的所有评价向量，计算每个评价向量的评价可信度，并将其作为每个评价向量所对应的权值。以某服务提供实体 p 为例加以说明。

假设实体 p 当前时间帧内所收到的评价向量构成的集合为 $\{s_1,s_2,\cdots,s_l\}$，所有评价向量对应的评价可信度构成权值集合 $\{w_1,w_2,\cdots,w_l\}$，其中由所有评价向量中的相同属性（第 k 个属性）所构成的集合为 $\{x_1,x_2,\cdots,x_l\}$，利用加权逆向云生成算法可得到实体 p 在属性 k 上的信任云的特征参数:

$$\mathrm{Ex}=\frac{1}{\sum\limits_{i=1}^{l}w_i}\sum_{i=1}^{l}w_ix_i \tag{4-60}$$

$$\mathrm{En}=\sqrt{\frac{\pi}{2}}\cdot\frac{1}{\sum\limits_{i=1}^{l}w_i}\cdot\sum_{i=1}^{l}\left(w_i\cdot|x_i-\mathrm{Ex}|\right) \tag{4-61}$$

$$He = \sqrt{\left| \frac{1}{l-1} \sum_{i=1}^{l} w_i (x_i - Ex)^2 - En^2 \right|} \qquad (4\text{-}62)$$

5. 风险评估

单纯基于信任值的信任模型在感知节点实体失常行为时缺乏灵敏性，因此有必要进一步评估实体交互存在的预期风险[61-64]。显然，被评估实体的信任期望值越大、近期提供服务次数越多，相应的与之交易的可能风险越小；而若该实体信任云的熵和超熵值越大，则表明该实体所提供的服务稳定性越差，因此与之交易的风险越大。基于此，定义风险评估函数如下：

$$risk_i = \sqrt[4]{(1-Ex) \cdot (1-g(i)) \cdot En \cdot He} \qquad (4\text{-}63)$$

式中，$risk_i$ 为与实体 i 交互存在的风险值；Ex、En 和 He 分别为实体 i 信任云的期望、熵和超熵；$g(i)$ 为实体 i 近期作为服务提供者与系统中的其他实体交互的频繁程度，也称为实体 i 近期的活跃度。显然任何一个实体都更倾向于和一个高可信的目标实体进行交互。

实体 i 近期的活跃度 $g(i)$ 采取和评价次数影响因子相类似的方法，计算公式如下：

$$g(i) = \frac{b \tan(snum_i - b) + b \tan b}{\pi / 2 + b \tan b} \qquad (4\text{-}64)$$

式中，调节因子 b 为大于 0 的正整数；$snum_i$ 为系统所记录的近一段时间内实体 i 提供服务的次数。

4.6　本 章 小 结

主观逻辑是进行不确定性推理的一个理论框架，它以 D-S 证据理论为基础，是标准逻辑和概率演算的扩展，由于其在信任管理中的成功应用而被广泛关注。然而传统的主观逻辑存在一些问题，本章从 Jøsang 主观逻辑的基本理论入手，从多方面、多角度对其进行了相应扩展，并通过相关实验验证了所提方案的可行性和可应用性。

参 考 文 献

[1] Aberer K, Despotovic Z. Managing trust in a peer-to-peer information system. Proceedings of the 10th International Conference on Information and Knowledge Management, New York, 2001: 310-317.

[2]　袁巍, 陈文青. 一种 P2P 网络分布式多粒度信任模型. 华中科技大学学报(自然科学版), 2007, 35(11), 88-91.

[3]　吴鹏, 吴新国, 方群. 一种基于概率统计方法的 P2P 系统信任评价模型. 计算机研究与发展, 2008, 45(3): 408-416.

[4]　周林, 刘仲英. 基于 beta 密度函数的信任模型. 数学的实践与认识, 2007, 37(23): 8-13.

[5]　Wang Y. Bayesian network-based trust model in peer-to-peer network. Lecture Notes in Computer Science, 2003, 2872: 249-279.

[6]　蔡红云, 田俊峰, 李珍, 等. 基于信任领域和评价可信度量的信任模型研究. 计算机研究与发展, 2011, 48(11): 2131-2138.

[7]　Wang X S, Liang P, Ma H D, et al. A P2P trust model based on multi-dimensional trust evaluation. Proceedings of the Life System Modeling and Simulation 2007 International Conference on Bio-Inspired Computational Intelligence and Applications, Berlin, 2007: 347-356.

[8]　谭振华, 王兴伟, 陈维. 基于多维历史向量的 P2P 分布式信任评价模型. 计算机学报, 2010, 33(9): 1725-1735.

[9]　Li W J, Joshi A, Finin T. Coping with node misbehaviors in Ad Hoc networks: A multi-dimensional trust management approach. Proceedings of the 11th International Conference on Mobile Data Management, Washington, 2010: 85-94.

[10]　Wang G J, Wu J. Multi-dimensional evidence-based trust management with multi-trusted paths. Journal of the Future Generation Computer Systems, 2011, 27(5): 529-538.

[11]　甘早斌, 丁倩, 李开, 等. 基于声誉的多维度信任计算算法. 软件学报, 2011, 20(10): 2401-2411.

[12]　Saroiu S, Gummadi P K, Gribble S D. A Measurement Study of Peer-to-Peer File Sharing Systems. Washington: University of Washington, Department of Computer Science and Engineering, 2001.

[13]　徐小龙, 王汝传. 一种基于多移动 Agent 的对等计算动态协作模型. 计算机学报, 2008, 31(7): 1261-1267.

[14]　张光华, 张玉清. 一种基于群组的 P2P 完备信任模型. 华中科技大学学报(自然科学版), 2010, 38(8): 61-64.

[15]　田慧荣. P2P 网络信任模型及激励机制的研究. 北京: 北京邮电大学, 2006.

[16]　孙知信, 唐益慰. 基于全局信任度的多层分组 P2P 信任模型. 通信学报, 2007, 28(9): 133-141.

[17]　Du R Z, Ma X X. Trust evaluation model based on service satisfaction. Journal of Software, 2011, 6(10): 2001-2008.

[18]　田春岐, 江建慧, 胡治国. 一种基于聚集超级节点的 P2P 网络信任模型. 计算机学报, 2010, 33(2): 345-355.

[19] 范会波, 张新有. 基于超级节点的 P2P 信任模型-TSN. 微电子学与计算机, 2011, 28(9): 77-81.

[20] 陈建刚, 王汝传, 张琳. 基于模糊集合的网格资源访问的信任机制. 计算机学报, 2009, 32(8): 1676-1682.

[21] Choquet G. Theory of capacities. Annales Institut Fourier, 1953, 5: 131-295.

[22] Shafer G. A Mathematical Theory of Evidence. Princeton: Princeton University Press, 1976.

[23] 田春岐, 邹仕洪, 王文东. 一种新的机遇改进型 D-S 证据理论的 P2P 信任模型. 电子与信息学报, 2008, 30(6): 1480-1484.

[24] 高伟, 张国印, 宋康超. 一种基于 D-S 证据理论的 P2P 信任模型. 计算机工程, 2012, 38 (1): 114-116.

[25] Jøsang A. A logic for uncertain probabilities. International Journal of Uncertainty Fuzziness and Knowledge-Based Systems, 2001, 9(3): 279-311.

[26] Jøsang A, Hayward R, Pope S. Trust network analysis with subjective logic. Proceedings of the 29th Australasian Computer Science Conference, Darlinghurst, 2006: 85-94.

[27] Jøsang A, Bhuiyan T. Optimal trust network analysis with subjective logic. Proceedings of the 2nd International Conference on Emerging Security Information, Systems and Technologies, Washington, 2008: 179-184.

[28] Jøsang A. Conditional reasoning with subjective logic. Journal of Multiple-Valued Logic and Soft Computing, 2008, 15(1): 5-38.

[29] Jøsang A, Golbeck J. Challenges for robust trust and reputation systems. Proceedings of the 5th International Workshop on Security and Trust Management (STM2009), Saint Malo, 2009: 1-12.

[30] Jøsang A. Fission of opinions in subjective logic. Proceedings of the 12th International Conference on Information Fusion (FUSION 2009), Seattle, 2009: 1-8.

[31] Jøsang A, Quattrociocchi W. Advanced features in Bayesian reputation systems. Proceedings of the 6th International Conference on Trust, Privacy and Security in Digital Business, Linz, 2009: 105-114.

[32] Jøsang A, O'Hara S. Multiplication of multinomial subjective opinions. Proceedings of the International Conference on Information Proceeding and Management of Uncertainty (IPMU 2010), Dortmund, 2010: 248-257.

[33] 马晓雪, 刘玉玲, 田俊峰. P2P 环境下的扩展主观逻辑信任模型. 计算机工程与应用, 2011, 47(7): 74-77.

[34] Balakrishnan V, Varadharajan V, Tupakula U. Subjective logic based trust model for mobile ad hoc networks. Proceedings of the 4th International Conference on Security and Privacy in Communication Networks, New York, 2008: 1442-1445.

[35] 王守信, 张莉, 李鹤松. 一种基于云模型的主观信任评价方法. 软件学报, 2010, 21(6): 1341-1352.

[36] 王进, 孙怀江. 一种用于信任管理的新主观逻辑. 计算机研究与发展, 2010, 47(1): 140-146.

[37] 王勇, 代桂平, 姜正涛, 等. 基于主观逻辑的群体信任模型. 通信学报, 2009, 30(11): 8-14.

[38] 林剑柠, 吴慧中. 基于主观逻辑理论的网络信任模型分析. 计算机研究与发展, 2007, 44(8): 1365-1370.

[39] 姚寒冰, 胡和平, 卢正鼎, 等. 一种基于主观逻辑理论的 P2P 网络信任模型. 计算机科学, 2006, 33(6): 29-31.

[40] 陈超, 王汝传, 张琳. 一种基于开放式网络环境的模糊主观信任模型研究. 电子学报, 2010, 38(11): 2505-2509.

[41] 唐文, 胡建斌, 陈钟. 基于模糊逻辑的主观信任管理模型研究. 计算机研究与发展, 2005, 42(10): 1654-1659.

[42] 杜瑞忠, 杨晓晖, 田俊峰. 利用多服务属性进行信任评估模型研究. 武汉大学学报(信息科学版), 2010, 35(5): 524-527.

[43] Trusted Computing Group (TCG). TCPA Main Specification, Version 1.1b. 2002.

[44] 沈昌祥, 张焕国, 冯登国, 等. 信息安全综述. 中国科学: 信息科学, 2007, 37(2): 129-150.

[45] 李小勇, 桂小林. 大规模分布式环境下动态信任模型研究. 软件学报, 2007, 18(4): 460-473.

[46] 冯登国, 秦宇, 王丹, 等. 可信计算技术研究. 计算机研究与发展, 2011, 48(8): 1332-1349.

[47] 冯登国, 张敏, 张研, 等. 云计算安全研究. 软件学报, 2011, 22(1): 71-83.

[48] Yager R R. On the Dempster-Shafer framework and new combination rules. Information Sciences, 1987, 41: 93-137.

[49] Dubois D, Prade H. Representation and combination of uncertainty with belief functions and possibility measures. Computational Intelligence, 1988, 4: 244-264.

[50] Smets P. The combination of evidence in the transferable belief model. IEEE Transactions on Pattern Analysis and Machine Intelligence, 1990, 12(5): 447-458.

[51] Lefevre E, Colot O, Vannoorenberghe P. Belief functions combination and conflict management. Information Fusion, 2002, 3(2): 149-162.

[52] Daniel M. Associativity in combination of belief functions: A derivation of minC combination. Soft Computing, 2003, 7(5): 288-296.

[53] Dezert J. Foundations for a new theory of plausible and paradoxical reasoning. Information and Security Journal, 2002, 9: 13-57.

[54] Hunter A. Uncertainty in Information System. London: McGraw-Hill, 1996.

[55] Motro A, Smets P. Uncertainty Management in Information Systems: From Needs to Solutions. Boston: Kluwer Academic Publishers, 1997.

[56] Caro G A D, Ducatelle F, Gambardella L M. BISON: Biology-inspired techniques for

self-organization in dynamic networks. http://www.cs.unibo.it/bison/progress/code.shtml [2011-10-26].

[57] Jelasity M, Montresor A, Jesi P, et al. PeerSim: A peer-to-peer simulator. http://peersim. sourceforge.net [2012-03-05].

[58] Sepandar D K, Mario T S, Hector G M. The EigenTrust algorithm for reputation management in P2P networks. Proceedings of the 12th International Conference on World Wide Web, New York, 2003: 640-651.

[59] Chang E, Thomson P, Dilion T, et al. The fuzzy and dynamic nature of trust. Proceedings of the 2nd International Conference on Trust, Privacy, and Security in Digital Business, Berlin, 2005: 161-174.

[60] 李小勇, 桂小林. 可信网络中基于多维决策属性的信任量化模型. 计算机学报, 2009, 32(3): 405-416.

[61] 沈昌祥, 张焕国, 王怀民, 等. 可信计算研究与发展. 中国科学: 信息科学, 2010, 40(2): 139-166.

[62] 蔡红云, 杜瑞忠, 田俊峰. 基于多维信任云的信任模型研究. 计算机应用, 2012, 32(1): 5-7.

[63] 蔡红云, 杜瑞忠, 田俊峰, 等. 基于云模型和风险评估的信任模型研究. 计算机工程, 2012, 38(23): 139-142.

[64] 蔡红云, 田俊峰. 电子商务环境下的基于云模型的信任评估模型. 微电子学与计算机, 2013(11): 94-97.

第 5 章　基于个性偏好的服务选择算法

5.1　模糊综合评判方法

模糊综合评判方法是根据模糊数学中隶属度理论把定性评价转化为定量评价的一种评判方法，即利用模糊数学对受多个属性制约的对象进行总体评判的一种方法。目的是定量地判定对象的优劣程度。

下面给出模糊综合评判法的具体步骤。

（1）确定评价对象的因素集为

$$U = \{u_1, u_2, \cdots, u_m\}$$

式中，m 表示评价指标的个数。

（2）确定评语集。所有评价结果组成的集合为

$$V = \{v_1, v_2, \cdots, v_n\}$$

式中，$v_i(i=1,\cdots,n)$ 表示第 i 个评价值；n 表示总的评价的数量。将信任关系定义为{绝对信任、信任、不信任}。

（3）单因素评判，建立模糊关系矩阵 R。单因素模糊评判，即对单个因素进行评价，得到对应的模糊集 $(r_{i1}, r_{i2}, \cdots, r_{im})$，所有单因素评判模糊集构成模糊关系矩阵：

$$R = \begin{pmatrix} r_{11} & r_{12} & \cdots & r_{1n} \\ r_{21} & r_{22} & \cdots & r_{2n} \\ \vdots & \vdots & & \vdots \\ r_{m1} & r_{m2} & \cdots & r_{mn} \end{pmatrix}$$

式中，$r_{ij}(i=1,2,\cdots,m; j=1,2,\cdots,n)$ 表示某个被评价对象从因素 u_i 来看对 v_j 等价模糊子集的隶属度。一个被评价对象在某个因素 u_i 方面的表现是通过模糊向量 $r_i = (r_{i1}, r_{i2}, \cdots, r_{im})$ 来刻画的，r_i 称为单因素评价矩阵。

（4）评价因素的模糊权向量。由于各因素的重要程度不一定相同，需要对因素集中的每一个元素设定一个相应的权重系数 $\omega_i(i=1,2,\cdots,m)$，ω_i 表示第 i 个因素的权重，满足 $\sum_{i=1}^{m} \omega_i = 1$。各权重组成的集合 $W = (\omega_1, \omega_2, \cdots, \omega_m)$ 称为权重集。

（5）综合评价。利用合适的模糊合成算子，将权重集 W 与 R 计算得到被评价对

象的模糊综合评价向量 S。

模糊综合评价的模型为

$$S = W \circ R = (\omega_1, \omega_2, \cdots, \omega_m) \circ \begin{pmatrix} r_{11} & r_{12} & \cdots & r_{1n} \\ r_{21} & r_{22} & \cdots & r_{2n} \\ \vdots & \vdots & & \vdots \\ r_{m1} & r_{m2} & \cdots & r_{mn} \end{pmatrix} = (s_1, s_2, \cdots, s_n)$$

式中，$s_k(k=1,2,\cdots,n)$ 由 S 与 R 的第 k 列运算得到。

常用的模糊合成算子有

① $M(\wedge, \vee)$ 算子：

$$s_k = \mathop{\vee}_{i=1}^{m} (\omega_i \wedge r_{ik}) = \max_{1 \leqslant i \leqslant m} \{\min(\omega_i, r_{ik})\}, \quad k = 1, 2, \cdots, n$$

② $M(\bullet, \vee)$ 算子：

$$s_k = \mathop{\vee}_{i=1}^{m} (\omega_i \bullet r_{ik}) = \max_{1 \leqslant i \leqslant m} \{\omega_i \bullet r_{ik}\}, \quad k = 1, 2, \cdots, n$$

③ $M(\wedge, \oplus)$ 算子：

$$s_k = \min\left\{1, \sum_{i=1}^{m} \min(\omega_i, r_{ik})\right\}, \quad k = 1, 2, \cdots, n$$

④ $M(\bullet, \oplus)$ 算子：

$$s_k = \min\left(1, \sum_{i=1}^{m} \omega_i \bullet r_{ik}\right), \quad k = 1, 2, \cdots, n$$

（6）分析模糊综合评价结果。经过模糊综合评价得到的结果是一个模糊向量，所包含的信息比较丰富，不便于比较，可以通过一些方法将其值转变为一个点值。常用的方法有以下几种。

① 最大隶属原则为

$$M = \max(S_1, S_2, \cdots, S_n)$$

② 加权平均原则为

$$u^* = \frac{\displaystyle\sum_{i=1}^{n} \omega(v_i) \cdot s_i^k}{\displaystyle\sum_{i=1}^{n} s_i^k}$$

③ 模糊向量单值化原则为

$$c = \frac{\sum_{i=1}^{n} c_i \cdot s_i^k}{\sum_{i=1}^{n} s_i^k}$$

5.2　模　糊　聚　类

聚类分析是多元统计分析的一种，在软科学中有广泛的应用。聚类分析可以把一个没有类别标记的样本集按某种规则划分为若干子集，使相似的样本尽可能地归为一个子集。硬聚类把每个样本按非此即彼的性质划分到不同子集。模糊聚类建立了样本对类的不确定性描述。由于个人偏好和信任具有模糊性与主观性，所以用模糊聚类分析更能反映客观事实。

模糊聚类方法从理论上可以分为[1]以下几种。

（1）分类数不定：基于模糊等价矩阵聚类，根据不同要求对样本进行动态聚类，因此称为模糊等价矩阵动态聚类分析法[2]。

（2）分类数确定：基于目标函数实施聚类，需确定分类个数，称为模糊 C-均值聚类算法或模糊 ISODATA 聚类分析法[3]。

因为模糊 C-均值聚类算法[4-13]需要事前确定分类数目 C，而基于个性偏好的聚类不能确定聚类数量，所以本书采用基于模糊等价矩阵的动态聚类分析方法[3,11,12]。

满足下列条件的，即为一个等价关系。

（1）自反性。对任意 $u \in U$，都有 $R(u,u)=1$，即集合中任一元素 u 都与自身有某种相同性质关系，则称 R 是自反关系，相对应的矩阵称为自反矩阵。

（2）对称性。如果 $(u_i, u_j) \in R$，必有 $(u_j, u_i) \in R$，$i \neq j$。即 u_i 与 u_j 存有某种关系，若将两个元素位置对换，也必符合这种关系，则称 R 有对称关系，相应的矩阵为对称矩阵。

（3）传递性。如果能由 $(u_i, u_k) \in R$ 及 $(u_k, u_j) \in R$，推导出 $(u_i, u_j) \in R$，即 u_i 与 u_k 存在某种关系，而 u_k 与 u_j 也存在某种关系，则 u_i 与 u_j 也必存在这种关系，则称 R 有传递关系，相对应的矩阵为传递矩阵。

5.2.1　数据标准化

设 $X = \{x_1, x_2, \cdots, x_n\}$ 为待分类实体构成的集合。其中每个实体又由 m 个属性表征其服务偏好：

$$x_i = \{x_{i1}, x_{i2}, \cdots, x_{im}\}, \quad i = 1, 2, \cdots, n$$

可得原始评价向量为

$$\begin{bmatrix} x_{11} & x_{12} & \cdots & x_{1m} \\ x_{21} & x_{22} & \cdots & x_{2m} \\ \vdots & \vdots & & \vdots \\ x_{n1} & x_{n2} & \cdots & x_{nm} \end{bmatrix}$$

式中，x_{mm} 表示第 n 个分类对象的第 m 个指标的原始数据。

组成实体的各个属性，其单位和量纲可能不一样，直接用原始数据进行计算就会突出那些绝对值大的属性而压低了那些绝对值小的属性的作用。同时模糊运算必将数据压缩在[0,1]之间，因此需要将采集的原始数据进行标准化。

常用的数据标准化方法有以下几种。

（1）标准差变换为

$$x'_{ik} = \frac{x_{ik} - \overline{x}'_k}{S_k}, \quad i = 1, 2, \cdots, n; \ k = 1, 2, \cdots, m$$

式中，$\overline{x}'_k = \dfrac{1}{n}\sum_{i=1}^{n} x_{ik}, S_k = \sqrt{\dfrac{1}{n}\sum_{i=1}^{n}(x_{ik} - \overline{x}'_k)^2}$。变化后，每个变量的均值为 0，标准差为 1，且消除了量纲的影响。但通过标准差法得到的 x'_{ik} 不一定在区间[0,1]上，因此还需要进行变换。

（2）极差变换为

$$x''_{ik} = \frac{x'_{ik} - \min_{1 \leqslant i \leqslant n}\{x'_{ik}\}}{\max_{1 \leqslant i \leqslant n}\{x'_{ik}\} - \min_{1 \leqslant i \leqslant n}\{x'_{ik}\}}, \quad i = 1, 2, \cdots, n; \ k = 1, 2, \cdots, m$$

这样就保证了 $0 \leqslant x''_{ik} \leqslant 1$，且消除了量纲的影响，从而得到模糊矩阵 $R = (x''_{ik})_{n \times m}$。

（3）对数变换为

$$x'_{ik} = \lg x_{ik}, \quad i = 1, 2, \cdots, n; \ k = 1, 2, \cdots, m$$

取对数以缩小变量间的数量级。

5.2.2　建立模糊相似关系

建立模糊相似关系又称为标定，就是按照一定准则或方法，计算被分类对象间相似系数 r_{ij} 的大小，来表征两个元素彼此接近或相似的程度，从而确定论域 X 的模糊相似矩阵 $R(x_i, x_j)(i, j = 1, 2, \cdots, n)$。当 $r_{ij} = 0$ 时，表示 x_i 与 x_j 完全不同，没有相似之处；当 $r_{ij} = 1$ 时，表示 x_i 与 x_j 完全相似或相同；当 $i = j$ 时，恒取 1，表示自己和自己完全相似。确定相似系数 r_{ij} 的方法有以下几种。

（1）数量积法为

$$r_{ij} = \begin{cases} 1, & i = j \\ \dfrac{1}{M} \displaystyle\sum_{k=1}^{m} x_{ik} \cdot x_{jk}, & i \neq j \end{cases}$$

式中，$M = \max\limits_{i \neq j}(\sum\limits_{k=1}^{m} x_{ik} \cdot x_{jk})$。

（2）夹角余弦法。如果将变量 x_i 的 m 个属性值 $(x_{i1}, x_{i2}, \cdots, x_{im})$ 与变量 x_j 的相应 m 个属性值 $(x_{j1}, x_{j2}, \cdots, x_{jm})$ 看成 m 维空间中的两个向量，则 r_{ij} 正好是这两个向量夹角的余弦，即

$$r_{ij} = \frac{\displaystyle\sum_{k=1}^{m} x_{ik} \cdot x_{jk}}{\left[\displaystyle\sum_{k=1}^{m} x_{ik}^2 \cdot \sum_{k=1}^{m} x_{jk}^2\right]^{\frac{1}{2}}}, \quad i, j = 1, 2, \cdots, n$$

（3）相关系数法。用任意两个变量的 m 个属性值对其相关系数的估计作为两个变量关联性的一种度量，定义为

$$r_{ij} = \frac{\displaystyle\sum_{k=1}^{m} \left|(x_{ik} - \overline{x}_i)\right|\left|(x_{jk} - \overline{x}_j)\right|}{\left[\displaystyle\sum_{k=1}^{m} (x_{ik} - \overline{x}_i)^2 \cdot \sum_{k=1}^{m} (x_{jk} - \overline{x}_j)^2\right]^{\frac{1}{2}}}, \quad i, j = 1, 2, \cdots, n$$

式中，$\overline{x}_i = \dfrac{1}{n} \sum\limits_{k=1}^{m} x_{ik}(i = 1, 2, \cdots, n)$；$\overline{x}_j = \dfrac{1}{n} \sum\limits_{k=1}^{m} x_{jk}(j = 1, 2, \cdots, n)$。

（4）指数相似系数法为

$$r_{ij} = \frac{1}{m} \sum_{k=1}^{m} \exp\left[-\frac{3}{4} \cdot \frac{(x_{ik} - x_{jk})^2}{S_k^2}\right]$$

式中，$S_k = \dfrac{1}{n} \sum\limits_{i=1}^{n} (x_{ik} - \overline{x}_{ik})^2$，而 $\overline{x}_{ik} = \dfrac{1}{n} \sum\limits_{i=1}^{n} x_{ik}(k = 1, 2, \cdots, m)$。

（5）最大最小值法为

$$r_{ij} = \frac{\displaystyle\sum_{k=1}^{m} (x_{ik} \wedge x_{jk})}{\displaystyle\sum_{k=1}^{m} (x_{ik} \vee x_{jk})}, \quad r_{ij} > 0; \ i, j = 1, 2, \cdots, n$$

（6）算术平均值法为

$$r_{ij} = \frac{2\sum\limits_{k=1}^{m}(x_{ik} \wedge x_{jk})}{\sum\limits_{k=1}^{m}(x_{ik} + x_{jk})}, \quad r_{ij} > 0; \ i,j = 1,2,\cdots,n$$

（7）几何平均最小法为

$$r_{ij} = \frac{\sum\limits_{k=1}^{m}(x_{ik} \wedge x_{jk})}{\sum\limits_{k=1}^{m}\sqrt{x_{ik} \cdot x_{jk}}}, \quad r_{ij} > 0; \ i,j = 1,2,\cdots,n$$

（8）距离法为

$$r_{ij} = 1 - Cd(x_i, x_j), \quad i,j = 1,2,\cdots,n$$

式中，C 为适当选取的常数，以使 $r_{ij} \in [0,1]$，经常采用的距离法有以下几种。

① 海明距离法为

$$d(x_i, x_j) = \sum\limits_{k=1}^{m} |x_{ik} - x_{jk}|, \quad i,j = 1,2,\cdots,n$$

② 欧氏距离为

$$d(x_i, x_j) = \sqrt{\sum\limits_{k=1}^{m}(x_{ik} - x_{jk})^2}, \quad i,j = 1,2,\cdots,n$$

（9）主观评分法。通过专家或具有直接经验的人对 x_i 与 x_j 的相似程度直接进行评分，作为 r_{ij} 的值。例如，假设有 N 位专家组成的专家组 $\{p_1, p_2, \cdots, p_N\}$，每位专家对 x_i 与 x_j 相似程度做出评价，结合自己的自信度进行评估。如果第 k 位专家 p_k 对 x_i 与 x_j 的相似度评价为 $r_{ij}(k)$，自己的自信度评估为 $a_{ij}(k)$，则其相关系数定义为

$$r_{ij} = \frac{\sum\limits_{k=1}^{N} a_{ij}(k) \cdot r_{ij}(k)}{\sum\limits_{k=1}^{N} a_{ij}(k)}$$

5.2.3　利用模糊等价关系聚类

1. 传递闭包法

标定后得到的模糊矩阵 R，满足自反性和对称性，是一个模糊相似矩阵。但其不一定具有传递性，因此需要进一步将其构造为模糊等价矩阵，可以采用平方法求 R 传递闭包 $t(R)$，$R^* = t(R)$ 为模糊等价矩阵。

取 $\lambda \in [0,1]$，截得不同等价关系 R_λ 对 X 进行分类。由于

$$\lambda_1 < \lambda_2 \Rightarrow R_{\lambda_1}^* \supseteq R_{\lambda_2}^*$$

因此，对任意 (x_i, x_j)

$$(x_i, x_j) \in R_{\lambda_2}^* \Rightarrow (x_i, x_j) \in R_{\lambda_1}^*$$

即

$$R_{\lambda_2}^*(x_i, x_j) = 1 \Rightarrow R_{\lambda_1}^*(x_i, x_j) = 1$$

也就是说，当 $R_{\lambda_2}^*(x_i, x_j)$ 属于同一类时，$R_{\lambda_1}^*(x_i, x_j)$ 也属于同一类。$R_{\lambda_1}^*$ 所得的分类结果是 $R_{\lambda_2}^*$ 更细的分类结果。λ 从 0 取到 1，所得分类逐步归并，可得到一个聚类图。

例如，选取某电子商务网站 10 个卖家，主要从价格、商品质量、服务态度、发货速度四个属性进行评价，每一属性评价分数范围是 $[0,5]$，表 5-1 是该网站统计出的每个商家对应属性的得分情况。

表 5-1　不同卖家各属性初始数据

卖家	价格	商品质量	服务态度	发货速度
x_1	4.4	4.4	4.6	4.5
x_2	4.8	4.3	4.2	4.1
x_3	4.2	4.6	4.8	4.9
x_4	5	4.8	4.2	4.3
x_5	3.9	4.2	4.8	4.5
x_6	4.6	4.8	4.6	4
x_7	4	3.9	4.1	4.5
x_8	4.3	4.1	4.7	4.8
x_9	4.9	4.7	4.7	4.6
x_{10}	5	4.9	3.8	2

通过表 5-1 可知，$N = 10$，$M = 4$。

由于表 5-1 中各属性值不在$[0,1]$，首先将表 5-1 中的数据采用极差标准化算法 $x'_{ij} = \dfrac{x_{ij} - \min(x_{kj})}{\max(x_{kj}) - \min(x_{kj})}(k = 1, 2, \cdots, M)$ 进行标准化，其中，$\min(x_{kj})$ 表示第 j 列中的最小值，$\max(x_{kj})$ 表示第 j 列中的最大值。

标准化的向量为

$$
\begin{bmatrix}
0.5 & 0.5 & 0.8 & 0.9 \\
0.8 & 0.4 & 0.4 & 0.7 \\
0.3 & 0.7 & 1.0 & 1.0 \\
1.0 & 0.9 & 0.4 & 0.8 \\
0.0 & 0.3 & 1.0 & 0.9 \\
0.6 & 0.9 & 0.8 & 0.7 \\
0.1 & 0.0 & 0.3 & 0.9 \\
0.4 & 0.2 & 0.9 & 1.0 \\
0.9 & 0.8 & 0.9 & 0.9 \\
1.0 & 1.0 & 0.0 & 0.0
\end{bmatrix}
$$

用最大最小法 $r_{ij} = \dfrac{\sum\limits_{k=1}^{M}(x_{ik} \wedge x_{jk})}{\sum\limits_{k=1}^{M}(x_{ik} \vee x_{jk})}$ $(r_{ij} > 0;\ i, j = 1, 2, \cdots, N)$ 建立相似矩阵。

$$
R = \begin{bmatrix}
1.0 & 0.7 & 0.8 & 0.6 & 0.7 & 0.8 & 0.5 & 0.8 & 0.7 & 0.3 \\
0.7 & 1.0 & 0.5 & 0.8 & 0.5 & 0.7 & 0.4 & 0.5 & 0.7 & 0.4 \\
0.8 & 0.5 & 1.0 & 0.6 & 0.7 & 0.7 & 0.4 & 0.8 & 0.7 & 0.2 \\
0.6 & 0.8 & 0.6 & 1.0 & 0.4 & 0.8 & 0.4 & 0.5 & 0.8 & 0.6 \\
0.7 & 0.5 & 0.7 & 0.4 & 1.0 & 0.5 & 0.5 & 0.7 & 0.8 & 0.4 \\
0.8 & 0.7 & 0.7 & 0.8 & 0.5 & 1.0 & 0.3 & 0.6 & 0.8 & 0.4 \\
0.5 & 0.4 & 0.4 & 0.4 & 0.5 & 0.3 & 1.0 & 0.5 & 0.4 & 0.0 \\
0.8 & 0.5 & 0.8 & 0.5 & 0.7 & 0.6 & 0.5 & 1.0 & 0.7 & 0.1 \\
0.7 & 0.7 & 0.7 & 0.8 & 0.6 & 0.8 & 0.4 & 0.7 & 1.0 & 0.5 \\
0.3 & 0.4 & 0.2 & 0.6 & 0.1 & 0.4 & 0.0 & 0.1 & 0.5 & 1.0
\end{bmatrix}
$$

用平方法求传递闭包

$$
R^2 =
\begin{bmatrix}
1.0 & 0.7 & 0.8 & 0.8 & 0.7 & 0.8 & 0.5 & 0.8 & 0.8 & 0.6 \\
0.7 & 1.0 & 0.7 & 0.8 & 0.7 & 0.8 & 0.5 & 0.7 & 0.8 & 0.6 \\
0.8 & 0.7 & 1.0 & 0.7 & 0.7 & 0.8 & 0.5 & 0.8 & 0.7 & 0.6 \\
0.8 & 0.8 & 0.7 & 1.0 & 0.6 & 0.8 & 0.5 & 0.7 & 0.8 & 0.6 \\
0.7 & 0.7 & 0.7 & 0.8 & 1.0 & 0.8 & 0.5 & 0.7 & 0.8 & 0.5 \\
0.8 & 0.8 & 0.8 & 0.8 & 0.7 & 1.0 & 0.5 & 0.8 & 0.8 & 0.6 \\
0.5 & 0.5 & 0.5 & 0.5 & 0.5 & 0.5 & 1.0 & 0.5 & 0.5 & 0.4 \\
0.8 & 0.7 & 0.8 & 0.7 & 0.7 & 0.8 & 0.5 & 1.0 & 0.7 & 0.5 \\
0.8 & 0.8 & 0.7 & 0.8 & 0.7 & 0.8 & 0.5 & 0.7 & 1.0 & 0.6 \\
0.6 & 0.6 & 0.6 & 0.6 & 0.5 & 0.6 & 0.4 & 0.5 & 0.6 & 1.0 \\
\end{bmatrix} \supseteq R
$$

$$
R^4 =
\begin{bmatrix}
1.0 & 0.8 & 0.8 & 0.8 & 0.7 & 0.8 & 0.5 & 0.8 & 0.8 & 0.6 \\
0.8 & 1.0 & 0.8 & 0.8 & 0.7 & 0.8 & 0.5 & 0.8 & 0.8 & 0.6 \\
0.8 & 0.8 & 1.0 & 0.8 & 0.7 & 0.8 & 0.5 & 0.8 & 0.8 & 0.6 \\
0.8 & 0.8 & 0.8 & 1.0 & 0.7 & 0.8 & 0.5 & 0.8 & 0.8 & 0.6 \\
0.8 & 0.8 & 0.8 & 0.8 & 1.0 & 0.8 & 0.5 & 0.8 & 0.8 & 0.6 \\
0.8 & 0.8 & 0.8 & 0.8 & 0.7 & 1.0 & 0.5 & 0.8 & 0.8 & 0.6 \\
0.5 & 0.5 & 0.5 & 0.5 & 0.5 & 0.5 & 1.0 & 0.5 & 0.5 & 0.5 \\
0.8 & 0.8 & 0.8 & 0.8 & 0.7 & 0.8 & 0.5 & 1.0 & 0.8 & 0.6 \\
0.8 & 0.8 & 0.8 & 0.8 & 0.7 & 0.8 & 0.5 & 0.8 & 1.0 & 0.6 \\
0.6 & 0.6 & 0.6 & 0.6 & 0.6 & 0.6 & 0.5 & 0.6 & 0.6 & 1.0 \\
\end{bmatrix} \supseteq R^2
$$

$$
R^8 =
\begin{bmatrix}
1.0 & 0.8 & 0.8 & 0.8 & 0.7 & 0.8 & 0.5 & 0.8 & 0.8 & 0.6 \\
0.8 & 1.0 & 0.8 & 0.8 & 0.7 & 0.8 & 0.5 & 0.8 & 0.8 & 0.6 \\
0.8 & 0.8 & 1.0 & 0.8 & 0.7 & 0.8 & 0.5 & 0.8 & 0.8 & 0.6 \\
0.8 & 0.8 & 0.8 & 1.0 & 0.7 & 0.8 & 0.5 & 0.8 & 0.8 & 0.6 \\
0.8 & 0.8 & 0.8 & 0.8 & 1.0 & 0.8 & 0.5 & 0.8 & 0.8 & 0.6 \\
0.8 & 0.8 & 0.8 & 0.8 & 0.7 & 1.0 & 0.5 & 0.8 & 0.8 & 0.6 \\
0.5 & 0.5 & 0.5 & 0.5 & 0.5 & 0.5 & 1.0 & 0.5 & 0.5 & 0.5 \\
0.8 & 0.8 & 0.8 & 0.8 & 0.7 & 0.8 & 0.5 & 1.0 & 0.8 & 0.6 \\
0.8 & 0.8 & 0.8 & 0.8 & 0.7 & 0.8 & 0.5 & 0.8 & 1.0 & 0.6 \\
0.6 & 0.6 & 0.6 & 0.6 & 0.6 & 0.6 & 0.5 & 0.6 & 0.6 & 1.0 \\
\end{bmatrix} = R^4
$$

因此，R 的传递闭包是 R^4，也就是要求的等价矩阵。

依次取 λ 截关系 R_λ，将 X 分成等价类，得

$$R_{1.0} = \begin{bmatrix} 1 & 0 & 0 & 0 & 0 & 0 & 0 & 0 & 0 & 0 \\ 0 & 1 & 0 & 0 & 0 & 0 & 0 & 0 & 0 & 0 \\ 0 & 0 & 1 & 0 & 0 & 0 & 0 & 0 & 0 & 0 \\ 0 & 0 & 0 & 1 & 0 & 0 & 0 & 0 & 0 & 0 \\ 0 & 0 & 0 & 0 & 1 & 0 & 0 & 0 & 0 & 0 \\ 0 & 0 & 0 & 0 & 0 & 1 & 0 & 0 & 0 & 0 \\ 0 & 0 & 0 & 0 & 0 & 0 & 1 & 0 & 0 & 0 \\ 0 & 0 & 0 & 0 & 0 & 0 & 0 & 1 & 0 & 0 \\ 0 & 0 & 0 & 0 & 0 & 0 & 0 & 0 & 1 & 0 \\ 0 & 0 & 0 & 0 & 0 & 0 & 0 & 0 & 0 & 1 \end{bmatrix}$$

将 X 分为 10 类，即 $\{x_1\},\{x_2\},\{x_3\},\{x_4\},\{x_5\},\{x_6\},\{x_7\},\{x_8\},\{x_9\},\{x_{10}\}$。

$$R_{[0.7,0.8]} = \begin{bmatrix} 1 & 1 & 1 & 1 & 0 & 1 & 0 & 1 & 1 & 0 \\ 1 & 1 & 1 & 1 & 0 & 1 & 0 & 1 & 1 & 0 \\ 1 & 1 & 1 & 1 & 0 & 1 & 0 & 1 & 1 & 0 \\ 1 & 1 & 1 & 1 & 0 & 1 & 0 & 1 & 1 & 0 \\ 1 & 1 & 1 & 1 & 1 & 1 & 0 & 1 & 1 & 0 \\ 1 & 1 & 1 & 1 & 0 & 1 & 0 & 1 & 1 & 0 \\ 0 & 0 & 0 & 0 & 0 & 0 & 1 & 0 & 0 & 0 \\ 1 & 1 & 1 & 1 & 0 & 1 & 0 & 1 & 1 & 0 \\ 1 & 1 & 1 & 1 & 0 & 1 & 0 & 1 & 1 & 0 \\ 0 & 0 & 0 & 0 & 0 & 0 & 0 & 0 & 0 & 1 \end{bmatrix}$$

将 X 分为 3 类，即 $\{x_1,x_2,x_3,x_4,x_5,x_6,x_8,x_9\},\{x_7\},\{x_{10}\}$。

$$R_{0.6} = \begin{bmatrix} 1 & 1 & 1 & 1 & 1 & 1 & 0 & 1 & 1 & 1 \\ 1 & 1 & 1 & 1 & 1 & 1 & 0 & 1 & 1 & 1 \\ 1 & 1 & 1 & 1 & 1 & 1 & 0 & 1 & 1 & 1 \\ 1 & 1 & 1 & 1 & 1 & 1 & 0 & 1 & 1 & 1 \\ 1 & 1 & 1 & 1 & 1 & 1 & 0 & 1 & 1 & 1 \\ 1 & 1 & 1 & 1 & 1 & 1 & 0 & 1 & 1 & 1 \\ 0 & 0 & 0 & 0 & 0 & 0 & 1 & 0 & 0 & 0 \\ 1 & 1 & 1 & 1 & 1 & 1 & 0 & 1 & 1 & 1 \\ 1 & 1 & 1 & 1 & 1 & 1 & 0 & 1 & 1 & 1 \\ 1 & 1 & 1 & 1 & 1 & 1 & 0 & 1 & 1 & 1 \end{bmatrix}$$

将 X 分为 2 类，即 $\{x_1,x_2,x_3,x_4,x_5,x_6,x_8,x_9,x_{10}\},\{x_7\}$。

$$R_{0.5} = \begin{bmatrix} 1 & 1 & 1 & 1 & 1 & 1 & 1 & 1 & 1 & 1 \\ 1 & 1 & 1 & 1 & 1 & 1 & 1 & 1 & 1 & 1 \\ 1 & 1 & 1 & 1 & 1 & 1 & 1 & 1 & 1 & 1 \\ 1 & 1 & 1 & 1 & 1 & 1 & 1 & 1 & 1 & 1 \\ 1 & 1 & 1 & 1 & 1 & 1 & 1 & 1 & 1 & 1 \\ 1 & 1 & 1 & 1 & 1 & 1 & 1 & 1 & 1 & 1 \\ 1 & 1 & 1 & 1 & 1 & 1 & 1 & 1 & 1 & 1 \\ 1 & 1 & 1 & 1 & 1 & 1 & 1 & 1 & 1 & 1 \\ 1 & 1 & 1 & 1 & 1 & 1 & 1 & 1 & 1 & 1 \\ 1 & 1 & 1 & 1 & 1 & 1 & 1 & 1 & 1 & 1 \end{bmatrix}$$

将 X 分为 1 类，即 $\{x_1,x_2,x_3,x_4,x_5,x_6,x_7,x_8,x_9,x_{10}\}$。

随着 λ 值的下降，分类越来越粗，采用传递闭包法得到的聚类图如图 5-1 所示。

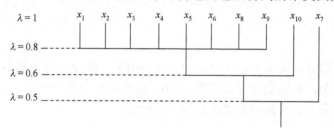

图 5-1　采用传递闭包法得到的聚类图

2. 直接聚类法

标定后得到模糊矩阵 R，不需要求其传递闭包，而直接从 R 出发求得聚类图。如果要求 $\lambda = m$ 的分类，步骤如下。

取 $\lambda \geqslant m$，对每个 x_i 作相似类 $[x_i]_R$：

$$[x_i]_R = \left\{ x_j \mid r_{ij} \geqslant m \right\}$$

即将满足 $r_{ij} \geqslant m$ 的 x_i 和 x_j 放在一起，构成相似类。由于模糊矩阵 R 不一定满足传递性，所以相似类和等价类不同的地方是相似类可能有公共元素。例如，遇到 $[x_i]=\{x_i,x_k\},[x_j]=\{x_j,x_k\},[x_i]\bigcap[x_j]\neq\varnothing$，只需将具有公共元素的相似类归并，即可得到 $\lambda=$ 最大值的聚类图。

设 $X = \{x_1, x_2, x_3, x_4, x_5, x_6, x_7\}$，由于其对称性，可只讨论主对角线下面的元素，其模糊相似关系为

$$
R = \begin{bmatrix}
1.0 & & & & & & \\
0.8 & 1.0 & & & & & \\
1.0 & 0.4 & 1.0 & & & & \\
0.2 & 0.3 & 0.7 & 1.0 & & & \\
0.8 & 0.7 & 1.0 & 0.5 & 1.0 & & \\
0.5 & 0.6 & 0.6 & 0.8 & 0.2 & 1.0 & \\
0.3 & 0.3 & 0.5 & 0.6 & 0.7 & 0.8 & 1.0
\end{bmatrix}
$$

取 $\lambda = 1$，其中，$r_{31} = r_{53} = 1$，即 $\{x_1, x_3\}$ 和 $\{x_3, x_5\}$ 为相似类，将公共元素 x_3 合并为等价类 $\{x_1, x_3, x_5\}$，因此，$\lambda = 1$ 时的等价类可分为 $\{x_1, x_3, x_5\}, \{x_2\}, \{x_4\}, \{x_6\}, \{x_7\}$。

取 λ 为次大值，即 $\lambda = 0.8$，$r_{21} = r_{51} = r_{64} = r_{76} = 0.8$，即 $\{x_2, x_1\}$ 和 $\{x_5, x_1\}$ 为相似类，由 $\lambda = 1$ 可知，x_3 也属于该类，可合并为等价类 $\{x_1, x_2, x_3, x_5\}$。$\{x_4, x_6\}$ 和 $\{x_6, x_7\}$ 为相似类，可合并为等价类 $\{x_4, x_6, x_7\}$。$\lambda = 0.8$ 时的等价类可分为 $\{x_1, x_2, x_3, x_5\}$，$\{x_4, x_6, x_7\}$。

取 λ 为第三值，即 $\lambda = 0.7$，$r_{43} = r_{52} = r_{75} = 0.7$，即 $\{x_4, x_3\}$ 为相似类，$\{x_5, x_2\}$ 和 $\{x_5, x_7\}$ 为相似类，和前面合并，可得 $\lambda = 0.7$ 时的等价分类为 $\{x_1, x_2, x_3, x_4, x_5, x_6, x_7\}$。

采用直接聚类法得到的聚类图如图 5-2 所示。

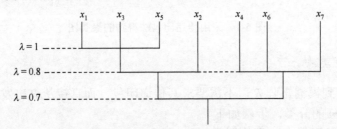

图 5-2　采用直接聚类法得到的聚类图

3. 编网法

选定 λ 值，求模糊相似矩阵 R 的 λ 截矩阵 R_λ。将 R_λ 矩阵对角线下方的 1 用 * 表示，0 用空格表示。* 所表示的位置称为端点。从端点位置向上、向右引线，凡能相互连接的点就属于同一类。

结合上面的例子，取 $\lambda = 0.8$ 时，采用编网聚类法得到的编网图如图 5-3 所示。

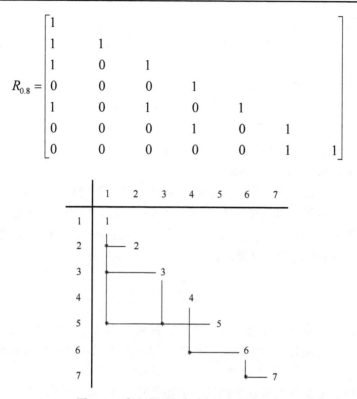

图 5-3　采用编网聚类法得到的编网图

由图 5-3 可知，$\lambda = 0.8$ 时，可分为 $\{x_1, x_2, x_3, x_5\}$，$\{x_4, x_6, x_7\}$ 两类。其结果和直接聚类结果相同。

5.3　基于个性偏好的模糊聚类

在人类社会中，不同企业生产的同一类商品，除了具备基本功能，不同厂家的不同产品，又各具有不同特点。同样，人们在选购某商品时，除了关注商品基本功能，还要考虑该商品的其他因素，例如，价格、外观、易用性、售后服务等因素。由于人的主观性，不同人具有不同的个性偏好、兴趣和需求，对商品不同属性的侧重点也不同。例如，有 A、B 两个请求实体，同时请求一部电影，实体 A 需要高清晰度电影，实体 B 则需要高速度下载，这两种情况导致两个实体对服务各持己见。能提供高质量数据资源的服务的实体显然能满足 A 个性偏好，值得信赖。如果该实体不能提供高下载速度，则不能满足 B 的个性偏好，也就不值得信赖。

借鉴社会学的人际关系信任模型，考虑分布式网络环境下实体之间的信任关系具有很强的主观性、不确定性、模糊性，根据实体兴趣偏好，综合考虑实体的各个属性，利用模糊聚类方法，按照个人偏好对资源进行分类，将信任选择在满足需求的资源集合上执行，可有效地降低资源选择的时间和空间复杂度，提高资源的选择的成功率与效率。

设有分布式网络环境下某实体域 $X = \{x_1, x_2, \cdots, x_N\}$，其中 $x_1, x_2, \cdots, x_N$ 表示系统中的 N 个实体。每个服务实体又具有 M 个属性，用 $x_i = \{x_{i1}, x_{i2}, \cdots, x_{iM}\}$ 表示，其中 $x_{ik}(1 \leq k \leq M)$ 表示第 i 个实体的第 k 个属性。

在一次交互中，每个实体可以扮演 3 种角色之一：服务请求者、服务提供者和服务推荐者（service recommender）。

个性偏好[14-16]是个人对服务提供者各属性需求的不同偏好程度，不同实体在选择服务对象时，对每个服务属性的重要程度各有喜好，可用向量表示。设服务请求实体的个性偏好为 ω，$\omega = (\omega_1, \omega_2, \cdots, \omega_M)$，其中 $\omega_k(0 \leq \omega_k \leq 1)$ 表示服务请求实体对第 k 个属性的偏好程度，且满足：

$$\sum_{k=1}^{M} \omega_k = 1 \tag{5-1}$$

个性偏好可以根据服务请求者的需求、兴趣等不同需求灵活定义，以满足不同实体的需要。个性偏好的向量值可以根据自己主观需求定义，也可以根据历史交易经验获得。

要想找到满足服务请求者个性偏好的服务提供实体，可采用模糊聚类方法。

5.3.1　基于个性偏好的模糊聚类方法及其证明

为使构建的矩阵向量既能体现个性偏好，又能进行模糊聚类，对系统中的实体，依据 $r_{ij}^k = \dfrac{\min(x_{ik}, x_{jk})}{\max(x_{ik}, x_{jk})}$ 对各服务属性分别建立模糊相似矩阵 $R^k = (r_{ij}^k)_{N \times N}$，其中

$1 \leq i, j \leq N, \ 1 \leq k \leq M$。通过公式 $r_{ij}^k = \dfrac{\min(x_{ik}, x_{jk})}{\max(x_{ik}, x_{jk})}$ 构造 R^k 矩阵算法时，为了避免当 $i = j$ 且 $x_{ik} = x_{jk} = 0$ 时除数为 0 情况，对标准化后 x_{ij} 为 0 的数据，赋予一个很小的值（如 10^{-5}）。

利用各服务属性的模糊相似矩阵，结合个性偏好，利用式（5-2），构建描述各属性特征矩阵 R。

$$R = (r_{ij})_{N \times N} = \sum_{k=1}^{M} \omega_k \times R^k = \sum_{k=1}^{M} \omega_k \times r_{ij}^k \tag{5-2}$$

只要能证明在特征矩阵 R 中有 $r_{ii} = 1$，$r_{ij} = r_{ji}$，即可证明矩阵 R 为模糊相似矩阵。

证明　已知 $r_{ij} = \sum\limits_{k=1}^{M} \omega_k \times r_{ij}^k$，由于 R^k 是模糊相似矩阵，所以 R^k 具有自反性和对称性，即 $r_{ii}^k = 1$，$r_{ij}^k = r_{ji}^k$。

又因为 $\sum\limits_{k=1}^{M} \omega_k = 1$，可以推出 $r_{ii} = \sum\limits_{k=1}^{M} \omega_k \times r_{ii}^k = \sum\limits_{k=1}^{M} \omega_k \times 1 = 1$；$r_{ij} = \sum\limits_{k=1}^{M} \omega_k \times r_{ij}^k = \sum\limits_{k=1}^{M} \omega_k \times r_{ji}^k = r_{ji}$，可以得出，矩阵 R 为模糊相似矩阵。证毕。

在模糊聚类中，通过引入个性偏好，既对服务提供者的各属性特征进行了综合考虑，又能体现服务请求者对服务要求的个性化需求特征，满足当前服务需求中的个性化服务要求。当个性偏好因子中各值相等（$\omega_1 = \omega_2 = \cdots = \omega_M = 1/M$）时，就是前面分析的普通聚类方法。

5.3.2　基于个性偏好的聚类过程及实例

（1）确定聚类数据源，即对那些实体依据哪些属性进行聚类，获取相应实体各属性的初始评价值。初始数据可以由服务提供者根据自己实际提供服务能力定义，并根据自身提供服务情况动态更新，也可以依据交易历史信息得到。

（2）由于各属性初始评价值的数量级和量纲不同，为了避免以大压小，降低小数据作用，需要对初始评价值进行标准化处理。

（3）对确定聚类实体按服务属性分别建立模糊相似矩阵。

利用前面举例说明。其中确定聚类数据源和数据标准化不再重复。根据标准化矩阵，分别建立价格、商品质量、服务态度和发货速度的模糊相似矩阵 R^1、R^2、R^3 和 R^4。

$$R^1 = \begin{bmatrix} 1.00 & 0.56 & 0.60 & 0.45 & 0.00 & 0.71 & 0.20 & 0.00 & 0.50 & 0.45 \\ 0.56 & 1.00 & 0.33 & 0.82 & 0.00 & 0.78 & 0.11 & 0.00 & 0.90 & 0.82 \\ 0.60 & 0.33 & 1.00 & 0.27 & 0.00 & 0.43 & 0.33 & 0.00 & 0.30 & 0.27 \\ 0.45 & 0.82 & 0.27 & 1.00 & 0.00 & 0.64 & 0.09 & 0.00 & 0.91 & 1.00 \\ 0.00 & 0.00 & 0.00 & 0.00 & 1.00 & 0.00 & 0.00 & 1.00 & 0.00 & 0.00 \\ 0.71 & 0.78 & 0.43 & 0.64 & 0.00 & 1.00 & 0.14 & 0.00 & 0.70 & 0.64 \\ 0.20 & 0.11 & 0.33 & 0.09 & 0.00 & 0.14 & 1.00 & 0.00 & 0.10 & 0.09 \\ 0.00 & 0.00 & 0.00 & 0.00 & 1.00 & 0.00 & 0.00 & 1.00 & 0.00 & 0.00 \\ 0.50 & 0.90 & 0.30 & 0.91 & 0.00 & 0.70 & 0.10 & 0.00 & 1.00 & 0.91 \\ 0.45 & 0.82 & 0.27 & 1.00 & 0.00 & 0.64 & 0.09 & 0.00 & 0.91 & 1.00 \end{bmatrix}$$

$$R^2 = \begin{bmatrix} 1.00 & 0.00 & 0.71 & 0.56 & 0.60 & 0.56 & 0.00 & 0.40 & 0.63 & 0.50 \\ 0.00 & 1.00 & 0.00 & 0.00 & 0.00 & 0.00 & 0.10 & 0.00 & 0.00 & 0.00 \\ 0.71 & 0.00 & 1.00 & 0.78 & 0.43 & 0.78 & 0.00 & 0.29 & 0.87 & 0.70 \\ 0.56 & 0.00 & 0.78 & 1.00 & 0.33 & 1.00 & 0.00 & 0.22 & 0.89 & 0.90 \\ 0.60 & 0.00 & 0.43 & 0.33 & 1.00 & 0.33 & 0.00 & 0.67 & 0.38 & 0.30 \\ 0.56 & 0.00 & 0.78 & 1.00 & 0.33 & 1.00 & 0.00 & 0.22 & 0.89 & 0.90 \\ 0.00 & 0.10 & 0.00 & 0.00 & 0.00 & 0.00 & 1.00 & 0.00 & 0.00 & 0.00 \\ 0.40 & 0.00 & 0.29 & 0.22 & 0.67 & 0.22 & 0.00 & 1.00 & 0.25 & 0.20 \\ 0.63 & 0.00 & 0.87 & 0.89 & 0.38 & 0.89 & 0.00 & 0.25 & 1.00 & 0.80 \\ 0.50 & 0.00 & 0.70 & 0.90 & 0.30 & 0.90 & 0.00 & 0.20 & 0.80 & 1.00 \end{bmatrix}$$

$$R^3 = \begin{bmatrix} 1.00 & 0.50 & 0.80 & 0.00 & 0.80 & 1.00 & 0.38 & 0.89 & 0.89 & 0.00 \\ 0.50 & 1.00 & 0.40 & 0.00 & 0.40 & 0.50 & 0.75 & 0.44 & 0.44 & 0.00 \\ 0.80 & 0.40 & 1.00 & 0.00 & 1.00 & 0.80 & 0.30 & 0.90 & 0.90 & 0.00 \\ 0.00 & 0.00 & 0.00 & 1.00 & 0.00 & 0.00 & 0.00 & 0.00 & 0.00 & 1.00 \\ 0.80 & 0.40 & 1.00 & 0.00 & 1.00 & 0.80 & 0.30 & 0.90 & 0.90 & 0.00 \\ 1.00 & 0.50 & 0.80 & 0.00 & 0.80 & 1.00 & 0.38 & 0.89 & 0.89 & 0.00 \\ 0.38 & 0.75 & 0.30 & 0.00 & 0.30 & 0.38 & 1.00 & 0.33 & 0.33 & 0.00 \\ 0.89 & 0.44 & 0.90 & 0.00 & 0.90 & 0.89 & 0.33 & 1.00 & 1.00 & 0.00 \\ 0.89 & 0.44 & 0.90 & 0.00 & 0.90 & 0.89 & 0.33 & 1.00 & 1.00 & 0.00 \\ 0.00 & 0.00 & 0.00 & 1.00 & 0.00 & 0.00 & 0.00 & 0.00 & 0.00 & 1.00 \end{bmatrix}$$

$$R^4 = \begin{bmatrix} 1.00 & 0.50 & 0.80 & 0.00 & 0.80 & 1.00 & 0.38 & 0.89 & 0.89 & 0.00 \\ 0.50 & 1.00 & 0.40 & 0.00 & 0.40 & 0.50 & 0.75 & 0.44 & 0.44 & 0.00 \\ 0.80 & 0.40 & 1.00 & 0.00 & 1.00 & 0.80 & 0.30 & 0.90 & 0.90 & 0.00 \\ 0.00 & 0.00 & 0.00 & 1.00 & 0.00 & 0.00 & 0.00 & 0.00 & 0.00 & 1.00 \\ 0.80 & 0.40 & 1.00 & 0.00 & 1.00 & 0.80 & 0.30 & 0.90 & 0.90 & 0.00 \\ 1.00 & 0.50 & 0.80 & 0.00 & 0.80 & 1.00 & 0.38 & 0.89 & 0.89 & 0.00 \\ 0.38 & 0.75 & 0.30 & 0.00 & 0.30 & 0.38 & 1.00 & 0.33 & 0.33 & 0.00 \\ 0.89 & 0.44 & 0.90 & 0.00 & 0.90 & 0.89 & 0.33 & 1.00 & 1.00 & 0.00 \\ 0.89 & 0.44 & 0.90 & 0.00 & 0.90 & 0.89 & 0.33 & 1.00 & 1.00 & 0.00 \\ 0.00 & 0.00 & 0.00 & 1.00 & 0.00 & 0.00 & 0.00 & 0.00 & 0.00 & 1.00 \end{bmatrix}$$

（4）依据历史交易经验或个人主观意愿确定各属性的权重，即个性偏好因子。假定服务请求实体的个性偏好 $\omega = (0.5, 0.3, 0.1, 0.1)$。

（5）结合个性偏好和各服务属性的模糊相似矩阵，构建基于个性偏好的模糊相似矩阵 R。

$$R = \begin{bmatrix}
1.00 & 0.41 & 0.68 & 0.49 & 0.36 & 0.70 & 0.24 & 0.30 & 0.62 & 0.38 \\
0.41 & 1.00 & 0.28 & 0.50 & 0.12 & 0.53 & 0.24 & 0.12 & 0.58 & 0.41 \\
0.68 & 0.28 & 1.00 & 0.45 & 0.31 & 0.60 & 0.28 & 0.27 & 0.59 & 0.35 \\
0.49 & 0.50 & 0.45 & 1.00 & 0.19 & 0.71 & 0.14 & 0.15 & 0.81 & 0.87 \\
0.36 & 0.12 & 0.31 & 0.19 & 1.00 & 0.26 & 0.13 & 0.88 & 0.30 & 0.09 \\
0.70 & 0.53 & 0.60 & 0.71 & 0.26 & 1.00 & 0.19 & 0.23 & 0.78 & 0.59 \\
0.24 & 0.24 & 0.28 & 0.14 & 0.13 & 0.19 & 1.00 & 0.12 & 0.18 & 0.05 \\
0.30 & 0.12 & 0.27 & 0.15 & 0.88 & 0.23 & 0.12 & 1.00 & 0.27 & 0.06 \\
0.62 & 0.58 & 0.59 & 0.81 & 0.30 & 0.78 & 0.18 & 0.27 & 1.00 & 0.69 \\
0.38 & 0.41 & 0.35 & 0.87 & 0.09 & 0.59 & 0.05 & 0.06 & 0.69 & 1.00
\end{bmatrix}$$

（6）进行模糊聚类。相对于直接聚类和编网聚类算法，传递闭包法更容易在计算机上实现。传统的传递闭包算法复杂度为 $O(n^3 \log_2 n)$，本书采用文献[4]提供的一种简捷算法，求解传递闭包算法的复杂度为 $O(n^3)$，降低了传递闭包计算的复杂度，模糊等价矩阵为

$$R^* = \begin{bmatrix}
1.00 & 0.58 & 0.68 & 0.70 & 0.36 & 0.70 & 0.28 & 0.36 & 0.70 & 0.70 \\
0.58 & 1.00 & 0.58 & 0.58 & 0.36 & 0.58 & 0.28 & 0.36 & 0.58 & 0.58 \\
0.68 & 0.58 & 1.00 & 0.68 & 0.36 & 0.68 & 0.28 & 0.36 & 0.68 & 0.68 \\
0.70 & 0.58 & 0.68 & 1.00 & 0.36 & 0.78 & 0.28 & 0.36 & 0.81 & 0.87 \\
0.36 & 0.36 & 0.36 & 0.36 & 1.00 & 0.36 & 0.28 & 0.88 & 0.36 & 0.36 \\
0.70 & 0.58 & 0.68 & 0.78 & 0.36 & 1.00 & 0.28 & 0.36 & 0.78 & 0.78 \\
0.28 & 0.28 & 0.28 & 0.28 & 0.28 & 0.28 & 1.00 & 0.28 & 0.28 & 0.28 \\
0.36 & 0.36 & 0.36 & 0.36 & 0.88 & 0.36 & 0.28 & 1.00 & 0.36 & 0.36 \\
0.70 & 0.58 & 0.68 & 0.81 & 0.36 & 0.78 & 0.28 & 0.36 & 1.00 & 0.81 \\
0.70 & 0.58 & 0.68 & 0.87 & 0.36 & 0.78 & 0.28 & 0.36 & 0.81 & 1.00
\end{bmatrix}$$

（7）确定一个合适的 $\lambda \in [0,1]$ 值，得到分类结果，服务请求者依据分类结果，在侧重个性偏好分类中，选择合适的交易对象进行交易。λ 取值越大，同一类中实体之间的相似度就越高，反之则相似度越低。

① 取 $\lambda = 0.80$ 时，得

$$R_{0.80} = \begin{bmatrix} 1 & 0 & 0 & 0 & 0 & 0 & 0 & 0 & 0 & 0 \\ 0 & 1 & 0 & 0 & 0 & 0 & 0 & 0 & 0 & 0 \\ 0 & 0 & 1 & 0 & 0 & 0 & 0 & 0 & 0 & 0 \\ 0 & 0 & 0 & 1 & 0 & 0 & 0 & 0 & 1 & 1 \\ 0 & 0 & 0 & 0 & 1 & 0 & 0 & 1 & 0 & 0 \\ 0 & 0 & 0 & 0 & 0 & 1 & 0 & 0 & 0 & 0 \\ 0 & 0 & 0 & 0 & 0 & 0 & 1 & 0 & 0 & 0 \\ 0 & 0 & 0 & 0 & 1 & 0 & 0 & 1 & 0 & 0 \\ 0 & 0 & 0 & 1 & 0 & 0 & 0 & 0 & 1 & 1 \\ 0 & 0 & 0 & 1 & 0 & 0 & 0 & 0 & 1 & 1 \end{bmatrix}$$

将 X 分为 $\{x_1\}$，$\{x_2\}$，$\{x_3\}$，$\{x_4, x_9, x_{10}\}$，$\{x_5, x_8\}$，$\{x_6\}$，$\{x_7\}$。

② 取 $\lambda = 0.70$ 时，得

$$R_{0.70} = \begin{bmatrix} 1 & 0 & 0 & 1 & 0 & 1 & 0 & 0 & 1 & 1 \\ 0 & 1 & 0 & 0 & 0 & 0 & 0 & 0 & 0 & 0 \\ 0 & 0 & 1 & 0 & 0 & 0 & 0 & 0 & 0 & 0 \\ 1 & 0 & 0 & 1 & 0 & 1 & 0 & 0 & 1 & 1 \\ 0 & 0 & 0 & 0 & 1 & 0 & 0 & 1 & 0 & 0 \\ 1 & 0 & 0 & 1 & 0 & 1 & 0 & 0 & 1 & 1 \\ 0 & 0 & 0 & 0 & 0 & 0 & 1 & 0 & 0 & 0 \\ 0 & 0 & 0 & 0 & 1 & 0 & 0 & 1 & 0 & 0 \\ 1 & 0 & 0 & 1 & 0 & 1 & 0 & 0 & 1 & 1 \\ 1 & 0 & 0 & 1 & 0 & 1 & 0 & 0 & 1 & 1 \end{bmatrix}$$

将 X 分为 $\{x_1, x_4, x_6, x_9, x_{10}\}$，$\{x_2\}$，$\{x_3\}$，$\{x_5, x_8\}$，$\{x_7\}$。

③ 取 $\lambda = 0.50$ 时，得

$$R_{0.50} = \begin{bmatrix} 1 & 1 & 1 & 1 & 0 & 1 & 0 & 0 & 1 & 1 \\ 1 & 1 & 1 & 1 & 0 & 1 & 0 & 0 & 1 & 1 \\ 1 & 1 & 1 & 1 & 0 & 1 & 0 & 0 & 1 & 1 \\ 1 & 1 & 1 & 1 & 0 & 1 & 0 & 0 & 1 & 1 \\ 0 & 0 & 0 & 0 & 1 & 0 & 0 & 1 & 0 & 0 \\ 1 & 1 & 1 & 1 & 0 & 1 & 0 & 0 & 1 & 1 \\ 0 & 0 & 0 & 0 & 0 & 0 & 1 & 0 & 0 & 0 \\ 0 & 0 & 0 & 0 & 1 & 0 & 0 & 1 & 0 & 0 \\ 1 & 1 & 1 & 1 & 0 & 1 & 0 & 0 & 1 & 1 \\ 1 & 1 & 1 & 1 & 0 & 1 & 0 & 0 & 1 & 1 \end{bmatrix}$$

将 X 分为 $\{x_1, x_2, x_3, x_4, x_6, x_9, x_{10}\}$，$\{x_5, x_8\}$，$\{x_7\}$。

表 5-2 是针对不同服务请求实体，在个性偏好不同的情况下，λ 分别取 0.8，0.7 和 0.5 时的分类结果。

表 5-2 具有不同个性偏好 λ 取不同值时的分类结果

ω 值	$\lambda = 0.8$	$\lambda = 0.7$	$\lambda = 0.5$
$\omega = (1.0, 0, 0, 0)$	$\{x_1\}, \{x_2, x_4, x_9, x_{10}\},$ $\{x_3\}, \{x_5, x_8\},$ $\{x_6\}, \{x_7\}$	$\{x_1, x_2, x_4, x_6, x_9, x_{10}\},$ $\{x_3\}, \{x_5, x_8\}, \{x_7\}$	$\{x_1, x_2, x_3, x_4, x_6, x_9, x_{10}\},$ $\{x_5, x_8\}, \{x_7\}$
$\omega = (0.8, 0.2, 0, 0)$	$\{x_1\}, \{x_2\}, \{x_3\},$ $\{x_4, x_9, x_{10}\},$ $\{x_5, x_8\}, \{x_6\}, \{x_7\}$	$\{x_1\},$ $\{x_2, x_4, x_6, x_9, x_{10}\},$ $\{x_3\}, \{x_5, x_8\}, \{x_7\}$	$\{x_1, x_2, x_3, x_4, x_6, x_9, x_{10}\},$ $\{x_5, x_8\}, \{x_7\}$
$\omega = (0.6, 0.1, 0.3, 0)$	$\{x_1\}, \{x_2\}, \{x_3\},$ $\{x_4, x_{10}\}, \{x_5, x_8\},$ $\{x_6\}, \{x_7\}, \{x_9\}$	$\{x_1, x_6, x_9\},$ $\{x_2, x_3\}, \{x_4, x_{10}\},$ $\{x_5, x_8\}, \{x_7\}$	$\{x_1, x_2, x_3, x_4, x_6, x_9, x_{10}\},$ $\{x_5, x_8\}, \{x_7\}$
$\omega = (0.25, 0.25, 0.25, 0.25)$	$\{x_1\}, \{x_2\}, \{x_3\},$ $\{x_4\}, \{x_5, x_8\},$ $\{x_6, x_9\}, \{x_7\}, \{x_{10}\}$	$\{x_1, x_3, x_6, x_9\},$ $\{x_2\}, \{x_4, x_{10}\},$ $\{x_5, x_8\}, \{x_7\}$	$\{x_1, x_2, x_3, x_4, x_5, x_6,$ $x_8, x_9, x_{10}\}, \{x_7\}$

通过表 5-2 可以看出，λ 取值相同，个性偏好不同时，分类结果也不同。分类结果能体现个性偏好，以满足不同实体的个性化需求。这样有助于服务请求实体根据自己的个性偏好，从多个能满足基本功能的服务实体中，选择自己最满意的服务对象。

现有的信任评估模型，大多都是通过计算服务实体的信任值，选择信任值高的实体进行交易。在不同应用背景下，信任值高的服务实体和自己的需求应用并不一定在同一领域内。例如，某修理自行车的服务实体 B，信任值很高，但请求实体 A 需要找的是修理汽车的服务实体。这样，虽然修理自行车的服务实体信任值高，但并不能满足服务请求实体 A 的要求，因为他们的应用背景不同。同样，即使在同一应用背景下，不同服务请求实体也具有各自的兴趣偏好。信任值高的服务实体提供的服务，并不一定能满足自己的个性化服务需求。

对同一领域内的多个服务实体，结合自己的个性偏好，进行聚类，依据分类结果，结合信任模型计算出的信任值，选择和自己个性偏好最接近且信任值高的服务实体，并进行交易，依据交易结果，进行评价，这样更客观，也更符合人类实际。

5.4 最佳阈值 λ 的确定方法及其证明

通过前面分析，不难看出，λ 不同，得到的聚类结果也不同，λ 取值越大，同一类中实体之间的相似度就越高，反之则相似度越低。因此，寻找一个合适的 λ 值非常重要。

λ 值的确定方法可以凭借主观经验，也可以采用 F 统计量方法。

设样本空间 $X = \{x_1, x_2, \cdots, x_n\}$（$n$ 为样本总数）；$x_j = \{x_{j1}, x_{j2}, \cdots, x_{jm}\}$，$x_{jk}$ 为 x_j 的第 k 个特征 $k = (1, 2, \cdots, m)$；r 为对应 λ 值的类数；n_i 为第 i 类中的样本个数；总体样本的中心向量 $\bar{x} = (\bar{x}_1, \bar{x}_2, \cdots, \bar{x}_m)$，第 i 类的聚类中心为向量 $\bar{x}^i = (\bar{x}_1^i, \bar{x}_2^i, \cdots, \bar{x}_m^i)$，$\bar{x}_k^i$ 为该类样本第 k 个特征的平均值，$\bar{x}_k^i = \dfrac{1}{n_i} \sum\limits_{j=1}^{n_i} x_{jk} \ (k = 1, 2, \cdots, m)$，$\left\| \bar{x}^i - \bar{x} \right\| = \sqrt{\sum\limits_{k=1}^{m} \left(\bar{x}_k^i - \bar{x}_k \right)^2}$ 为第 i 类的聚类中心 $\bar{x}^i$ 与总体样本的中心 $\bar{x}$ 的距离；$\left\| x_j^i - \bar{x}^i \right\| = \sqrt{\sum\limits_{k=1}^{m} \left(x_{jk}^i - \bar{x}_k^i \right)^2}$ 为第 i 类中样本 x_j^i 与中心 $\bar{x}^i$ 的距离。得到 F 统计量公式：

$$F = \frac{\dfrac{\sum\limits_{i=1}^{r} n_i \left\| \bar{x}^i - \bar{x} \right\|^2}{r - 1}}{\dfrac{\sum\limits_{i=1}^{r} \sum\limits_{j=1}^{n_i} \left\| x_j^i - \bar{x}^i \right\|^2}{n - r}} \tag{5-3}$$

证明　假定 x_1^i，x_2^i，$\cdots$，$x_{n_i}^i$ $(i = 1, 2, \cdots, r)$ 为来自 m 元正态总体 $N_m(\mu_i, V)$ $(i = 1, 2, \cdots, r)$ 的随机样本，其中 r 个总体的样本相互独立，每类中样本个数分别为 $n_1, n_2, \cdots, n_r$，各个总体的均值记为 $\mu_1, \mu_2, \cdots, \mu_r$。

据题意假设检验如下。

（1）H_0：$\mu_1 = \mu_2 = \cdots = \mu_r$。

（2）H_1：$\mu_1, \mu_2, \cdots, \mu_r$ 不等。

单因子多元方差分析的效应固定模型为

$$X_{ij} = \mu + \delta_i + \varepsilon_{ij}, i, j = 1, 2, \cdots, r$$

式中，$\varepsilon_{ij} \sim N_m(0, V)$ 且各个 ε_{ij} 相互独立，参数向量

$$\mu = \frac{1}{n} \sum_{j=1}^{r} n_j \mu_j, \qquad \sum_{j=1}^{r} n_j \delta_j = 0$$

讨论这 r 个总体的均值向量是否相等，要检验

$$H_0: \ \mu_1 = \mu_2 = \cdots = \mu_r \ \Leftrightarrow \ H_0: \delta_1 = \delta_2 = \cdots = \delta_r = 0$$

类比单因子一元方差分析的检验方法可知，总的离差矩阵为

$$\sum_{i=1}^{r}\sum_{j=1}^{n_i}\left(x_j^i-\overline{x}\right)\left(x_j^i-\overline{x}\right)' = \sum_{i=1}^{r}\sum_{j=1}^{n_i}\left(x_j^i-\overline{x}^i+\overline{x}^i-\overline{x}\right)\left(x_j^i-\overline{x}^i+\overline{x}^i-\overline{x}\right)'$$

$$= \sum_{i=1}^{r}\sum_{j=1}^{n_i}\left(\overline{x}^i-\overline{x}\right)\left(\overline{x}^i-\overline{x}\right)' + \sum_{i=1}^{r}\sum_{j=1}^{n_i}\left(x_j^i-\overline{x}^i\right)\left(x_j^i-\overline{x}^i\right)'$$

$$= \sum_{i=1}^{r}n_i\left(\overline{x}^i-\overline{x}\right)\left(\overline{x}^i-\overline{x}\right)' + \sum_{i=1}^{r}\sum_{j=1}^{n_i}\left(x_j^i-\overline{x}^i\right)\left(x_j^i-\overline{x}^i\right)'$$

令组间平方和为

$$B = \sum_{i=1}^{r}n_i\left(\overline{x}^i-\overline{x}\right)\left(\overline{x}^i-\overline{x}\right)'$$

组内平方和为

$$W = \sum_{i=1}^{r}\sum_{j=1}^{n_i}\left(x_j^i-\overline{x}^i\right)\left(x_j^i-\overline{x}^i\right)'$$

类似于一元统计量 F 的构造方法，$\dfrac{\text{“组间差”}/\text{自由度}}{\text{“组内差”}/\text{自由度}}$，在行列式的意义下可得

$$F = \frac{\displaystyle\sum_{i=1}^{r}n_i\frac{\left\|\overline{x}^i-\overline{x}\right\|^2}{r-1}}{\displaystyle\sum_{i=1}^{r}\sum_{j=1}^{n_i}\frac{\left\|x_j^i-\overline{x}^i\right\|^2}{n-r}}$$

F 统计量值越大，反映 $\mu_1,\mu_2,\cdots,\mu_r$ 不等的程度越大，说明分类越合理。证毕。

实例：某网站 10 个卖家相关属性初始数据如表 5-3 所示。

表 5-3　某网站 10 个卖家相关属性初始数据

卖家	价格	商品质量	服务态度	发货速度
x_1	4.4	4.4	4.6	4.5
x_2	4.8	4.3	4.2	4.1
x_3	4.2	4.6	4.8	4.9
x_4	5.0	4.8	4.2	4.3
x_5	3.9	4.2	4.8	4.5
x_6	4.6	4.8	4.6	4.0
x_7	4.0	3.9	4.1	4.5
x_8	4.3	4.1	4.7	4.8
x_9	4.9	4.7	4.7	4.6
x_{10}	5.0	4.9	3.8	4.0

采用极差方法生成标准化矩阵，用最大最小法得到相似矩阵，用平方法求传递

闭包，取不同 λ 值得到与之对应的分类结果如表 5-4 所示。

表 5-4　不同阈值 λ 值对应的分类结果表

阈值	类数	分类
0.430	1	{1, 2, 3, 4, 5, 6, 7, 8, 9, 10}
0.440	2	{1, 2, 3, 4, 5, 6, 8, 9, 10}, {7}
0.657	3	{1, 3, 4, 5, 6, 8, 9, 10}, {2}, {7}
0.661	4	{1, 3, 4, 6, 8, 9, 10}, {2}, {5}, {7}
0.680	5	{1, 3, 4, 8, 9, 10}, {2}, {5}, {6}, {7}
0.697	6	{1, 3, 4, 8, 9}, {2}, {5}, {6}, {7}, {10}
0.701	7	{1, 4, 9}, {3, 8}, {2}, {5}, {6}, {7}, {10}
0.705	8	{1, 9}, {3, 8}, {2}, {4}, {5}, {6}, {7}, {10}
0.72	9	{3, 8}, {1}, {2}, {4}, {5}, {6}, {7}, {9}, {10}
0.74	10	{1}, {2}, {3}, {4}, {5}, {6}, {7}, {8}, {9}, {10}

根据 F 统计量公式，计算不同分类结果对应的 F 统计量值如表 5-5 所示。

表 5-5　不同分类结果对应的 F 统计量值

类数	F 统计量	类数	F 统计量
1	—	6	2.014286
2	0.764566	7	3.075618
3	1.147179	8	3.759813
4	1.345638	9	3.920536
5	1.087173	10	—

根据 F 统计量可以找到最佳分类的阈值 λ 为 0.72，最佳分类为 9 类。F 统计量中 F 值越大，说明类与类之间差异越显著，说明分类越合理。

5.5　本章小结

网络资源的丰富性、开放性和共享性使得人人可以在互联网上索取和存放信息，造成网络资源的多样性与海量性。资源的多样性以及用户个人的兴趣偏好等主观因素，使得用户在选择时往往不能找到所期望的服务。根据实体兴趣偏好，综合考虑各属性和特征，通过定义服务请求者的个性偏好及服务属性，提出并证明了基于个性偏好的模糊聚类方法，对服务资源进行必要的数据挖掘，实现了对资源按兴趣偏好进行分类，以满足不同用户请求资源的个性偏好。

由于 λ 取值不同，得到的聚类结果也不同，λ 取值越大，同一类中实体之间的相似度就越高，为了寻找一个合适的 λ 值，提出并证明了一种最佳的 λ 值获取方法——F 统计量方法。

参 考 文 献

[1] Theodoridis S. Pattern Recognition. 2nd ed. Amsterdam: Elsevier, 2003.

[2] Tamura S, Higuchi S, Tanaka K. Pattern classification based on fuzzy relation. IEEE Transactions on Systems Man and Cybernetics, 1971, 1: 61-66.

[3] Bezdek J C. Cluster validity with fuzzy sets. Journal of Cybernetics, 1974, 3: 58-73.

[4] 王秋萍, 张道宏. 从 Warshall 算法到求模糊矩阵传递闭包的一个简捷算法. 西安理工大学学报, 2006, 22(3): 274-277.

[5] Kehagias A, Kstantinidou M. L-fuzzy valued inclusion measure, L-fuzzy distance. Fuzzy Sets and Systems, 2003, 136: 313-332.

[6] 曲福恒. 模糊聚类算法及应用. 北京：国防工业出版社, 2011.

[7] Tsao E C K, Bezdek J C, Pal N R. Fuzzy Kohonen clustering networks. Pattern Recognition, 1994, 27(5): 1035-1043.

[8] 李士勇. 工程模糊数学及应用. 哈尔滨: 哈尔滨工业大学出版社, 2004.

[9] Xu R, Wunsch II D. Survey of clustering algorithms. IEEE Transactions on Neural Networks, 2005, 16(3): 645-647.

[10] Masulli F, Rovetta S. Soft transition from probabilistic to possibilistic fuzzy clustering. IEEE Transactions on Fuzzy Systems, 2006, 14(4): 516-527.

[11] Pakhira M K, Bandyopadhyay S, Maulik U. Validity index for crisp and fuzzy clusters. Pattern Recognition, 2004, 37(3): 487-501.

[12] Yoon J W, Cho S B. An efficient genetic algorithm with fuzzy C-means clustering for traveling salesman problem. Proceedings of the 2011 IEEE Congress on Evolutionary Computation, New Orleans, 2011: 1452-1456.

[13] 冯梅. 基于模糊聚类分析的教师课堂数学质量评价. 数学的实践与认识, 2008, 38(2): 12-15.

[14] 王红兵, 孙文龙, 王华兰. Web 服务选择中偏好不确定问题的研究. 计算机学报, 2013, 36(2): 275-285.

[15] 周宁, 谢俊元. 基于定性多用户偏好的 Web 服务选择. 电子学报, 2011, 39(4): 729-735.

[16] 林闯, 胡杰, 孔祥震. 用户体验质量(QoE)的模型与评价方法综述. 计算机学报, 2012, 35(1): 1-15.

第6章 云计算环境下基于信任和个性偏好的服务选择模型

为了从大量的功能相同或相近的服务资源中，选择一个既可信又能满足个性偏好的服务，本书以基于 Agent 和信任域的层次化信任管理框架为平台，利用基于个性偏好的模糊聚类方法，提出一种基于信任和个性偏好的服务选择模型。为确定和服务请求者个性偏好最接近的分类，提出一种服务选择算法。引入信任评估机制，结合直接信任和域推荐信任，使请求者在确定的分类中，选择一个既安全可信又能满足其个性偏好的服务资源。交易结束后，根据服务满意度，对本次服务进行评判，并进行信任更新。

6.1 概　　述

云计算是将网络中的计算资源、存储资源、软件资源等封装转化为服务，形成规模巨大的共享虚拟"资源池"[1]，为网络用户提供计算、数据存储、软件以及平台等服务的一种计算模式，体现了"网络就是计算机"这一思想，能为云用户提供"招之即来、挥之即去"且"用之不尽"的服务。

在云计算环境下，用户通过网络从云计算中心获得所需服务并支付相应的费用给云计算服务提供商，不需要再购买相应的基础设施和计算机软硬件资源，可有效地减少管理与维护成本，使其更专注于自身的核心业务发展。

由于云计算的发展理念符合当前低碳和绿色计算的发展趋势，具有巨大的市场发展前景，并极可能发展成为未来网络空间的神经系统，所以，受到学术界、产业界和政府等各界的广泛关注，并迅速成为当前信息领域的研究热点之一。

云计算面临的挑战主要有安全性、数据与应用的互操作性、数据与应用的便携性，此外还有集成、管理、计量与监控等问题。其中，安全性是最重要的，安全性是云计算能否大规模推广的主要瓶颈[2]。

云计算的主要特征包括：按需服务、效用付费、网络共享的存储与计算资源池、迅速弹性化部署和泛网络访问等[3]。云计算具有动态性、不确定性、分布性和开放性等特点，使得云服务面临信息的泄密、劫持、篡改或丢失，服务的滥用、恶用，恶意实体提供虚假服务等威胁。这些安全威胁，既有外部安全问题，又有来自于系统内部的安全问题。

在云计算中，服务请求者期望得到高质量的服务，不受恶意或虚假服务的破坏；服务提供商也期望服务请求者能诚实交易，不因恶意交易而破坏自己的资源。以前传统的安全技术如访问控制、公钥证书等主要针对来自系统外部的威胁[4,5]。对来自系统内部的威胁，虽然身份认证技术可以保证对实体身份的信任，但这种信任是静止的，无法防范动态环境下实体的恶意或欺诈行为。因此，随着云计算的发展，由欺诈行为驱动的"黑云"发展迅速，导致云计算资源的拥有者、服务提供商与服务请求者之间出现信任危机，并成为阻碍云计算发展成为主流服务平台的主要原因之一[6]。另外，随着用户对网络应用需求的不断发展，面对众多的功能相同或相近，但服务质量不同的资源，在满足其基本功能需求的基础上，个性化需求变得越来越重要。在云计算环境下，如何根据用户的请求，从海量的服务中找到一个既可信又能满足个性偏好的服务资源，已成为云计算中的重要研究内容之一。

6.2 相 关 工 作

云计算是一个开放的、动态的、服务资源丰富的分布式系统，用户要想使用系统中的服务资源，需要发现服务、了解服务的基本情况后，才能进行任务分配与使用。因此服务发现和选择是云计算中非常重要的两个环节。

服务发现指的是在云计算平台中，根据服务请求者对请求服务的描述信息，寻求满足请求者需求的服务的过程。通过服务发现，请求者期望得到一个可用的服务列表 $S_{\text{available}}$。

服务发现可采用的方法有：集中式服务发现机制、分布式泛洪机制和分布式哈希表实现服务发现机制等[7]几种。

（1）集中式服务发现机制。在集中式服务发现机制中，有一个中心节点，该节点负责记录所有可用的服务信息，包括服务类别、服务资源所在位置、服务描述等。当有服务请求时，服务请求者向该中心节点发送请求信息，中心节点根据请求信息，查询目录索引，再将结果返回给服务请求者。其典型代表应用有 Napster[8]。

集中式服务发现机制最大的优点是目录索引和定位信息结构简单，容易实现。缺点是中心节点成为系统瓶颈，可扩展性差、可靠性和安全性较低。随着服务资源数量的增多，其可靠性和安全性降低，维护成本增加。

（2）分布式泛洪机制。泛洪查询方式最早应用于 P2P 网络。这种模型无中心节点，每个用户随机地接入网络。对等实体间的查询直接通过相邻的节点广播接力传递。其特点是可以短时间内将查询信息快速地发送到尽可能多的邻居节点，可有效地保证查询的深度和广度，典型代表是 Gnutella[8,9]。优点是可扩展和可靠性好；缺点是信息搜索具有一定的盲目性，导致网络负载大，信息收敛速度慢。

（3）分布式哈希表实现服务发现机制。首先将网络中的每个实体分配一个唯一标识（NodeID），设置一个可表述其提供服务内容的 Key，用哈希函数对 Key 进行哈希运算，得到一个哈希值。发布时，把（NodeID、Key）发布到和 H（Key）相邻的实体上。服务搜索时，可以根据 H（Key）相近的节点快速定位资源。其典型代表有 Chord[10]的环形结构，以 CAN（Content Addressable Network）[11]为代码的 D 维空间结构等。优点是查询速度快，管理简单。缺点是查询受约于 Key，不支持模糊查询。

本书侧重点在服务选择，关于服务发现，不做深入讨论。

服务选择：从服务发现得到的 $S_{available}$ 列表中，依据一定的策略，选择合适的服务对象的过程。

云计算平台和网格环境具有相似性，网格环境下的服务选择算法，云计算平台下也可以借鉴。网格系统中常见的服务选择算法[12]有以下几种。

（1）最先策略：服务请求实体发出服务请求信息后，先响应的实体即作为其服务提供实体。优点是实现简单，响应速度快；缺点是无法保证该实体的安全性，也不能确定该实体能否满足服务请求者的个性偏好。

（2）随机策略：从服务发现得到的 $S_{available}$ 列表中，随机地选择一个服务实体作为其服务提供者。该方法的优点是实现简单，可有效地解决整个系统的负载均衡问题。缺点也是无法保证该实体的安全性，也不能确定该实体能否满足服务请求者的个性偏好。

上述两种策略，都不是最优的选择方法，由于云计算平台的开放性、分布性、动态性及复杂性，通过服务发现得到的服务列表 $S_{available}$，不能确定其中所有的服务都是安全可信的，也不能确定列表中的服务资源都能满足请求者的个性偏好。

为解决云计算环境下实体间存在的欺诈和不合作行为，激励服务双方提供真实可信的服务，提高系统的整体可用性与性能，构建一个"可信"的交易环境，人们把信任评估引入云计算平台[5,13-19]，来解决系统中存在的安全和可靠性问题。

文献[17]针对云计算环境中服务供应商的可信度参差不齐，导致请求者很难获得高质量的服务问题，提出了一种基于信任生成树的可信服务演化机制，使得虚假和恶意服务经演化后能排除在系统之外。文献[18]针对云计算环境下存在的信任问题，提出了一种基于双层激励和欺骗检测的信任模型。通过引入一组云计算服务属性评价指标，建立了对服务提供商服务行为和用户评价的双层激励机制。文献[19]将网格划分为逻辑上的管理域，每个域中设置一个或多个 Agent，负责域内信任关系的管理与存储。实体间的信任关系分为域内和域间信任关系。这种方式可以有效地降低信任值的搜索范围。文献[20]针对云计算的动态性和开放性，导致频频出现恶意攻击，为了保障云计算的安全，提出了一个云计算环境下基于信任的防御系统模型。为了使行为信任评估更科学、精确，引入模糊层次分析法实现了行为信任的量化评估。文献[21]提出了基于概率密度信任关系的计算、推理及合并的演化方法，并给出了依据信任推理与 QoS（Quality of Service）修正的服务评价算法。

另外，以 Web2.0 模式为主的互联网应用是目前云计算的主要服务对象[22]。当前其代表性特征是很多应用都是用户自由上传产生的。例如，YouTube 视频共享系统，每天都有几十万部视频上传到数据中心，用户可以根据自己的个性偏好随意搜索、点播或共享这些资源[23]。随着这类应用的迅猛发展，请求者对所请求的服务，都有其个性化的需求偏好[24]。例如，对某视频的服务请求，用户 A 希望获得高清晰度的在线视频而宁愿等待较长的缓冲时间，而用户 B 为了实时性，则选择清晰度低的视频。因此，云计算环境下，如何设计相应的算法，满足不同用户的个性偏好请求，具有一定的意义。

由于云计算平台中服务众多，且高度动态化，如果按单个实体逐个进行信任评估，则系统计算、通信、存储等开销太大。Foster 等[25]提出可用自治域的方式进行管理，也正和本书前面提到的基于 Agent 和信任域的层次化信任管理框架相吻合。

本书以基于 Agent 与信任域的层次化信任管理框架为平台，引入服务属性的概念，通过模糊聚类技术，提出了一种云计算环境下基于信任和个性偏好的服务选择模型，实现对服务按个性偏好进行分类。给出了一种服务选择算法，用以确定和服务请求者个性偏好最接近的分类。引入信任评估机制，结合直接信任和域推荐信任，在确定的分类上选择既安全可信又能满足个性偏好的实体进行交易。交易结束后，根据服务满意度，对本次服务进行评判，并进行信任更新，作为今后交互的评判依据。

6.3　服务选择模型

6.3.1　相关定义

定义 6-1　实体：在云计算环境下，将具有自主行为能力的主体定义为实体。令 $X = \{x_1, x_2, \cdots, x_N\}$，其中 $x_1, x_2, \cdots, x_N$ 表示云计算环境下的 N 个实体。在交互过程中，由于交易角色的不同，云计算环境下的实体可以分为：服务请求实体（service request entity）和服务提供实体（service providing entity），分别用 x_r 和 x_p 表示。某个实体在不同时刻既可以是服务请求实体也可以是服务提供实体。但由于云计算环境下服务的特殊性，大多数情况下，就某一实体而言，其身份是固定的。

在本书中，服务请求实体和服务提供实体在交易前相互间进行信任评估，以决定是否选择对方作为交易对象，交易结束后，在更新自己直接信任值的同时，向自己的 Domain Agent 提交本次交易的满意度评价。由于两者在服务选择时，操作类似，所以在本书后面的描述中，没有特殊说明时，服务请求实体和服务提供实体统称为实体。

定义 6-2　服务属性：定义为影响服务质量的各要素集合。例如，云计算环境下服务的价格、服务完成时间、服务的通信性能、服务的易用性、服务的安全性、服务的稳定性等。用 $ATTR = \{attr_1, attr_2, \cdots, attr_M\}$ 表示，其中 $attr_k\ (1 \leqslant k \leqslant M)$ 表示实体的第 k 种属性。对应不同的服务，其服务属性可能不同。

定义 6-3　个性偏好：定义为服务请求实体对服务中各属性的一种主观意愿，用 ω 表示。$\omega = (\omega_1, \omega_2, \cdots, \omega_M)$，其中 $\omega_k (0 \leqslant \omega_k \leqslant 1, 1 \leqslant k \leqslant M)$ 表示服务请求实体对第 k 个属性的偏好程度，且满足：$\displaystyle\sum_{k=1}^{M} \omega_k = 1$。

定义 6-4　信任是一种建立在已有知识上的主观判断，基于某个时间戳，服务请求者 x_i 根据所处的环境，对服务提供者 x_j 能够按照 x_i 的意愿提供特定服务的度量。

定义 6-5　直接信任：云计算环境下，实体间通过直接交易得到的信任评估值，称为直接信任。

定义 6-6　信任域：按照应用背景和目的，将云计算环境下的实体聚集为逻辑上一种信任管理组织，称为信任域。

6.3.2　服务选择系统框架

服务选择框架，采用的是第 3 章提出的基于 Agent 与信任域的层次化信任管理框架，如图 6-1 所示。

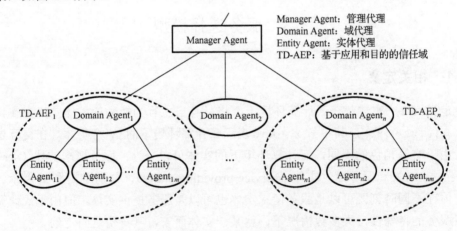

图 6-1　基于 Agent 与信任域的层次化信任管理框架

采用该框架有以下优势。

（1）随着云计算环境下服务数量的增加，系统变得越来越难以管理，并且完全分布式管理开销过大。以信任域为单位，采用分布式和集中式结合的层次化管理结构，可有效地降低管理的复杂性。

（2）从人类社会人与人之间交往经验得到启发，在云计算环境下，大多数实体间的交易都在某个范围内实施。本书将云计算环境下的实体，按应用背景和目的，构建为不同的信任域，将实体间的交往最大限度地限定在本域范围内，可有效地降低服务搜索成本。

（3）在云计算环境下，根据交易角色的不同，可分为服务请求实体和服务提供实体，由于云计算服务系统的特殊性，大多数情况下，其身份固定。这将导致同身份实体间（服务请求实体之间或服务提供实体之间）联系很少，且服务请求实体的在线时间难以保证，这就导致实体难以找到合适的推荐者。在上述框架下，由 Domain Agent 统一管理域内实体信任值，便于形成推荐信任值。同时，由于 Domain Agent 能够得到域内所有实体的交易反馈，所以对实体做出的信任度评估更准确。

（4）每个信任域相当于一个自治域，因此，Domain Agent 可对域内实体实施有效的管理，例如，为了防止恶意实体，当信任值低于一定阈值后，重新注册身份，可将注册实体的 ID 与其真实身份挂钩。

（5）英国人类学家罗宾·邓巴提出了 150 定律（即著名的邓巴数字），人类拥有稳定社会交往的人数是 148 人，四舍五入是 150 人。把人群控制在 150 以下已成为管理人群的一个最佳和最有效的方式。例如，中国移动的"动感地带"SIM（Subscriber Identification Module）卡一般只能保存 150 个手机号，MSN（Microsoft Service Network）只能是一个 MSN 对应 150 个联系人，Facebook 社区用户的平均好友人数是 120 人。云计算环境下实体间的联系，很大情况下受制于人的控制，因此也具有类似属性。在信任域管理方式下，通过设定域内实体的最大数量限制，采用"优胜劣汰"（按信任值高低）机制进行管理，既可提高模糊聚类的效率，又符合人类特性。

6.3.3　交易流程

交易流程如图 6-2 所示。

（1）服务请求实体 x_r 欲获得某种服务，首先向 Domain Agent 提出服务请求。

（2）Domain Agent 接到请求后，在域内查询满足其基本功能实体的同时，向 Manager Agent 发出协查请求，由 Manager Agent 向其他域发出协查请求，为了避免得到的服务实体过多，可采用限制策略，例如，只允许其他域推荐一定数量并且满足一定条件的实体（如能满足基本功能需求且信任值最高的实体）。综合后得到一个服务列表 $S_{available}$，内容包括各实体的 ID、所属域 ID、服务属性值、域内信任值、域信任值（非本域实体）。

（3）服务请求实体 x_r 选择服务方式，即对服务列表 $S_{available}$ 中的服务实体是先按个性偏好聚类还是先计算信任值。

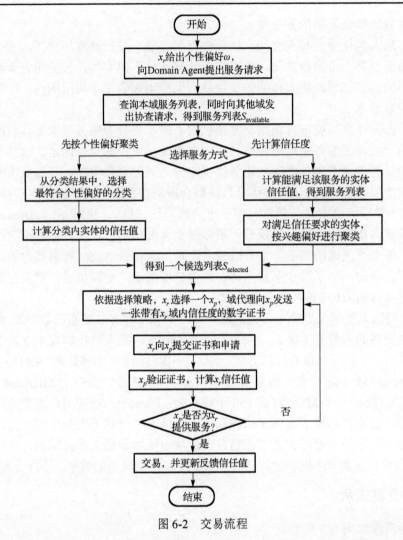

图 6-2　交易流程

（4）选择先按个性偏好聚类，依据 λ 值得到一个分类结果（如果分类结果不理想，可适当调整 λ 值），选择一个和个性偏好最接近的分类，计算该分类中所有实体的信任值。如果选先计算信任值，则给定一个信任阈值，选择大于该阈值的实体，并按个性偏好聚类。最终得到一个 S_{selected}　（$S_{\text{selected}} \subseteq S_{\text{available}}$）作为候选列表。

（5）服务请求实体 x_r 依据一定策略，在 S_{selected} 中选择一个服务提供实体 x_p，向 Domain Agent 发出申请服务请求，Domain Agent 则向选中的服务提供实体 x_p 颁发一张带有服务请求实体域内信任度的数字证书。

（6）服务请求实体 x_r 向选中的服务提供实体 x_p 提交 Domain Agent 颁发的证书，并提出服务申请。

（7）服务提供实体 x_p 验证证书及申请实体的身份，根据自己对服务请求实体 x_r 的直接信任和 x_r 的域内信任（域间的用 x_r 的域信任值代替）计算其信任值，决定是否为其提供服务。

（8）如果服务提供实体 x_p 同意提供服务，交易结束后，服务提供者 x_p 和服务请求者 x_r 结合自己的服务满意度，更新各自的信任值，并将交易结果反馈给 Domain Agent，Domain Agent 则根据两者反馈，分别更新他们的域内信任值。服务提供实体 x_p 和服务请求实体 x_r 不在同一域内，则根据各自反馈，更新相互间的域信任值。

（9）如果服务提供实体 x_p 不同意交易，则服务请求实体 x_r 需从 S_{selected} 列表中再选择一个服务实体，并重复执行步骤（6）～（8）。

6.4　模型中的相关计算方法

6.4.1　初始信任值

对于新加入域的实体，可根据具体应用环境选择恰当的初始信任值。方法有以下几种。

（1）对于新注册加入系统的实体，可根据安全需求统一设定为[0,1]之间某个值，一般设为 0.5。

（2）实体 $x_i \in$ Domain Agent$_p$ 所辖域，想加入 Domain Agent$_q$ 所管理的信任域。提出加入申请后，Domain Agent$_q$ 综合 Domain Agent$_p$ 的信任值及 x_i 在 Domain Agent$_p$ 的域内信任值，得到 x_i 在 Domain Agent$_q$ 域的初始信任值。

（3）根据实体自身某些安全属性（如角色信息等），通过函数转换为初始信任值。

接下来，实体的信任值根据交易情况动态更新，影响信任值大小的因素有交易金额、交易时间、交易次数等多种因素。本书为了简化实验，将新加入域的实体的信任初值设为 0.5。

6.4.2　基于个性偏好的服务聚类

通过前面分析可知，通过 Domain Agent，得到一个能满足基本功能需求的服务列表 $S_{\text{available}}$。根据最大最小法：

$$r_{ij}^k = \frac{\min(x_{ik}, x_{jk})}{\max(x_{ik}, x_{jk})} \tag{6-1}$$

对各服务属性分别建立模糊相似矩阵 $R^k = (r_{ij}^k)_{N \times N}$，其中 $i \geqslant 1, j \leqslant N, 1 \leqslant k \leqslant M$。

利用得到的各服务属性的模糊相似矩阵，结合个性偏好，通过下面公式，构建描述各属性特征矩阵 R。通过前面证明，矩阵 R 为模糊相似矩阵。

$$R = (r_{ij})_{N \times N} = \sum_{k=1}^{M} \omega_k \times R^k = \sum_{k=1}^{M} \omega_k \times r_{ij}^k \qquad (6\text{-}2)$$

采用传递闭包法对矩阵 R 进行聚类，并确定一个合适的 $\lambda \in [0,1]$ 值，得到分类结果。λ 值的确定，可以采用主观经验或第 5 章提到的 F 统计量方法。

6.4.3　基于个性偏好的分类选择策略

服务按个性偏好进行了分类，下一步要做的工作是从分类结果中，确定一个和服务请求者个性偏好最接近的分类，并从中选择一个或多个服务对象。本书利用式（6-3），采用平均服务质量进行评判。第 k 个分类 C_k 所对应的服务质量用 $\overline{\text{AVG}(C_k)}$ 表示：

$$\overline{\text{AVG}(C_k)} = \frac{1}{n} \sum_{i=1}^{n} \sum_{j=1}^{m} \omega_j x_{ij} \qquad (6\text{-}3)$$

式中，n 表示按个性偏好聚类后，第 k 个分类的 C_k 中服务数量；ω_j 表示服务请求者对第 j 个服务属性的个性偏好值；$x_{ij} \in C_k$，表示第 k 个分类中，第 i 个服务的第 j 个服务属性的服务质量。

$\overline{\text{AVG}(C_k)}$ 的值越大，表明该分类和服务请求者的个性偏好越接近。

6.4.4　服务满意度

由于信任具有很强的主观性，并且信任受多属性或特征影响，适合采用模糊数学的综合评判方法进行推理。在每次交易结束后，结合服务属性，利用模糊综合评判算法，评判本次交易的服务满意度，用 S_k 表示，其中 k 表示为第 k 次交易。过程如下。

（1）确定评价实体的因素集。用 $\text{ATTR} = \{\text{attr}_1, \text{attr}_2, \cdots, \text{attr}_n\}$ 表示，其中 attr_i 表示影响服务质量的第 i 个属性。

（2）确定评判集，用 $V = \{v_1, v_2, \cdots, v_m\}$ 表示，对任一服务属性，可用多个模糊子集合表示。例如，可将模糊子集分为"不信任"子集、"临界信任"子集、"信任"子集、"完全信任"子集，分别定义如下：

① $v_1(0 \leqslant R < T_1)$ 表示"不信任"；

② $v_2(T_1 \leqslant R < T_2)$ 表示"临界信任"；

③ $v_3(T_2 \leqslant R < T_3)$ 表示"信任"；

④ $v_4(T_3 \leqslant R \leqslant 1)$ 表示"完全信任"。

其中，$0 \leqslant T_1 \leqslant T_2 \leqslant T_3 \leqslant 1$，$T_1$、$T_2$、$T_3$ 的取值可根据系统的严格程度定义。

（3）对各服务属性进行单因素评价，得到隶属度向量 $r_i = (r_{i1}, r_{i2}, \cdots, r_{im})$，形成隶

属度矩阵 $R = \begin{bmatrix} r_{11} & r_{12} & \cdots & r_{1m} \\ r_{21} & r_{22} & \cdots & r_{2m} \\ \vdots & \vdots & & \vdots \\ r_{n1} & r_{n2} & \cdots & r_{nm} \end{bmatrix}$。

（4）根据实体的个人偏好，确定各属性权重向量，用 $W = \{\omega_1, \omega_2, \cdots, \omega_n\}$ 表示，其中 ω_i 表示第 $i(1 \leqslant i \leqslant n)$ 个服务属性 attr_i 的权重因子，且满足：$0 \leqslant \omega_i \leqslant 1$，$\sum_{i=1}^{n} \omega_i = 1$。

（5）计算综合隶属度，$B = W \circ R$，其中，"$\circ$"为模糊合成算子，得到服务满意度。

（6）由于服务满意度为一个模糊评价值，需要将模糊值变换成精确值，本书采用加权平均法，得到第 k 次综合评判信任值 S_k。

6.4.5　信任的时间衰减性

信任具有时间性，距离本次交易时间越近的交易评价，对当前信任评估影响越大，反之则越小。

本书将实体间的交易时间用时间轴表示，确定对应的时间周期长度 T，始终保持当前交易时间 t 值最大。当前交易时间距离第 k 次交易时间 t_k 的表示为 $(t - t_k) / T$。

常用的时间衰减函数有以下几种。

（1）指数衰减函数为

$$f(t, t_k) = \mathrm{e}^{\frac{(t - t_k)}{T}}$$

式中，t 为当前交易时刻；t_k 为第 k 次交易的时刻。表 6-1 为指数时间衰减函数。

表 6-1　指数时间衰减函数

t	10	10	10	10	10	10	10	10	10	10
t_k	10	9	8	7	6	5	4	3	2	1
$f(t_k)$	1.00	0.90	0.82	0.74	0.67	0.61	0.55	0.50	0.45	0.41

（2）线性衰减函数为

$$f(t, t_k) = 1 - \frac{\alpha \times (t - t_k)}{t}$$

式中，t 为本次交易时刻；t_k 为第 k 次交易的时刻；$\alpha(0 \leqslant \alpha \leqslant 1)$ 为时间速度调节因子，其值越小，信任值衰减速度越慢，反之，信任值衰减速度越快。表 6-2 为线性时间衰减函数。

表 6-2　线性时间衰减函数

t	10	10	10	10	10	10	10	10	10	10
t_k	10	9	8	7	6	5	4	3	2	1
$\alpha=0.9$ 时，$f(t_k)$	1.00	0.91	0.82	0.73	0.64	0.55	0.46	0.37	0.28	0.19
$\alpha=0.7$ 时，$f(t_k)$	1.00	0.93	0.86	0.79	0.72	0.65	0.58	0.51	0.44	0.37

6.4.6　直接信任度

如果实体 x_i 与实体 x_j 共进行了 n 次交易，第 k 次交易完成后，结合本次交易的服务满意度评价、交易金额、交易时间等因素，利用下面公式计算得到第 k 次交易后的直接信任值。

$$T_d(x_i,x_j)=\begin{cases}0.5, & n=0 \\ \alpha\times\dfrac{\sum\limits_{k=1}^{n}f(t_k)\times q(m_k)\times S_k}{n}, & n>0\end{cases}\qquad(6\text{-}4)$$

式中，$\alpha=\sqrt{m/(n+1)}$ $(n\geqslant m>0)$ 是交易次数调节函数，用来调节交易次数对评价值的影响，实体 x_i 与实体 x_j 之间交易次数越多，说明实体 x_i 对实体 x_j 越信任；m 表示成功交易次数（本书定义交易满意度 $S_k\geqslant\tau$，表示本次交易成功，该值可以根据实际情况定义）；n 表示实体 x_i 与实体 x_j 总的交易次数。$f(t_k)=\mathrm{e}^{-(t-t_k)/T}$ 是时间衰减函数，表明信任具有时间衰减性。其中，t 为当前交易时刻，t_k 为第 k 次交易时刻，距离本次交易时刻越近的交易做出的评价对可信度的影响越大。为了防止恶意实体通过小额交易获取高信任值后，再进行大额交易诈骗，通过交易金额函数 $q(m_k)=\mathrm{e}^{-1/m_k}$ $(m_k>0)$ 来调节本次交易信任值的大小。其中 m_k 是表示第 k 次的交易金额，体现交易额度越大，对信任值的影响也越大的思想。

6.4.7　持续因子

本书引入最近持续真实可信服务次数 n 和持续因子 $f(n)$，在激励实体持续提供真实可信服务的同时，能及时地对恶意实体的欺诈行为做出响应和惩罚。持续因子 $f(n)$ 定义为

$$f(n)=\frac{1}{1+\mathrm{e}^{-n+\alpha}}\qquad(6\text{-}5)$$

式中，n 为最近持续真实可信服务次数；α 是用于控制持续因子增长速度的参数，当节点的最近持续真实服务次数小于 α 时，其持续因子上升的较慢，越接近 α，持续因子上升越快，最后到达一个平稳状态，如图 6-3 所示。这样为了保持较高的持续因子系数，实体必须保持持续提供真实可信服务。

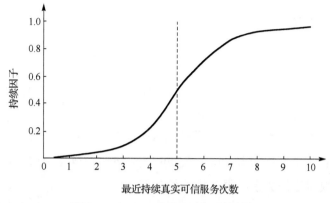

图 6-3　当 $\alpha = 5$ 时的持续因子曲线图

6.4.8　推荐信任度

根据实体间交易对象所属范围，可分为域内实体交易和域间实体交易两种。

1）域内实体交易

域内实体交易指的是即将进行交易的服务请求实体 x_i 与服务提供实体 x_j 在同一信任域 $\mathrm{TD\_AP}_d$ 内。

为了增加信任评估的可靠性，当实体 x_i 与实体 x_j 没有直接交易或直接交易次数很少时，就需要收集并综合与服务实体有过直接交易的信任评价，因此由 Domain Agent 负责更新信任值。每次交易结束后，根据服务双方的满意度，Domain Agent 负责对其进行信任值更新，其计算方法和实体间的直接信任计算方法相同。因此 Domain Agent 能准确地评估域内实体的信任值，等价于一般评估系统中的推荐信任值，可表示为

$$T_r(x_i, x_j) = T_r(\mathrm{TD\_AP}_d, x_j) \tag{6-6}$$

式中，$T_r(\mathrm{TD\_AP}_d, x_j)$ 表示实体 x_j 在自己所在域 $\mathrm{TD\_AP}_d$ 中的信任值。

2）域间实体交易

域间实体交易指的是即将进行交易的服务请求实体 x_i 与服务提供实体 x_j 分别位于不同的信任域。

Domain Agent 只保存本域内实体间的信任值，要想得到其他域中服务提供实体 x_j 的推荐信任值，可采用下面两种方法。

（1）服务请求实体 x_i 向本域的 Domain Agent 发出请求，查询同一域内和实体 x_j 有过直接交易的实体信任信息。

根据信任关系的传递性，本书假设推荐者信任度越高，其推荐信息越可信。推

荐信任值计算公式为

$$T_r(x_i,x_j) = \frac{1}{n}\sum_{k=1}^{n}T_d(x_i,x_k)\times T_d(x_k,x_j) \qquad (6\text{-}7)$$

式中，n 表示推荐实体的个数；$T_d(x_i,x_k)$ 表示实体 x_i 对实体 x_k 的直接信任值；$T_d(x_k,x_j)$ 表示实体 x_k 对实体 x_j 的直接信任值。

如果本域内实体和 x_j 没有直接交易或直接交易很少时，可采用下面的方法。

（2）实体 x_i 通过本域的 Domain Agent 向 x_j 所在的域发出请求，获得 x_j 的域内信任值。结合域间信任关系，得到推荐信任值。

$$T_r(x_i,x_j) = T_d(\text{TD\_AP}_d,\text{TD\_AP}_k)\times T_r(\text{TD\_AP}_k,x_j) \qquad (6\text{-}8)$$

式中，$T_d(\text{TD\_AP}_d,\text{TD\_AP}_k)$ 表示实体 x_i 所在信任域 TD_AP_d 对实体 x_j 所在信任域 TD_AP_k 的信任评价，该值根据两个域内实体间的直接交易得到；$T_r(\text{TD\_AP}_k,x_j)$ 表示实体 x_j 在自己域 TD_AP_k 中的信任值。

6.4.9　综合信任度

综合实体 x_i 对实体 x_j 的直接信任度和推荐信任度，引入自信因子 β，得出他们之间的综合信任度 $T(x_i,x_j)$ 为

$$T(x_i,x_j) = \beta T_d(x_i,x_j) + (1-\beta)T_r(x_i,x_j) \qquad (6\text{-}9)$$

式中，$T_d(x_i,x_j)$ 表示实体 x_i 对实体 x_j 经过直接交易得到的直接信任度；$T_r(x_i,x_j)$ 表示实体 x_i 通过其他实体的推荐获得的对实体 x_j 的信任度；β 定义为自信因子，β 值越大，表明直接信任权重越大，即实体越相信自己的直接经验，因此将自信因子 β 定义为直接交易次数的函数，使其随着交易次数的增加，其值也越来越大，即直接信任的权重也随之增大。自信因子函数定义为

$$\beta = 1 - \rho^k,\ \rho \in (0,1) \qquad (6\text{-}10)$$

式中，k 表示实体 x_i 与 x_j 直接交易次数，随着直接交易次数的增加，直接信任的权重也越来越大，表明实体越来越相信自己的直接判断。这样既可有效地抵御恶意实体的虚假推荐，又符合人类交往实际。

6.5　仿　真　实　验

为了验证本书模型的有效性，在我们课题组开发的基于 Java 的仿真平台上进行了仿真验证。

实验环境：CPU E5649 2.53GHz，4GB 内存，500GB 硬盘。

6.5.1　随交易次数的增加四类实体信任度变化情况

根据信任关系，将实体间的信任分为四类：完全可信、可信、临界可信及不可信。

定义实体的信任度为 T，各类实体的信任范围表述如下。

（1） $T_{max} \leqslant T \leqslant 1$：表示"完全可信"。完全可信表明该实体完全认知自己的服务，能根据自己的服务属性值，一直提供真实可信服务。

（2） $T_{mid} \leqslant T < T_{max}$：表示"可信"。可信实体和完全可信实体比较，对自己的服务认知稍差，即对自己的个别服务属性值认知不够，导致用户对其服务满意度稍差，但其也能一直提供真实可信服务。完全可信和可信实体，其信任值随交易次数的增加，一直呈上升趋势。

（3） $T_{min} \leqslant T < T_{mid}$：表示"临界可信"。临界可信实体提供的服务时好时坏，不稳定，并按一定比例提供欺骗服务，因此，其信任值在某个范围内呈波浪状起伏不定。

（4） $0 \leqslant T < T_{min}$：表示"不可信"。不可信表明该实体总是提供虚假的服务，其信任值随交易次数增加迅速下降，当下降到一定阈值时，被 Entity Agent 从其所辖域删除。其中，$0 \leqslant T_{min} \leqslant T_{mid} \leqslant T_{max} \leqslant 1$。

仿真实验中，服务请求实体和服务提供实体单独设定。其中，服务请求实体数目为 100 个，服务提供实体数目为 200 个。服务属性设定了四个，包括服务价格、运算速度、网络带宽、稳定性四个主要属性，每个服务属性取值范围为[10,100]。服务请求者的个性偏好 $(\omega_1, \omega_2, \omega_3, \omega_4)$ 设定取值范围为[0,1]，且 $\omega_1 + \omega_2 + \omega_3 + \omega_4 = 1$。

假设 $T_{min} = 0.3$，$T_{mid} = 0.6$，$T_{max} = 0.9$，即服务满意度在 [0.9,1] 之间为完全可信，在 (0.6,0.9) 之间为可信，在 [0.3,0.6] 之间为临界可信，在 [0,0.3) 之间表明该实体不可信。定义四类实体的比例分别为 10%,30%,30% 和 30%，且均匀分布在两个信任域中。实体间的交易既有域内的也有域间的。随着交易周期的变化，各类实体的信任值变化如图 6-4 所示。

从图 6-4 可以看出，完全可信和可信实体由于一直提供真实可信的服务，因此其信任值随交易次数的增加而呈上升趋势。临界可信实体由于提供的服务时好时坏，因此其信任值呈波浪状。而不可信实体，由于一直提供不可信服务，信任值下降很快，最终被 Entity Agent 从其信任域中删除。

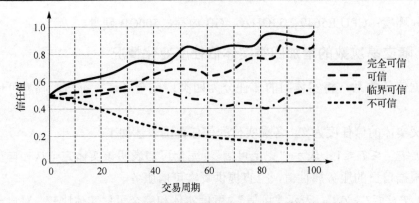

图 6-4　四种类型实体的信任值随交易次数的变化情况

6.5.2　随交易次数增加不同选择策略的平均服务满意度

为了进行比较，本书选择了三种服务选择策略：随机服务选择策略（Random Service Selection Strategy，SSS-R）、基于信任的服务选择策略（Services Selection Strategy based on Trust，SSS-T）与本章提出的基于信任和个性偏好的服务选择策略（Services Selection Strategy based on Trust and Personality Preference，SSS-TPP）。

（1）随机服务选择策略：服务请求者在能满足基本功能的服务列表中，随机选择一个服务提供者作为服务提供者。

（2）基于信任的服务选择策略：服务请求者从能满足基本功能的服务列表中，选择信任值最高的服务提供者作为服务提供者。

（3）基于信任和个性偏好的服务选择策略：从满足个性偏好的服务列表中，选择信任值高的服务提供者作为服务提供者。

仿真实验中，服务请求者和服务提供者角色单一，数量分别设定为 100 个和 200 个。服务属性值设定为 4 个。交易结束后，服务满意度在[0.75,1]之间时，表明本次交易成功；服务满意度在[0,0.75)之间时，表明本次交易失败。不考虑交易时间、交易次数、交易金额对信任的影响。基于信任的服务选择策略每次交易后，根据服务满意度情况，得到对应的信任值，该值由于没有满足服务请求者的个性偏好，导致其信任评价低，并不能真实地反映服务提供者的行为。因此，在仿真实验时，为了防止 SSS-T 和 SSS-TPP 两者互相影响，在同一环境下分别进行。

通过图 6-5 可以看出，在没有恶意实体环境下，随机服务选择策略和基于信任的服务选择策略，在选择服务对象时，由于没有考虑服务请求者的个性偏好，服务结束后，服务满意度不高，进而导致其平均服务满意度低，信任评价值也低。而基于信任和个性偏好的服务选择策略，在进行服务选择时，通过基于个性偏好的模糊聚类，选择与其个性偏好最接近的服务提供者。这样，服务结束后，服务满意度高，其信任评价也符合实体行为。

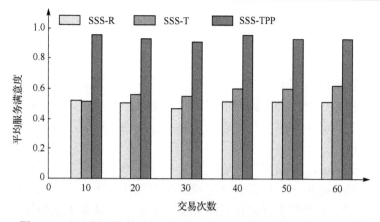

图 6-5 不同选择策略随交易次数增加时平均服务满意度变化情况

6.5.3 随恶意提供者比例增加不同选择策略的平均服务满意度

为了验证模型抵御恶意实体攻击能力，基于平均服务满意度对本模型进行了仿真。仿真时，服务请求者和服务提供者角色单一，数量分别设定为 100 个和 300 个。服务属性值设定为 4 个。交易结束后，服务满意度在[0.75,1]之间，表明本次交易成功；服务满意度在[0,0.75]之间，表明本次交易失败。考虑交易次数对信任的影响。

通过图 6-6 可以看出，当系统中没有恶意服务提供者时，基于信任和个性偏好的服务选择策略的平均服务满意度能达到 90%左右，而其他两种模型的平均服务满意度大约为 50%，和上面的仿真实验结果相同。随着恶意服务提供者所占比例的增加，三种模型的平均服务满意度都在下降，由于综合了个性偏好和信任评估，本章提出的模型当恶意服务提供者所占比例达到 50%时，其平均服务满意度还能达到 70%左右。

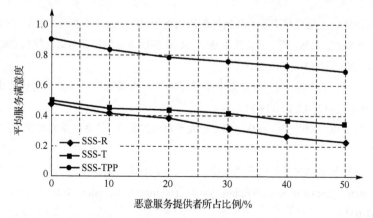

图 6-6 随恶意服务提供者比例增加不同选择策略的平均服务满意度

6.6　本章小结

随着云计算应用的不断发展，服务请求者对服务资源除了普遍性功能需求外，还应考虑个人需求偏好，因此如何根据用户的请求，从海量的功能相同或相近，但服务质量各异的资源中找到一个既可信又能满足个性偏好的服务，已成为云计算领域的重要研究内容之一。

本书以基于 Agent 和信任域的层次化信任管理框架为平台，利用基于个性偏好的模糊聚类方法，提出了一种云计算环境下基于信任和个性偏好的服务选择模型。为确定和服务请求者个性偏好最接近的分类，提出了一种服务选择算法。引入信任评估机制，结合直接信任与域推荐信任，使请求者在确定的分类中，选择一个既安全可信又能满足其个性偏好的服务资源。交易结束后，根据服务满意度，对本次服务进行评判，并进行信任更新。仿真实验表明，该模型可有效地提高请求者的服务满意度，对恶意实体的欺诈行为具有一定的抵御能力。

参 考 文 献

[1] Armbrust M, Fox A, Griffith R, et al. A view of cloud computing. Communications of the ACM, 2010, 53(4): 50-58.

[2] 卿斯汉. 保障云安全, 发展云计算. 保密科学技术, 2011, 12: 6-9.

[3] 杨健, 汪海航, 王剑, 等. 云计算安全问题研究综述. 小型微型计算机系统, 2012, 33(3): 472-478.

[4] 韦凯. 网格环境下信任模型及其访问控制应用的研究. 广州: 华南理工大学, 2011.

[5] 胡春华, 陈晓红, 吴敏, 等. 云计算中基于 SLA 的服务可信协商与访问控制策略. 中国科学: 信息科学, 2012, 42(3): 314-332.

[6] 谢琪, 吴吉义, 王贵林, 等. 云计算中基于可转换代理签密的可证安全的认证协议. 中国科学:信息科学, 2012, 42(3): 303-313.

[7] 董方鹏, 龚奕利, 李伟, 等. 网格环境中源发现机制的研究. 计算机研究与发展, 2003, 40(12): 1749-1755.

[8] 杨国威. 一种基于网络拓扑的资源发现模型及发现机制. 武汉:华中科技大学, 2007.

[9] The Gnutella Protocol Specification V0.4 (Document Recision 1.2). http://www.clip2.com [2012-03-05].

[10] Stoica I, Morris R, Karger D, et al. Chord: A scalable peer-to-peer lookup service for internet applications. Proceedings of the 2001 Conference on Applications, Technologies, Architectures,

and Protocols for Computer Communications, New York, 2001:149-160.

[11] Ratnasamy S, Francis P, Handley M, et al. A scalable content addressable network. Proceedings of the 2001 Conference on Applications, Technologies, Architectures, and Protocols for Computer Communications, New York, 2001:161-172.

[12] 李春林, 卢正鼎, 李腊元. 基于 Agent 的计算机网格资源管理. 武汉理工大学学报, 2003, 27(1): 7-10.

[13] Clarke R. User requirements for cloud computing architecture. International Conference on Cluster, Cloud and Grid Computing, Melboume, 2010: 625-630.

[14] 张焕国, 赵波. 可信计算. 武汉: 武汉大学出版社, 2011: 454-457.

[15] Liman N, Boutaba R. Assessing software service quality and trustworthiness at selection time. IEEE Transactions on Software Engineering, 2010, 36(4): 559-574.

[16] Senthil P, Boopal N, Vanathi R. Improving the security of cloud computing using trusted computing technology. Journal of Modern Engineering Research, 2012, 2(1): 320-325.

[17] 胡春华, 刘济波, 刘建勋. 云计算环境下基于信任演化及集合的服务选择. 通信学报, 2011, 32(7): 71-79.

[18] 谢晓兰, 刘亮, 赵鹏. 面向云计算基于双层激励和欺骗检查的信任模型. 电子与信息学报, 2012, 34(4): 812-817.

[19] Wang M, Xia H X, Song H Z. A dynamic trust model based on recommendation credibility in grid domain. Proceedings of Computational Intelligence and Software Engineering, Wuhan, 2009: 1-4.

[20] 周茜, 于炯. 云计算下基于信任的防御系统模型. 计算机应用, 2011, 31(6): 1531-1535.

[21] 胡春华, 罗新星, 王四春, 等. 云计算环境下基于信任推理的服务评价方法. 通信学报, 2011, 32(12): 72-81.

[22] 熊润群, 罗军舟, 宋爱波, 等. 云计算环境下 QoS 偏好感知的副本选择策略. 通信学报, 2011, 32(7): 93-102.

[23] Cha M, Kwak H, Rodriguez P, et al. I Tube, you Tube, everybody Tubes: Analyzing the world's largest user generated content video system. Proceedings of the 7th ACM SIGCOMM Conference on Internet Measurement, Kyoto, 2007: 1-14.

[24] Cheng X, Dale C, Liu J. Statistics and social network of YouTube videos. Proceedings of the 16th International Workshop on the Quality of Service, Enschede, 2008.

[25] Foster I, Kesselman C, Nick J M, et al. The physiology of the grid: An open grid services architecture for distributed systems integration. http://www.globus.org/research/papers/ogsa.pdf [2012-03-05].

第 7 章　基于信任力矩的服务资源选择模型

资源选择是网格计算领域的重要研究内容之一。网格中的资源种类繁多，性能各异。由于网格资源的开放性、分布性、动态性及复杂性，面对海量的资源，用户在增加选择机会的同时也面临着如何识别和选择高效、安全的资源问题。同时，随着网格应用技术的不断发展，由于处理对象、应用目标及内在结构的不同，对网格资源除了普遍性需求，还应考虑个人需求偏好，所以如何根据用户的请求，从网格资源中找到满足用户请求的资源，并对它们加以选择已成为一件重要且复杂的工作[1]。

Azzedin 等[2]首先把信任引入网格资源管理，通过评估资源节点行为，反映资源节点的可信程度。Buyya 等[3]从用户成本、供求关系等经济学角度建立了一个网格市场模型 GRACE（Grid Architecture for Computational Economy），并提出了一种基于时间和成本约束[4]的网格资源选择策略，但该模型假设资源是安全可靠的，这种理想化的假设与网格现实环境中存在良莠不齐的资源现状是不一致的。文献[5]提出了普适环境下一种基于信任的服务评价和选择模型，借助自然科学中的万有引力定律，定义了"信任引力"的概念，但在"信任引力"公式中假设服务请求方的质量不变，并不符合现实情况。现实中服务请求方的请求是随着上下文环境等因素动态变化的，在公式中也没有给出质量函数的具体量化计算方法。此外，该模型会因服务提供方不断切换服务而导致大量中间信息的存储，因此降低了模型的可用性。文献[6]针对网格资源选择中用户对服务质量的定性描述和选择的自私性，提出了一种利用云理论与资源代理实现网格资源选择的策略，给出了相关调度算法。文献[7]依据 QoS 指标及用户偏好，提出了基于应用偏好模糊聚类的网格资源策略。文献[8]和[9]主要考虑资源提供者 QoS 的各属性要求，而对需求者自身的主观偏好考虑不充分，因此无法满足用户需求的多样性。针对上述研究现状，在文献[5]的基础上，结合模糊相关理论，提出了基于信任力矩的网格资源选择模型[10]。

7.1　模型逻辑结构图

基于信任力矩的网格资源选择模型的基本流程如图 7-1 所示。

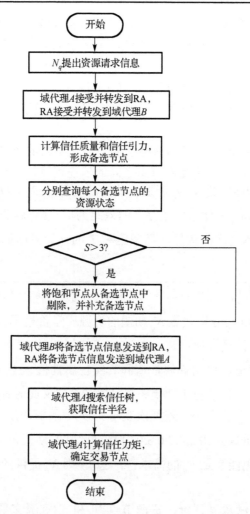

图 7-1　基于信任力矩的网格资源选择模型的基本流程图

7.2　相　关　定　义

定义 7-1　网格资源节点：网格环境中，拥有资源的节点定义为网格资源节点，具有提供某种资源能力的节点称为网格资源提供节点，记为 N_p；对某种资源提出需求的节点称为网格资源请求节点，记为 N_q，某个资源节点既可以是 N_p 也可以是 N_q。

定义 7-2　资源域：网格环境中，将资源节点按照所拥有资源类型的不同划分为不同的资源域，如计算资源域、通信资源域、存储资源域等。

定义 7-3　资源质量：本节将 QoS 的属性集合定义为资源质量（Quality of Resource，QoR），网格资源节点的资源质量用四元属性组表示，即 QoR = {P, S, A, F}，定义为资源节点的客观属性。其中，P 代表资源的价格，S 代表资源的安全性，A 代表资源的可用性，F 代表资源的真实性，这些指标从不同侧面反映了网格资源的非功能属性。由于各指标类型不一且量纲不同，为了方便计算，采用归一化的方法把所有属性值都化为无量纲的量且处于（0,1）区间。

定义 7-4　偏好：定义为资源节点的主观属性，体现了资源请求节点对资源提供节点的信任程度。

定义 7-5　信任：定义信任为网格资源节点在不断的资源交易过程中，逐渐动态形成的资源请求节点与资源提供节点之间的信任程度，通过信任力矩表示。

定义 7-6　期望距离：定义 N_q 所期望的资源质量 $\text{QoR}_q=\{P_q,S_q,A_q,F_q\}$ 与 N_p 能实际提供的资源质量 $\text{QoR}_p=\{P_p,S_p,A_p,F_p\}$ 的差距为期望距离，记为 d_e；为了计算出 N_q 和 N_p 的资源质量整体之间的差异，期望距离 d_e 的计算采用如式（7-1）所示的欧氏距离方法，即

$$d_e=\sqrt{(P_p-P_q)^2+(S_p-S_q)^2+(A_p-A_q)^2+(F_p-F_q)^2}+\Delta B \qquad (7\text{-}1)$$

式中，P_q、S_q、A_q 和 F_q 分别代表 N_q 期望的资源质量价格属性值、安全性属性值、可用性属性值和真实性属性值；P_p、S_p、A_p 和 F_p 分别代表 N_p 能够实际提供的价格属性值、安全性属性值、可用性属性值和真实性属性值。当 N_p 完全满足 N_q 资源质量的各项属性要求时，为了防止期望距离 d_e 为 0，定义此时期望距离为 ΔB，ΔB 为一个很小的实数，但不能为 0。若某次交易 N_q 期望的资源质量为 $\{0.4,0.1,0.4,0.1\}$，而 N_p 能提供的资源质量为 $\{0.3,0.2,0.3,0.2\}$，则此时的期望距离 d_e 为 0.2。d_e 越小，表明 N_p 提供的资源越能满足 N_q 的需求；d_e 越大，则 N_p 提供的资源越不能满足 N_q 的需求。

定义 7-7　交易满意度评价：资源节点 N_p 和 N_q 资源交易结果按照满意程度评分，值区间定义为[0,1]，其中，0 表示 N_p 和 N_q 交易失败，1 表示 N_p 和 N_q 交易成功且 N_p 提供了令 N_q 完全满意的资源。每次交易结束后，N_q 都要对 N_q 在此次交易中所提供资源的质量做出满意度评价 $U(N_p,N_q)$。

定义 7-8　声誉：这里重新定义声誉 R 为资源提供节点在其历史交易中得到的交易满意度评价的积累，n 为历史交易次数，计算公式为

$$R_n=\begin{cases}U(N_p,N_q), & n=1\\[2mm]\dfrac{R_{n-1}+U_n(N_p,N_q)}{2}, & n\geqslant 2\end{cases} \qquad (7\text{-}2)$$

第 n 次交易后资源节点的声誉 R_n 是前 $n-1$ 次交易积累的声誉与本次交易满意

度评价的均值，目的是体现最近一次交易对声誉的影响更大。

　　定义 7-9　渴求度：请求节点的渴求度 Q 是关于等待时间 Δt 的函数，体现了请求节点对资源需求的紧迫程度，计算公式为

$$Q = \mathrm{e}^{-k \cdot \lfloor \Delta t/T_0 \rfloor} \tag{7-3}$$

式中，等待时间 Δt 定义为从资源请求发起时刻 t_{begin} 到资源响应时刻 t_{end} 的时间间隔，且 $\Delta t = t_{\text{end}} - t_{\text{begin}}$；$T_0$ 为间隔周期；值 k 决定了渴求的急缓程度。

　　定义 7-10　资源提供节点的信任质量：定义 M_p 为资源提供节点的信任质量，它是关于提供节点声誉的函数，计算公式为

$$M_p = f(R) = \gamma \cdot R \tag{7-4}$$

式中，γ 为吸引因子，与资源提供节点提供优质资源所得到的满意评价的次数有关。资源节点提供优质资源的次数越多，它得到的满意评价越多，它所表现出的吸引能力就越强，其信任质量也随之越大。

　　定义 7-11　资源请求节点的信任质量：定义 M_q 为资源请求节点的信任质量，它是关于请求节点渴求度的函数，其计算公式为

$$M_q = f(Q) = \delta \cdot Q \tag{7-5}$$

式中，δ 为渴求因子，与资源请求节点得到资源后是否立即使用有关。如果请求节点得到资源后，并没有立即使用，则下次该节点再提出资源请求时就要对它进行惩罚，降低 δ 的取值，使其信任质量减小。

7.3　模型基本流程

　　（1）当资源请求节点请求使用某类资源时，首先向自己的资源域代理 A 发出资源请求信息，资源请求信息结构如图 7-2 所示。

需求资源的名称	资源质量描述	备选节点个数	请求节点信任质量

图 7-2　资源请求信息结构

　　（2）资源域代理 A 将请求信息转发给可信根 RA，可信根 RA 根据需求资源的名称将请求信息发送给提供该资源的资源域代理 B。

　　（3）资源域代理 B 接收到请求信息，计算资源节点的信任质量和信任引力，并将信任引力最高的 N（N 由请求节点指定）个节点作为备选节点。

　　（4）分别查询备选节点的资源状态，将饱和节点从备选节点中剔除，并补充备选节点。

（5）将 N 个备选节点的信息（包括节点 ID、信任引力大小）发送给可信根 RA，可信根 RA 将备选节点信息发送给请求节点的域代理 A。

（6）域代理 A 根据备选节点信息搜索请求节点的信任树，查找备选节点在信任树中的位置，获取信任半径大小。

（7）结合信任引力计算备选节点的信任力矩大小，最后从备选节点中选择信任力矩最大的节点与之进行资源交易。

7.4　信任的相关计算方法

7.4.1　信任引力的计算

万有引力定律指出，两物体间引力的大小与两物体质量的乘积成正比，与两物体间距离的平方成反比，用公式表示为

$$F = G\frac{m_1 m_2}{r^2} \tag{7-6}$$

式中，F 为两个物体之间的引力；G 为万有引力常数；m_1 为物体 1 的质量；m_2 为物体 2 的质量；r 为两个物体之间的距离。

在网格资源交易过程中，提供节点的声誉值大，表明其在长期的交易过程中提供了诸多令请求节点满意的资源，获得了较高的满意度评价，对所有的请求节点表现出强大的吸引力，且该吸引力与其声誉值（信任质量）之间存在某种正比关系。请求节点的资源渴求程度越大，表明该资源请求节点对资源的需求越急迫，对拥有该资源的提供节点表现出强烈的需求愿望，这种渴求程度与引力之间存在某种正比关系。请求节点与提供节点之间的期望距离逐渐增大时，表明提供节点提供的资源与请求节点需要的资源差距越来越大，使提供节点对请求节点只表现出弱吸引力，且该吸引力与期望差距存在某种反比关系。借助万有引力定律把上述信任吸引力定义为信任引力，信任引力（trust gravitation）定义为式（7-7）描述的 F_T，即

$$F_T = G'\frac{f(M_p, M_q)}{d_e} \tag{7-7}$$

式中，G' 是网格资源规模调节因子，$G' = \lfloor G/G_0 \rfloor$，其中，$G_0$ 为网格资源规模均衡态因子，G 根据资源市场中资源交易活动的频繁程度动态改变；$f(M_p, M_q)$ 为资源节点的信任质量函数，$f(M_p, M_q) = M_p \cdot M_q = f(R) \cdot f(Q)$，其中 R 和 Q 分别为资源提供节点的信任质量和资源请求节点的信任质量。信任引力正比于信任质量函数，反比于期望距离。

7.4.2　信任半径的计算

弗兰西斯·福山在《信任：社会美德与创造经济繁荣》一书中提出了信任半径（trust radius）的概念。简单来讲，对于个人而言，信任半径就是指人们乐意把信任扩展到的范围大小，下面给出信任半径的更具体定义。

定义 7-12　信任半径：定义信任半径 R_T 为资源请求节点 N_q 对于资源提供节点 N_p 提供某种资源能力的信任程度大小，体现地是资源请求节点 N_q 的个人主观偏好，反映地是资源请求节点 N_q 愿意把信任程度扩展到的范围大小。信任半径越小，说明资源节点 N_q 对 N_p 的信任程度越大，信任半径所体现的信任关系是一种局部信任。

定义 7-13　局部信任值：资源请求节点对提供节点的局部信任值 LTV_{qp} 是基于节点 N_q 和 N_p 的交易历史而得出的 N_q 对 N_p 提供资源能力的信任程度，初始局部信任值 LTV_{qp} 为请求节点与提供节点第一次资源交易后得到的满意度评价 $U(N_p, N_q)$。

在每个资源请求节点中，信任半径存储为一棵二叉有序信任树。信任树结构如图 7-3 所示。

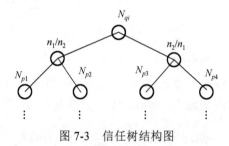

图 7-3　信任树结构图

根节点 N_{qi} 表示第 $i(i=1,2,\cdots,n)$ 个资源请求节点，$N_{p1}, N_{p2}, N_{p3}, \cdots, N_{pj}(j=1,2,\cdots,m)$ 分别表示与 N_{qi} 曾经进行过交易的资源提供节点。资源请求节点与提供节点的信任关系包括：绝对可信、一般可信、临界可信和不可信。

信任树左子树的根节点存储的是绝对可信和一般可信节点的个数 n_1 与 n_2，左子树的左分支存储的是绝对可信的资源提供节点，右分支存储的是一般可信的资源提供节点；右子树的根节点存储的是临界可信和不可信节点的个数 n_3 与 n_4，右子树的左分支存储的是临界可信的资源提供节点，右分支存储的是不可信的资源提供节点。

每个节点存储的是 N_{qi} 对 N_{pj} 的局部信任值 LTV_{ij}。LTV_{ij} 越大，说明 N_{qi} 对 N_{pj} 的信任程度越高，因此信任半径 R_T 越小。信任半径计算公式为

$$R_T = 1 - LTV_{ij} + \Delta C \qquad (7-8)$$

式中，ΔC 为一个很小的实数，但不能为 0。当 N_{qi} 对 N_{pj} 完全信任时，$\mathrm{LTV}_{ij}=1$，定义此时信任半径 R_T 为 ΔC。

当提供节点与请求节点完成交易之后，请求节点要对提供节点在此次交易中所提供资源的质量做出满意度评价，用以对提供节点的信任质量进行更新，同时还需要对信任树中该资源提供节点的局部信任值 LTV_{ij} 进行更新。在对信任树进行更新时，主要考虑两点因素：交易时间和交易金额。局部信任值 LTV_{ij} 更新公式为

$$\mathrm{LTV}_{ij}^{(k)} = \begin{cases} \omega_k U(N_{qi}, N_{pj})^{(k)}, & k=1 \\ \displaystyle\sum_{h=1}^{k-1}(1-\alpha)\omega_h \mathrm{LTV}_{ij}^{(k)} + \alpha\omega_k U(N_{qi}, N_{pj})^{(k)}, & k \geqslant 2 \end{cases} \tag{7-9}$$

式中，k 是资源节点 N_{qi} 和 N_{pj} 总共进行的资源交易次数；$h(h \leqslant k)$ 是节点 N_{qi} 和 N_{pj} 进行的第 h 次交易。α 表示最近交易所占的权重，一般情况下 $\alpha > 0.5$，这是因为交易者更看重近期交易对信任值计算的影响。ω_h 表示节点 N_{qi} 和节点 N_{pj} 总共发生 k 次交易时，第 h 次交易的结果对信任值计算的影响。$\omega_h = \dfrac{\Phi(k,h)\Phi(m^{(h)})}{\displaystyle\sum_{l=1}^{k}\Phi(k,l)\Phi(m^{(l)})}$，其中 $\Phi(k,h)$

为时间衰减函数，即

$$\Phi(k,h) = \eta^{k-h}, \ 0 < \eta < 1, \ 1 \leqslant h \leqslant k$$

反映的是时间因素对信任值计算的影响，交易时间距离计算信任值的时间越远，交易结果对信任值的影响应该越小。$\Phi(m^{(h)})$ 为交易金额 $m^{(h)}$ 的函数，即

$$\Phi(m^{(h)}) = \exp\left(-\frac{1}{m^{(h)}}\right), \ 1 \leqslant h \leqslant k$$

反映的是交易金额对信任值计算的影响，交易金额越大对信任值计算的影响也应该越大。

7.4.3　信任力矩的计算

定义 7-14　信任力矩：定义信任力矩 M_T 为资源提供节点信任引力与资源请求节点信任半径共同作用得到的信任程度的大小。信任引力越大、信任半径越小，信任力矩就越大，可按式（7-10）进行计算，即

$$M_T = F_T \cdot (1 - R_T) = G\frac{f(M_p, M_q)}{d_e} \cdot \mathrm{LTV}_{ij} = G\frac{f(R) \cdot f(Q)}{d_e} \cdot \mathrm{LTV}_{ij} \tag{7-10}$$

从定义可以看出，信任力矩是资源提供节点和资源请求节点主、客观属性共同作用的结果，它同时反映了两者在资源选择过程中的要求与选择意愿。影响信任力

矩大小的因素包括资源提供节点的信任质量、资源请求节点的信任质量、当前的期望距离和信任半径。

7.5　仿真实验与结果分析

7.5.1　仿真平台

仿真实验使用的模拟平台是 GridSim[11]。GridSim 是基于 Java 的网格环境模拟平台，它提供了模拟网格环境中用户和资源的接口，通过改写这些接口产生具有各自特定规则的用户与资源。GridSim 又是基于 SimJava[12]的，SimJava 是用 Java 实现的离散事件模拟工具。SimJava 利用 Java 中的多线程机制模拟离散事件中的各个实体，这符合现实网格环境中实体行为随机性的情况。从 GridSim 和 SimJava 的实现机制，可以看到用 GridSim 网格环境模拟平台来模拟网格资源选择过程是合适、可行的。仿真模拟器基于 GridSim 4.2，采用 Java 语言，开发平台为 Eclipse 5.5。

7.5.2　仿真实验

1. 参数设定

在本实验中，系统由 100 个资源节点组成，仿真了 1000 个查询周期。模型中各参数设置如表 7-1 所示。

表 7-1　仿真参数及其取值

参数	k	γ	δ	α	η
值	1	0.3 或 0.8	0.3 或 0.8	0.6	0.5

2. 仿真实验结果与分析

考察四种典型的资源选择方法：随机选择算法、基于严格成本的选择算法[13]、基于严格信任的选择算法[14,15]和基于信任力矩的选择算法。其中，随机选择算法，即随机选择某资源提供节点；基于严格成本的算法，即选择最低廉的资源提供节点，是一种不考虑资源安全性和风险的算法；基于严格信任的算法，该算法趋向于选择最可信的资源，而不考虑选择的成本和代价；基于信任力矩的选择算法，即本书提出的既注重资源的 QoS 属性，同时又能满足需求者需求偏好的算法。

7.5.3　重大交易成功率分析

本实验考察不同的资源选择策略随着重大交易的交易次数增加其交易成功率的变化趋势。定义重大交易为交易规模较大、交易金额较多、需要交易双方慎重考虑的交易。交易成功率结果如图 7-4 所示。

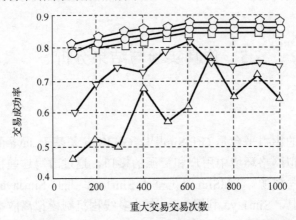

图 7-4　不同资源选择方法的交易成功率随重大交易次数增加的变化趋势

可以看出，采用基于信任力矩算法的资源选择方式，其交易成功率略高于基于严格信任的选择方式，较高于基于严格成本的方式。这是因为基于严格成本的选择方式过分刻意地追求低廉的资源，忽略了资源的其他客观属性，尤其是资源的安全性，在选择交易对象时不够慎重，只关注价格低廉的资源，从而导致其交易成功率较低。基于严格信任的选择方式由于过分强调资源的安全性，而忽略了资源的其他客观属性及需求者的需求偏好，使得该算法选择的资源虽然安全性很高，但可能并不是需求者喜好的资源类型，使得其交易成功率低于基于信任力矩算法的交易成功率。而基于信任力矩算法的资源选择方式既注重了资源的 QoS 属性，同时又能满足需求者的需求偏好，使得其交易成功率高于其他三种算法的成功率。实验中由于吸引因子和渴求因子设置的不同，节点的信任引力也随之发生变化，信任引力越大，它对请求节点的吸引力也越大，请求节点找到合适资源的概率也越大，资源交易的成功率也随之增大。

7.5.4　资源选择失效率分析

本实验考察不同的资源选择策略对失效率的影响。定义失效率为请求节点找不到合适的资源提供节点时撤销资源请求次数占总提交资源请求次数的比例，结果如图 7-5 所示。

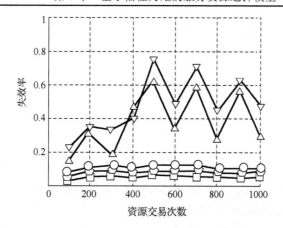

图 7-5　不同资源选择方法资源失效率的对比

　　可以看出，采用基于信任力矩算法的资源选择方式，其资源选择失效率接近基于严格信任的选择方式，相比基于严格成本的选择方式，资源选择失效率显著下降。这是因为基于严格信任的选择方式在满足安全性的前提下终究会找到合适的资源提供节点，所以其失效率很低。而基于信任力矩算法的选择方式，由于资源选择过程中，除了满足 QoS 属性，还要同时能满足需求者的需求偏好，这就不可避免地影响了资源选择的效率，但通过实验可以看出，对失效率的影响不是很大，基本接近基于严格信任选择方式的失效率。随机选择方式有时要优于基于严格成本的选择方式，其原因是基于严格成本的选择方式片面追求低廉的资源，忽略了资源的可靠性，因此其失效率甚至高于随机选择方式。实验中由于吸引因子和渴求因子设置的不同，节点的信任引力也随之发生变化，信任引力越大，请求节点越容易找到自己需要的资源，从而降低了撤销资源请求的次数，降低了资源选择的失效率。

7.6　本 章 小 结

　　场是物理学上十分重要的理论，场的本质是整体论和作用的连续性。虽然场是不可见的，但是其所产生的效应是可见的。虚拟企业在其整个生命周期内体现着盟主与伙伴间关系的整体性以及双方相互作用的连续性，因此提出将场的思维引入虚拟企业伙伴选择的研究之中，借鉴物理学中场理论，结合信誉和基于信任的合作机制，提出了信任场的概念，建立了信任场的理论模型，并讨论了基于信任场的伙伴选择模型。

　　基于信任力矩的信任模型是借鉴经典物理学中关于万有引力和力矩思想而产生

的，针对网格资源选择的研究背景，提出了基于信任力矩的网格资源选择模型，详细叙述了信任引力、信任半径和信任力矩的计算方法以及基于信任力矩的资源选择过程，仿真实验验证了模型的可行性和有效性。

参 考 文 献

[1] Liu C, Yang L Y, Foster I, et al. Design and evaluation of a resource selection framework for grid applications. Proceedings of IEEE International Symposium on High Performance Distributed Computing, Edinburgh, 2002:12-26.

[2] Azzedin F, Maheswara M N. Towards trust-aware resource management in grid computing systems. Proceedings of the 2nd IEEE/ACM International Symposium on Cluster Computing and the Grid, Washington, 2002:452.

[3] Buyya R, Abramson D, Giddy J, et al. Economic models for resource management and scheduling in grid computing. Concurrency and Computation-Practice & Experience (S1532-0626), 2002, 14(13-15): 1507-1542.

[4] Buyya R, Murshed M, Abramson D. A deadline and budget constrained cost-time optimization algorithm for scheduling task farming applications on global grids. Proceedings of the 2002 International Conference on Parallel and Distributed Processing Techniques and Applications (PDPTA'02), Las Vegas, 2002.

[5] 陈贞翔, 葛连升, 王海洋, 等. 普适环境中基于信任的服务评价和选择模型. 软件学报, 2006, 17(11): 200-210.

[6] 马满福, 段富海, 黄志毅, 等. 基于云理论的网格资源选择. 计算机应用, 2009, 29(4): 1162-1164.

[7] 郭东, 胡亮, 郭冰心, 等. 基于应用偏好模糊聚类的网格资源选择. 仪器仪表学报, 2008, 29(7): 1403-1407.

[8] 马满福, 姚军, 王小牛. 基于 QoS 参数综合模型的网格资源选择优化. 计算机应用, 2008, 28(6): 1585-1587.

[9] 齐宁, 黄永忠, 陈海勇, 等. 一种基于 QoS 的网格资源选择优化模型. 计算机工程与应用, 2009, 44(8): 142-144.

[10] 刘玉玲, 杜瑞忠, 田俊峰, 等. 基于信任力矩的网格资源选择模型. 通信学报, 2012, 33(4): 85-92.

[11] Buyya R, Murshed M. GridSim: A toolkit for modeling and simulation of grid resource management and scheduling. Journal of Concurrency and Computation: Practice and Experience, 2002, 14(13-15): 1175-1220.

[12] Howell F, McNab R. SimJava: A discrete event simulation package for Java with applications in computer systems modeling. Proceedings of 1st International Conference on Web-based Modeling and Simulation, San Diego, 1998: 51-56.

[13] Vijayakumar V, Wahida B R S D. Security for resource selection in grid computing based on trust and reputation responsiveness. International Journal of Computer Science and Network Security, 2008, 8(11): 107-114.

[14] 申凯, 杨寿保, 武斌. 基于信任过滤的网格资源选择方法设计与仿真. 系统仿真学报, 2009, 21(1): 246-250.

[15] Song S S, Hwang K, Kwok Y K. Risk-resilient heuristics and genetic algorithms for security-assured grid job scheduling. IEEE Transactions on Computers, 2006, 55(6): 703-719.

第8章　面向社交网的个性化可信服务推荐方法

面向社交网的推荐已经成了推荐领域的研究方向之一，很多学者对社交网的推荐技术进行了研究[1,2]，这种方法可以把社交关系作为一个信任因子加入其中，可以改善推荐准确性。这是因为社交关系不仅反映了用户之间的信任关系，还反映出用户之间的兴趣相似点。我们发现越是关系近的好友说明他们的兴趣点也相近，同时，在日常生活中，通常在人们面临选择的时候更希望得到朋友的建议。

推送服务[3]是依据每个人的兴趣爱好进行过滤，过滤出满足用户需求的服务，因为每个人的兴趣不同，所以过滤出的结果也不同。个性化推荐算法通常有基于内存的推荐算法和基于模型的推荐算法两类[4]。前者优点在于可以使用最新的数据，但是会消耗大量内存；后者的优点是内存消耗小，但是不能随着用户数据的变化而变化。

基于协同过滤的推荐方法[5]是最常用的推荐方法，它属于基于内存的推荐算法。该方法的基本思想就是若用户对服务的评分相似，那么他们的偏好同样相似，通过预测目标用户对服务的评分来进行推荐。

面向社交网的推荐系统是在传统推荐系统的基础上，把用户之间的社会关系作为一个重要因子加入到推荐系统中来提高推荐性能[6]。随着社交网在各个领域的迅速发展，国内外对面向社交网的推荐系统的研究越来越多，它不仅包括用户的社会关系、用户评分数据，还包括社会标签、用户行为等[7]。

面向社交网的服务推荐是将用户的社交关系变为信任关系，通过社交网来建立信任，再通过历史行为记录，对服务产生信任，将信任度较高的服务推送出去。早期的社交网的推荐系统中，大多采用 P2P 网络的思想，使用基于信誉这种全局信任度量方法，这种方法相对简单且有效，全球最大的在线拍卖平台 eBay 所采用的就是这种方法。文献[8]使用 PageRank 算法作为全局信任度量方法，比较了全局度量方法和协同过滤方法在推荐系统中的准确性，发现全局信任度量方法缺乏个性化，不适用单独运用在推荐系统中。相比而言，局部信任度量方法是任意两个用户进行的，可以充分地体现个性化，这是由于信任路径的第一环节是用户自己指定的，所以攻击大大降低。

目前，对于社交网中的用户，如何从朋友列表与历史行为中挖掘出用户之间的信任关系和用户的个性化偏好显得尤为重要[9]。Bobadilla 等[10]对协同过滤方法推荐系统进行了调查，提供了推荐系统的概述，解释了它们的原始分类和演变过程。甘早斌等[11]对电子商务中的交易历史行为进行了信任度评价，提出了基于用户声誉的推荐。Sánchez-Pi[12]等使用 CommonKADS 方法表示上下文信息并进行评价。Chen 等[13]将用户聚类，并将任务分为离线和在线两部分。Chen 等[14]提出了一个基于 QoS 的 Web 服务推荐的创新协同过滤（Collaborative Filtering，CF）算法，提供了一个个性化地图对推荐结果进行浏览，明确显示了所推荐的 Web 服务 QoS 的关系。朱强等[15]提出了一种基于信任度的协同过滤推荐方法，通过构建社会网络来分析社交网中用户之间好友关系、交互行为来计算用户之间的信任度，再进行社区划分来进行好友推荐和应用服务推荐。王海燕等[16]提出基于可信联盟的推荐方法，它考虑了不同的服务属性特征在相似性度量中可能会产生不同的影响，并提出了为目标用户推荐行为的信任度。张佩云等[17]利用社会网络，比较节点信任与服务信任的相关程度，提高了推荐的准确性。Deng 等[18]提出了通过网络角度来进行推荐，它考虑了用户的偏好和服务的相似。Li 等[19]将减肥的应用程序作为一种推荐服务，将减肥与社交网络结合，建设了一个与体重相关的新型网络行为。Li 等[20]以用户微博的内容特征进行相似聚类，将相似兴趣进行核聚类形成密集子集，以提高极端稀疏集的聚类结果，用来主题推荐。这些研究都是通过不同的方法来改善数据的稀疏度问题和"冷启动"问题，为个性化可信服务的推荐方法奠定了基础。

8.1　基本框架模型

目前，已经有许多研究人员在面向社交网的推荐系统方面做了大量的工作，提出了不同的推荐框架模型[21,22]。本书结合面向社交网的个性化可信服务推荐特点，提出了 4 个层次的基本框架，如图 8-1 所示。

（1）数据收集层：推荐系统将获取社交网中所有用户的属性信息（包括姓名、年龄、所在地、学历等）、用户对服务的评分记录等。

（2）数据预处理层：将收集的用户的基本属性信息进行筛选，选取有用的用户属性信息和用户对服务的评分，形成评分矩阵。

（3）个性化可信服务推荐层：推荐系统利用用户对服务的评分矩阵来分析用户之间的偏好相似关系，同时利用好友之间的交互记录来分析用户信任关系。最后，根据利用个性化可信服务推荐方法的具体步骤对目标用户形成推荐列表。

（4）推荐结果显示层：目标用户根据个性化可信服务推荐层推荐出的结果进行评分和反馈，反馈对服务的直接信任度作为推荐给其他用户的间接信任度。

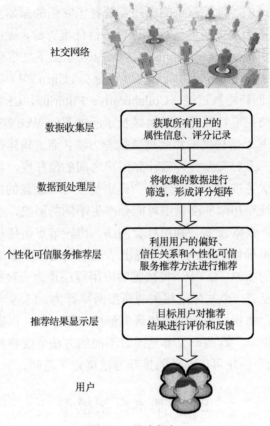

社交网络

数据收集层 → 获取所有用户的
属性信息、评分记录

数据预处理层 → 将收集的数据进行
筛选，形成评分矩阵

个性化可信服务推荐层 → 利用用户的偏好、
信任关系和个性化可信
服务推荐方法进行推荐

推荐结果显示层 → 目标用户对推荐
结果进行评价和反馈

用户

图 8-1　基本框架

8.2　相似度计算

收集了用户属性信息和评分后，在数据预处理层将收集到的数据进行预处理，汇总用户调用服务的评分记录，生成评分矩阵 $R_{m \times n}$，其中每行代表一个用户，每列代表一个服务：

$$R_{m \times n} = \begin{array}{c} \\ u_1 \\ \vdots \\ u_m \end{array} \begin{array}{ccc} s_1 & \cdots & s_n \\ \left(\begin{array}{ccc} R_{11} & \cdots & R_{1n} \\ \vdots & & \vdots \\ R_{m1} & \cdots & R_{mn} \end{array} \right) \end{array}$$

8.2.1　服务之间的相似度计算

用户对不同服务的反馈评分可以来计算不同服务的相似度。个性化可信服务推荐层中，可以通过服务相似度将目标用户调用过的服务形成一个相似服务集，从相似服务集中推荐服务。

假设服务 s_i 和 s_j 被同一用户 i 评价，由 Pearson 相关系数可得两种服务的相似度如式（8-1）所示：

$$\text{Sim}S(s_i, s_j) = \frac{\sum_{i \in U_c} (R_{is_i} - \overline{R}_{s_i})(R_{is_j} - \overline{R}_{s_j})}{\sqrt{\sum_{i \in U_c} (R_{is_i} - \overline{R}_{s_i})^2} \sqrt{\sum_{i \in U_c} (R_{is_j} - \overline{R}_{s_j})^2}} \tag{8-1}$$

Pearson 相关系数表示了 s_i、s_j 评分之间的相关性，该值越大表示两种服务的评分相关性越高，其相似程度越高。其中，$U_c = \{u_1, u_2, \cdots, u_m\}$ 是共同评价两种服务的用户集；R_{is_i}、R_{is_j} 分别代表用户 i 对 s_i 和 s_j 的评分；$\overline{R}_{s_i}$、$\overline{R}_{s_j}$ 分别是它们被 U_c 调用后的反馈平均分，服务 s_i 和 s_j 的相似关系如图 8-2 所示。

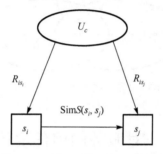

图 8-2　服务 s_i 和 s_j 的相似关系

假设目标者 j 直接调用服务集为 S_j，推荐者 i 直接调用服务集为 S_i。对于 $s_j \in S_j$ 和 $s_i \in S_i$，运用式（8-1）得到 s_j 和 s_i 的相似度，取与 s_j 相似度较高的前 k 个服务，形成相似服务集 S_k。

8.2.2　偏好相似度计算

推荐系统利用用户之间的信任度可以提高推荐结果的可信度，然而可信度高的朋友之间偏好有可能不同，例如，一个人偏爱打游戏，这个人的好友偏爱旅游，如果这个人推荐给他的好友一款新游戏，虽然好友信任他，但是不一定会喜欢他推荐的游戏。所以在选取推荐用户的时候不仅要考虑信任程度，还要考虑他们的喜好是否相似。因此，利用评分矩阵可以计算两个人对共同调用服务的评分相似性，这种评分相似可以提取他们之间的偏好。

假设 i 和 j 共同调用并评价过服务 s，由 Pearson 相关系数可知，他们对服务 s 的偏好相似度如式（8-2）所示：

$$\text{Sim}U(i, j) = \frac{\sum_{s \in S_u} (R_{is} - \overline{R_i})(R_{js} - \overline{R_j})}{\sqrt{\sum_{s \in S_u} (R_{is} - \overline{R_i})^2} \sqrt{\sum_{s \in S_u} (R_{js} - \overline{R_j})^2}} \tag{8-2}$$

式中，S_u 是两者共同评价的历史服务集；R_{is}、R_{js} 分别代表他们对服务 s 的历史评分；$\overline{R_i}$，$\overline{R_j}$ 分别代表他们对 S_u 评分的平均值，i 和 j 共同评价服务 s 的关系如图 8-3 所示。

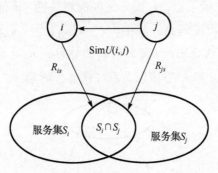

图 8-3 i 和 j 共同评价服务 s 的关系

8.3 对服务的信任度计算

8.3.1 对服务的直接信任度

若推荐用户未调用过推荐服务，则无法确定对该服务的信任度，可设一个初始值进行初始化。目标用户调用服务后，会对服务进行质量反馈评分，同时通过调用服务的成功与否增加或减少信任度，更新后的值作为推荐给下一个目标用户的直接信任度，我们称用户直接调用过服务产生的信任度为直接信任度。

假设 s 为被推荐服务，当 i 未调用过 s 时，对其信任度为其他人的间接信任度 $V_n(i, s)$；当 i 调用 s 后，有反馈评分 R_{is}，取值范围为 $[1, n]$，其中 n 为评分最大等级，同时产生对 s 的直接信任度用 $V_{n+1}(i, s)$ 表示，其取值范围为 $[0, 1]$。若 i 调用成功，则对 s 的信任度为 1，与其他人的间接信任度 $V_n(i, s)$ 相加后取均值，更新后如式（8-3）所示：

$$V_{n+1}(i, s) = (V_n(i, s) + 1) / 2 \tag{8-3}$$

若用户调用服务失败，则对其信任度减半，更新后如式（8-4）所示：

$$V_{n+1}(i, s) = V_n(i, s) / 2 \tag{8-4}$$

此方法可以有效地减少失败服务的出现，若多次成功调用后可逐渐增加其信任度。

8.3.2　目标用户对服务的间接信任度

目标用户对推荐服务的间接信任度是由推荐用户集调用推荐服务后而产生的。j 对 s_i 的间接信任关系如图 8-4 所示，假设 U_c 为推荐用户集，$i \in U_c$ 对服务 $s_i \in S_k$ 的直接信任度为 $V(i, s_i)$，并把 s_i 推荐给 j，j 对 i 的偏好信任度为权重，用 $T_{\text{pref}}(j, i)$ 表示，则 j 对 s_i 的间接信任度为推荐用户集 U_c 中用户对服务 s_i 的加权平均值，用 $V_u(j, s_i)$ 表示，即

$$V_u(j, s_i) = \frac{\sum\limits_{i \in U_c} T_{\text{pref}}(j, i) V(i, s_i)}{\sum\limits_{i \in U_c} T_{\text{pref}}(j, i)} \tag{8-5}$$

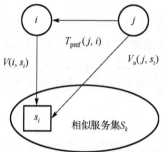

图 8-4　j 对 s_i 的间接信任关系

8.4　推荐方法的具体步骤

推荐方法具体步骤如下所示。

（1）满足推荐用户与目标用户的偏好相似关系。针对社交网中的目标用户 j，在其好友列表中选取与之共同调用过服务的推荐用户 i，利用式（8-2）计算 j 和 i 之间的偏好相似度 $\text{SimU}(i, j)$，选取偏好相似度较高的推荐用户作为下一步计算信任度的用户集。

（2）在满足偏好相似的基础上，选择信任度较高的推荐用户。根据 j 和 i 的信任关系，判断他们之间为直接或间接信任，并计算 j 对 i 的信任度 $T_u(j, i)$。

（3）综合用户之间的偏好相似关系和信任关系，计算出 j 对 i 的偏好信任度 $T_{\text{pref}}(j, i)$。

（4）将偏好信任度 $T_{\text{pref}}(j, i)$ 从大到小排序，选取前 M 个 $T_{\text{pref}}(j, i)$ 较高的推荐者形成推荐用户集 $U_c = \{u_1, u_2, \cdots, u_m\}$。

（5）对于 j 调用过的服务 s_j，计算 $i \in U_c$ 调用过的与 s_j 相似的服务，形成相似服务集 S_k。

（6）将 j 对 i 的偏好信任度 $T_{\text{pref}}(j, i)$ 作为权重，再根据求得的 $i \in U_c$ 对 $s \in S_k$ 的直接信任度 $V(i, s)$，由式（8-5）计算 j 对 $s \in S_k$ 的间接信任度 $V_u(j, s_i)$。

（7）将相似服务集 S_k 中的服务按目标用户 j 对其服务的间接信任度从大到小进行排列，返回 S_k 中 Top-n 个服务形成推荐列表进行推荐。

8.5　仿真实验与结果分析

8.5.1　数据集

实验使用了明尼苏达大学推荐系统研究小组的电影评分数据集 MovieLens，它包含了 943 个用户对 1682 部电影的 100000 个评分数据。为了保证数据集的有效性，研究者删除了其中评分数量少于 20 的用户。在 MovieLens 的数据集中，评分越高表明用户越喜欢，评分的最高分为 5 分，最低分为 1 分。

8.5.2　实验设置

首先，随机选取 MovieLens 数据集中评分数据的 20% 作为测试集，剩余 80% 作为训练集，随机进行 5 次这样的划分，运用交叉验证的方法来检验推荐质量。其次，构建用户之间的信任关系，每个用户拥有好友列表，用户属性为年龄、所在地和与好友聊天的消息数。实验中，用户相似性和熟悉度产生的信任度权重相同，候选推荐邻居个数 M 取 10～100 个用户，间隔为 10。相似服务个数 K 取 20 个服务，推荐用户对服务的初始信任度为 0.6，推荐服务个数 Top-n 取 5～50，步长为 5。

在计算用户之间由相似度产生的信任度时，我们认为在同一年龄段的人对事物的喜好程度相似，同时，在相同熟悉程度下，用户所在行政区域范围越小，体验服务质量的相似性越高，信任度也越高。因此实验选取年龄和所在地两个具有代表性的属性，且两者权重相同，则 j 对好友 i 的相似信任如式（8-6）所示：

$$T_{\text{sim}}(j, i) = (T_{\text{age}}(j, i) + T_{\text{location}}(j, i))/2 \tag{8-6}$$

式中，$T_{\text{age}}(j, i)$ 为 j 和好友 i 年龄相似产生的信任度；$T_{\text{location}}(j, i)$ 为 j 和好友 i 所在地相似产生的信任度。

实验取相差 10 岁为一个年龄段，相差 10 岁以外的相似信任度为 0，则相差 10 岁以内的信任度 $T_{age}(j,i)$ 如式（8-7）所示：

$$T_{age} = 1 - \left|Age_i - Age_j\right|/10, \quad \left|Age_i - Age_j\right| \leqslant 10 \tag{8-7}$$

当用户之间所在地为同一个国家时 $T_{location}(j,i)$ 为 0.1，同一个省份时 $T_{location}(j,i)$ 为 0.3，同一个城市时 $T_{location}(j,i)$ 为 0.5，同一个县城时 $T_{location}(j,i)$ 为 0.8，同一个街道时 $T_{location}(j,i)$ 为 0.9，同一个小区时 $T_{location}(j,i)$ 为 1，其他为 0。

实验环境：采用 Java 语言编程实现，Intel Core 2 Duo 处理器，CPU 主频为 2.93GHz，3GB 内存，Windows 7 操作系统，开发平台为 Eclipse 4.4。

8.5.3　对比方法

为了评价面向社交网的个性化可信服务推荐方法（PTSR）的性能，本书采用分类准确度的方法中准确率（precision）、召回率（recall）、F1_Measure 指标三个评估方法，与传统无信任度的服务推荐方法（NTR）、面向信任网络的推荐方法（TTR）进行比较分析。

传统无信任度的服务推荐方法[23]：该方法通过用户对服务的评分矩阵来将相似服务推荐出去，没有考虑信任是否有助于推荐准确性。

面向信任网络的推荐方法[24]：该方法是在传统推荐方法的基础上，考虑了信任网络对推荐信任的影响，并且将最近邻用户的评分作为依据，将所有距离为 1 的用户的信任加权平均，从而进行推荐。

8.5.4　不同推荐用户集数目的影响

1. 准确率

准确率是衡量推荐结果中用户实际的喜欢服务占推荐结果的比例，推荐用户集的数目就是偏好信任度较高的候选邻居的个数，其个数如果选用不当，则不能很好地衡量推荐结果的准确度，反而会增加计算时间。

因此，实验取推荐用户个数 M 为 10～100 个用户，间隔为 10，推荐列表长度 Top-n 取 15。如图 8-5 所示，横轴为推荐用户个数 M，纵轴为推荐准确率，将 PTSR 与 NTR 和 TTR 进行比较。如图 8-5 可知，推荐用户个数过少的时候，各个方法的准确率都较差，随着邻居个数的增多，算法准确率趋于平稳，所以再增加推荐用户个数只会增加计算复杂度。三种方法比较可知，PTSR 方法优于其他两种方法，这是因为 PTSR 方法相比 NTR 方法增加了信任推荐，相比 TTR 方法增加了更多远距离且偏好相似的用户。

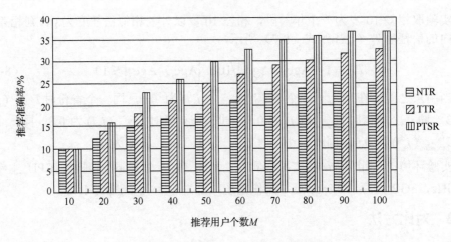

图 8-5 不同的 M 值对准确率的影响

2. 召回率

召回率是衡量推荐结果中用户喜欢的服务被召回的比例,推荐用户集的个数对召回率起到了决定性的作用,然而当召回率达到一定适当范围时,过多的推荐用户反而会增加计算时间。

因此,实验取推荐用户个数 M 为 10～100 个用户,间隔为 10,推荐列表长度取 15。如图 8-6 所示,横轴为推荐用户个数 M,纵轴为召回率,同样三种方法进行比较,随着推荐用户个数 M 值的增加,召回率迅速增加然后趋于平稳。这是因为推荐用户个数的增多,更多地增加了偏好相似度高的用户,用户喜欢的服务所占服务总数的比例自然增加。

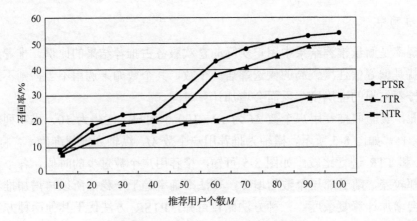

图 8-6 不同的 M 值对召回率的影响

8.5.5　Top-n 的长度对推荐算法的影响

1. 准确率

由于在计算准确率时，推荐长度充当公式分母，推荐长度的不同影响着推荐结果准确率的取值。所以当推荐用户个数一定时，选取不同的推荐长度可以观察比较三种方法的准确率。

当推荐用户个数 M 取 50 时，如图 8-7 所示，横轴为推荐列表长度（Top-n），纵轴为准确率。三种方法进行比较可知，随着推荐列表长度值的增加，三种方法的准确率都随之下降，这是因为推荐准确率表示推荐结果的服务中用户实际满意的服务所占的比例，也就是在推荐列表中用户实际喜欢的服务所占的比例，分母推荐列表的增长速度远大于分子的增长速度，故三种方法准确率均减少。由于 PTSR 和 TTR 两种方法均考虑信任推荐，用户信任好友的推荐喜欢概率要更大，故两种方法准确率大于传统无信任推荐方法。同时，由于 TTR 方法只将距离为 1 的用户评分作为参考值而忽略了信任传播，而 PTSR 方法增加了信任的传播距离和对调用服务的信任两个参数，所以 PTSR 方法要优于 TTR 方法。

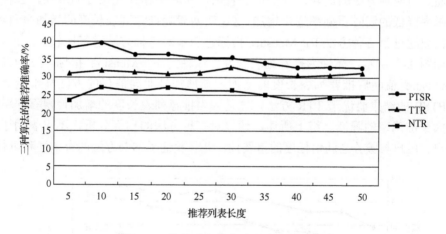

图 8-7　推荐列表长度对准确率的影响

2. 召回率

当推荐用户个数 M 取 50 时，如图 8-8 所示，横轴为推荐列表长度，纵轴为召回率。将三种方法进行比较可知，召回率随着推荐列表长度的增加而增加，这是因为用户满意的服务总数不变，推荐列表长度越长使得用户满意的服务召回概率越大。当推荐列表长度大于 11 时，PTSR 方法和 TTR 方法召回率同时迅速增加，两者相比，由于 PTSR 方法考虑了服务相似性，相似服务召回的概率大大提升，故用户喜欢的概率也更高。

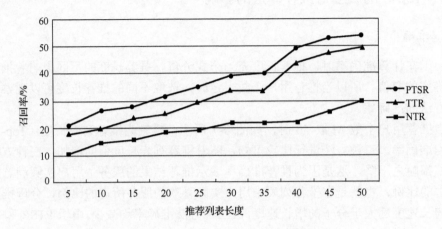

图 8-8　推荐列表长度对召回率的影响

3. F1_Measure 指标

通过前两种方法的比较，我们可以看出，随着推荐列表长度的增加，三种方法的准确率降低的同时召回率逐步增加，这说明两者随推荐列表长度的增加呈负相关，所以需要通过第三种方法 F1_Measure 指标进一步对三种方法进行比较。

如图 8-9 所示，横轴为推荐列表长度，纵轴为 F1_Measure 指标，三种方法的 F1_Measure 值随着推荐列表长度的增加逐渐增加且面向信任的方法高于无信任方法，PTSR 的结果要优于 TTR 方法，这是因为推荐列表长度的增加使得召回率的增加要大于准确率的降低。综上所述，通过对三种方法的指标分析，不仅表明了用户与用户、用户与服务之间信任度的重要性，并且验证了本书方法的有效性和可行性。

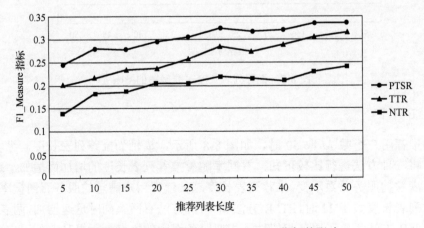

图 8-9　推荐列表长度对 F1_Measure 指标的影响

8.6　本 章 小 结

在基于用户的协同过滤的基础上，提出面向社交网中的好友之间的推荐，好友之间的信任度可以用来增加推荐结果的信任度，再结合用户的偏好相似将偏好信任度较高的好友作为候选推荐用户集针对目标用户调用过的服务，选取与邻居用户调用过的相似服务进行聚类，在当前用户之间转发、分享等行为中，为避免不信任宣传，提出用户对其服务的直接信任度和间接信任度，信任度的多次修正可及时避免不信任服务再次出现。

针对推荐用户集 M 的个数、推荐列表长度这两种变量，与面向信任网络的推荐方和传统无信任度的方法进行对比仿真实验，实验选取准确率、召回率和 F1_Measure 指标三个指标进行对比。仿真对比实验说明，面向社交网的个性化可信服务推荐方法具有有效性及优越性。

参 考 文 献

[1] Li L, Ren Q, Fu Y, et al. Algorithm for social network recommendation service based on Hadoop. Journal of Jilin University, 2013, 31(4): 359-364.

[2] Moghaddam S, Jamali M, Ester M. ETF: Extended tensor factorization model for personalizing prediction of review helpfulness. Proceedings of the ACM WSDM 2012, New York, 2012: 163-172.

[3] 孙小华. 协同过滤系统的稀疏性与冷启动问题研究. 杭州: 浙江大学, 2005.

[4] 曾春, 邢春晓, 周立柱. 个性化服务技术综述. 软件学报, 2002, 13(10): 1952-1961.

[5] He C B,Tang Y, Chen G H, et al. Collaborative recommendation model based on social network and its application. Journal of Convergence Information Technology, 2012, 7(2): 253-261.

[6] 孟祥武, 刘树栋, 张玉洁, 等. 社会化推荐系统研究. 软件学报, 2015, 26(6): 1356-1372.

[7] Guy I, Carmel D. Social recommender systems. Proceedings of the 20th International Conference on Companion on World Wide Web, New York, 2011: 283-284.

[8] Massa P, Avesani P. Trust metrics in recommender systems. Computing with Social Trust, 2009: 259-285.

[9] Victor P, Cornelis C, Cock M. Social recommender systems. Trust Networks for Recommender Systems, 2011, 4: 91-107.

[10] Bobadilla J, Hernando A, Fernando O, et al. Recommender systems survey. Knowledge-Based Systems, 2013, 46: 109-132.

[11] 甘早斌, 丁倩, 李开, 等. 基于声誉的多维度信任计算算法. 软件学报, 2011, 22(10): 2401-2411.

[12] Sánchez-Pi N, Carbó J, Molina J M. A knowledge-based system approach for a context-aware system. Knowledge-Based Systems, 2012, 27: 1-17.

[13] Chen K H, Han P P, Wu J. User clustering based social network recommendation. Chinese Journal of Computers, 2014, 36(2): 349-359.

[14] Chen X, Zheng Z B, Liu X D, et al. Personalized QoS-Aware Web service recommendation and visualization. IEEE Transactions on Services Computing, 2013, 99(1): 35-47.

[15] 朱强, 孙玉强. 一种基于信任度的协同过滤推荐方法. 清华大学学报(自然科学版), 2014, 54(3): 360-365.

[16] 王海燕, 杨文彬, 王随昌, 等. 基于可信联盟的推荐方法. 计算机学报, 2014, 37(2): 301-311.

[17] 张佩云, 黄波, 谢荣见, 等. 一种基于社会网络信任关系的服务推荐方法. 小型微型计算机系统, 2014, 35(2): 222-227.

[18] Deng S G, Huang L T, Wu J, et al. Trust-based personalized service recommendation: A network perspective. Journal of Computer Science and Technology, 2014, 29(1): 69-80.

[19] Li A M, Ngai E W T, Chai J Y. Friend recommendation for healthy weight in social networks. Industrial Management & Data Systems, 2015, 115(7): 1251-1268.

[20] Li P, Pan X Y, Chen H. User clustering topic recommendation algorithm based on two phase in the social network. International Journal of Multimedia and Ubiquitous Engineering, 2015, 10(10): 233-246.

[21] Zanda A, Eibe S, Menasalvas E. SOMAR: A social mobile activity recommender. Expert Systems with Applications, 2012, 39: 8423-8429.

[22] Symeonidis P, Papadimitriou A, Manolopoulos Y. Geo-social recommendations based on incremental tensor reduction and local path traversal. Proceedings of the 3rd ACM SIGSPATIAL International Workshop on Location-Based Social Networks, Chicago, 2011: 89-96.

[23] Hurley N, Zhang M. Novelty and diversity in top-N recommendation analysis and evaluation. ACM Transactions on Internet Technology, 2011, 10(4): 1-30.

[24] Golbeck J. Computing and Applying Trust in Web-based Social Networks. City of College Park: University of Maryland, 2005.

第9章 基于信誉属性的动态云资源预留方法

9.1 研 究 意 义

云计算[1-4]以其便利、经济、高可扩展性等优势吸引了越来越多的用户和企业的目光，但是目前云计算安全[5,6]面临各种挑战，以可信赖方式（如高质量、高可靠性）提供云服务是云安全研究领域的一大热点，服务质量和服务的可靠程度[7]在很大程度上决定了云计算应用普及的命运。

云计算将大量的各种资源，例如，存储、计算、平台和各种软硬件服务组成一个大型的资源池，通过 Internet 向用户提供即付即用的服务。对很多人的认知而言，云计算就是网格计算的进一步发展，是将网络技术与传统计算机技术融合之后的产物，云计算的出现使得用户可以随时随地以任何终端（能够连接至互联网的终端设备）访问云中的服务。在云中，用户希望从云端获得优质且有质量保证的服务，而提供商则希望优化资源配置且用户诚实地使用服务，然而到目前为止，关于云计算方面的研究工作更多的是关注于服务的质量，但是云计算还没有统一的质量认证体系。

现在很多领域（如实时计算）都对服务的服务质量有严格的要求，这种服务质量保证的解决办法之一就是通过预留来实现。资源预留就是为了使用户集中使用资源，以确保在用户使用过程中获得所需的资源能力，使用户任务得到高质量地完成。

为了保证服务质量，之前主流的解决方法是对相应资源的优化配置及预留管理[8,9]，而在云计算方面，安全可信是云计算推广成败的关键[10]。目前，很多学者已经开始展开了关于云资源预留方面的研究，但是内容还不够深入。传统的资源预留机制多采用静态的预留机制[11-13]，即在预留任务执行之前已经完成了资源分配。云计算的动态特性，例如，云资源的动态加入和退出，用户预留请求到达时间的随机性，使得传统的资源预留不适用于云计算，因此需要研究一种资源预留机制，使其具有动态性。

多数情况下，人们更多的是侧重对服务提供商进行信任管理，而忽略对用户的信任评价，而在云计算中要同时考虑这两者，即云用户对云端的服务提供商能够忠实地提供各种服务的信任和服务提供商对用户正常使用服务而不存在恶意行为的信任。目前的研究工作大多集中于云用户对云服务提供商的信任（主要是对提供商提供的服务进行可信性[14]评价），这远远不够，云用户持有可信的身份，但其行为可能是不可信的，这就需要对用户进行可信性评价，将云计算中的不安全因素从用户方面加以有效的控制。可见，研究可信的云资源预留机制对于有效的组织云端资源具有理论价值和实际意义。

资源预留是指在用户指定的时间范围内向用户提供用户所需求的服务，旨在提高服务质量和用户满意度。目前关于云资源预留，很多的学者已经开始进行研究，但是目前这方面的内容还是不够全面和深入。从应对 Internet 应用的特征特点来看，云计算与网格是一样的[15]，关于网格方面的资源预留已经相当成熟，因此可以借鉴网格方面的资源预留机制来进行云资源预留。

网格环境下资源预留的一般过程在文献[16]、[17]中有相关描述，即资源管理系统接收到用户关于资源的预留请求后，系统对请求进行接纳测试，测试通过则接受预留请求，在相应的资源上建立预留任务；否则拒绝用户预留请求。目前网格环境下多采用静态的资源预留机制，该过程为：资源管理系统针对用户的预留请求，查看是否存在满足其需求的资源，存在则按照一定的策略将用户的预留请求加入到待处理的预留队列中，也就是说，在用户实际使用申请到的资源之前，系统已经将具体资源分配给了确切的用户。

Foster 等[18]结合预留和自适应技术提出了一种关于 QoS 的方法，克服了在处理高带宽、动态流时，固定预留能力浪费资源与过度拥塞时自适应技术失败的问题。Lu 等[19]发现小型和中型 IaaS（Infrastructure as a Service）提供商由于有限的资源能力很难实时地满足所有请求，在这种条件下，作者假设基于 SLA（Service-Level Agreement）的资源请求，并介绍了在 SLA 协商过程中，通过使用计算几何学的一种提前预留方法。基于该模型，服务提供商能够方便地核实满足用户 QoS 的资源可用量。Venugopal 等[20]使用了备用报价（alternate offers）机制为 SLA 协商提出了一个双边协议，这一协议被用来协商资源代理和提供者之间的关于计算节点的提前预订，并在实时的网格系统上执行与评价资源预定。Vecchiola 等[21]提出了 Aneka 架构，该 Aneka 架构是云上的一个开发分布式应用的平台和框架，Aneka 实现了备用报价协议，此项协议允许用户在初始请求的 QoS 参数在没有被系统满足的情况下对定价设施进行讨价还价。在划域管理方面，Shin 等[22]提出了一种在 IaaS 环境中的基于域的架构来管理用户和虚拟资源。

在对云计算安全方面进行分析后，冯登国等[23]就云计算所面临的安全问题，提出了一个参考性安全技术框架，并详细描述了该参考框架下的两大主要部分。沈昌祥[24]院士在调查了 29 家企业、咨询公司和技术供货商关于云计算的相关技术后，提出了云计算的安全问题与信息安全等级保护架构。

虽然现在关于云计算预留方面也有很多的研究，但是大部分是从时间和空间的角度去考虑如何提高资源利用率与碎片利用等问题，而忽略了云计算的动态特性。如果在预留任务开始执行之前有新的预留任务到来，则静态的机制的处理方法有失灵活性，当预留队列发生变化时，难以控制其对于资源的利用率的影响。云计算环境下，由于服务提供商动态地加入或退出，用户预留请求到达时间的不确定性等因素使得静态的预留机制显得力不从心，所以采用动态的预留机制是必要的选择。高瞻等[25]提出了动态的网格资源预留机制（Dynamic Resource Reservation Mechanism，DRRM），该机制下在接受用户请求之前，先进行接纳测试，并且对于接受的用户预留请求只有在其真正需要使用资源时才被调度，但是并没有具体地描述如何选择候选资源，也没有对供求双方的可信性进行评价。

在信任评价方面，唐文等[26]在对信任管理建模方面运用了模糊集合理论，定义了信任类型，给出了信任的评判机制，并进行了信任关系的形式化推导，文献中采用树状结构来描述信任类型，称为概念树，介绍了当概念树高度为 1 时，简单模糊综合评判的过程就是该信任评价的过程。李明楚等[27]在对 CAS（Community Authorization Service）增加了反馈机制的基础上，提出了动态授权模型，并在信任度计算机制中提出了一种分层信任模型，该模型是基于行为的，通过服务权值来区分服务的重要程度，以此来有效地抑制恶意资源。

在划域管理方面，Li 等[28]介绍了一种在交叉云环境中基于域的解决云安全的信任模型，在交叉云环境中，云用户可以在异构的域中选择不同提供商的服务和资源。该模型将一个提供商的资源节点放到同一个域中并设置信任代理，有效安全地建立了信任关系。Yang 等[29]为了解决计算来自不同域的资源实体的推荐信任，构造了一个两层域架构来组织分布式跨域合作，基于这个架构设计了对应的信任值评价算法。吴国凤等[30]根据网格技术的特点，在基于域的信任分层模型的基础上进行了改进，划分域内、域间信任关系，并对信任值的更新进行了完善。

本章在上述划域管理、预留策略与可信性评价等相关理论知识的基础上，结合云计算的动态特性，使用动态资源预留方法并采用双向信任评价机制，旨在提出一种基于信誉属性的动态资源预留机制用于保证资源预留的灵活性及交互过程的安全可信性。本章的主要工作如下。

（1）云计算把大量资源进行集中，这些资源可以同时租用给多个用户，以此方式来实现共享资源，然而这些资源种类繁多，数量巨大，云提供商在对这些巨量资源进行管理时会面临很多难题，这就需要采取一项有效的管理措施。本章采用的方法是将云计算环境按照服务的功能划分成不同的域进行管理，提出了云平台中的划域管理逻辑架构，这样就便于资源的集中管理和降低用户搜索服务的成本，然后采用伯努利大数定理对域中资源量进行配置，可以避免每个域中因配置过多资源造成资源浪费，也避免了因资源配置不足造成资源供应不足。

（2）在资源预留之前，首先要判断并选择出用户的候选资源，然后预留给用户。这就涉及对候选资源的判断与选择，本章采用的方法是将服务按照用户偏好进行分类，选择接近用户偏好的那一类中信誉值高的服务作为用户的候选资源，在对用户选择服务进行分流的同时，也在一定程度上达到减少了资源争夺，增加资源利用率的目的。

（3）关于资源预留，之前采用的方法一般都是传统的静态资源预留，在用户实际使用资源之前已经完成了资源的分配，这样做忽略了云计算的动态特性，造成资源预留的不灵活。因此本章采用了动态的资源预留策略，在向用户提供资源预留之前，先对用户预留请求进行接纳测试，满足条件的才进行资源预留，这样能有效地缓冲云计算动态性造成的影响。

（4）为了提高提供商和用户在交互过程中的可信性，需要一种信任机制。目前的研究工作大多集中于云用户对云服务提供商的信任，这还不够，因为用户可能持有合法的身份，但做出非法的行为，所以本章采用双向的信任评价机制，增加交易的可信性，减少欺骗行为的发生。而又由于信任具有主观性，主观的信任本身具有模糊性特点，所以在信任评价时，采用模糊评价方法，这样更符合人的主观意识。

（5）利用实验对机制进行验证，分别对存在恶意用户、恶意资源情况下，对比有可信机制（Trust Mechanism，TM）和无可信机制（Non-Trust Mechanism，NTM）时的交易成功率与失败率，对比采用用户偏好进行候选资源选择和随机进行候选资源选择下用户满意度情况。验证采用动态预留机制，预留请求接纳率的情况。

本章的后续小节分别介绍：相关理论知识，基于管理域的云资源管理逻辑架构，云用户和云资源双向信任评价方法，基于用户偏好的云资源选择方法，动态资源预留策略，最后给出仿真实验及结果分析和本章小结。

9.2　相关理论知识

本节介绍基于信誉属性的可信云资源预留方法相关的技术和理论知识，包括：云计算的定义、云计算的安全问题及研究现状、云计算的发展趋势、可信计算以及模糊聚类。

9.2.1　云计算的定义

云计算已经成为服务计算领域中的一个可扩展的服务消费平台和服务交付平台，云计算的技术基础包括面向对象架构和软、硬件的虚拟化，云计算的目标是共享云服务用户、云伙伴和云供货商之间的资源[31]。

关于云计算的定义，不同学者从不同角度进行了阐述[32]。而 Foster 等[2]给出了另一种定义，云计算是被经济规模驱动的分布式计算，它是由抽象的、虚拟化的、动态可扩展的和可托管的计算力、存储、平台和服务组成的资源池，能够通过 Internet 即付即用地向用户提供服务。NIST（National Institute of Standards and Technology）给出的云计算的定义[33]是，云计算是一种可以令用户在任意时间、任意地点以快捷和按需的方式访问可配置计算资源（如网络、服务、存储、应用）的共享资源池，这些计算资源被快速地提供和释放，使得管理工作量与服务提供商的交互量减少。简单地讲，云计算就是指用户通过网络以按需的方式从 IT 基础设施获得所需资源[34]。

就云计算自身而言，有如下几个特性[35]。

（1）以用户为中心的接口，云服务可以通过简单通用的方式被访问，云接口不会改变用户的工作习惯和工作环境，需要进行本地安装的云用户软件占用量少、云接口位置独立，能够通过已有的 Web 服务架构和互联网浏览器进行访问。

（2）按需提供服务，云按需提供用户资源与服务，云用户可以自定义和个性化自己的使用环境，如网络配置等，通常用户拥有这样的管理权限。

（3）保证服务质量，云计算向云用户提供的服务可以保证服务质量，如 CPU 速度、I/O 带宽和内存大小。

（4）自治系统，云计算自治并且对用户透明，云计算中的软硬件和数据能自动配置，并协调与整合成一个单一的平台呈现给用户。

（5）可扩展性和灵活性是云计算的重要特征，其规模的伸缩性可以满足用户不同规模的需求。

正是由于以上特性，云用户更有意愿使用云计算，另外云计算降低了用户对 IT 专业知识的依赖，使得用户更方便地使用云计算。

9.2.2　云计算的安全问题及研究现状

自云计算成为新兴技术并不断发展以来，其安全问题也越来越受关注，云计算主要包括三个方面的安全问题[36]：数据安全与用户应用安全、资源的滥用和服务平台的安全，而云计算的弹性、可扩展性等特性将这些问题变得更加突出。惠普公司于 2012 年 9 月 11 日宣布了一项调查结果：目前云计算的安全依然是大多数企业担心最多的问题，但这是一个认识问题，却不是技术问题，半数以上的受访者表示在购买服务时，不对提供商进行筛选，并且缺乏对安全需求的了解[37]。云计算在控制方面与其他 IT 环境基本上是相同的[38]，但是云计算的运营、服务模型等方面的技术可能会产生新的安全问题，而且是不同于之前的安全问题，云计算存在的安全问题包括云平台遭到攻击的问题、虚拟化安全问题和云平台可用性问题等。

为了解决云计算安全问题，云安全联盟（Cloud Security Alliance，CSA）于 2009 年在 RSA 大会上宣布成立[39]，在云计算环境的背景下，以提供最佳的安全方案为目的。云计算中的身份管理对云计算安全提出了新的挑战，为了解决这些安全问题，结构化信息标准推进组织（Organization for the Advancement of Structured Information Standards，OASIS）于 2010 年 5 月 19 号成立了云中身份技术委员会（Identity in the Cloud Technical Committee，IDCloud）[40]，并且 IDCloud 在身份管理与云安全方面与 ITU（International Telecommunication Union）和云安全联盟合作。在我国，《云计算标准化白皮书》[41]于 2012 年问世，《云计算标准化白皮书》是由中国电子技术标准化研究院牵头，并由多位国内行业专家编写而成，在分析和研究了当前云计算标准的基础上，对云计算标准化的制定提出了建议。

9.2.3　云计算的发展趋势

当前，全球云计算处于发展初期，世界各国纷纷将云计算作为新时期塑造国际竞争新优势的战略焦点。美国、欧盟、日本、韩国、澳大利亚等国家和地区均先后发布了云计算战略、行动计划，出台了一系列支持云计算发展的政策，从云计算技术研发、政府采购和电子政务云迁移等多个方面加快推动云计算发展。

在全球范围内，2016 年以 IaaS、PaaS 和 SaaS 为代表的典型云服务市场规模达到 654.8 亿美元，增速 25.4%，预计 2020 年将达到 1435.3 亿美元，年复合增长率达 21.7%[42]。在大数据环境下，云计算扮演着举足轻重的角色[43]。云计算在全球范围内将保持稳步增长。

我国面临难得的机遇，但也存在服务能力较薄弱、核心技术差距较大、信息资源开放共享不够、信息安全挑战突出等问题，重建设轻应用、数据中心无序发展苗头初步显现。为促进我国云计算创新发展，积极培育信息产业新业态，2015 年 1 月，国务院提出《关于促进云计算创新发展培育信息产业新业态的意见》[44]，将提升能力、深化应用作为我国云计算创新发展的主线，并制定了到 2017 年和 2020 年两个阶段的发展路线图。

随着"互联网+"战略、"中国制造 2025"的不断推进，各行业转型升级的迫切性不断提升，未来云计算与各领域的融合将不断加深[45]。2017 年 4 月，为贯彻落实《关于促进云计算创新发展培育信息产业新业态的意见》，促进云计算健康快速发展，工业和信息化部编制了《云计算发展三年行动计划（2017—2019 年）》[46]，指出"十二五"末期，我国云计算产业规模已达 1500 亿元，产业发展势头迅猛、创新能力显著增强、服务能力大幅提升、应用范畴不断拓展，已成为提升信息化发展水平、打造数字经济新动能的重要支撑。""到 2019 年，我国云计算产业规模将达到 4300 亿元，突破一批核心关键技术，云计算服务能力达到国际先进水平，对新一代信息产业发展的带动效应显著增强。"

为了说明云计算及相关技术的全球趋势，IEEE（Institute of Electrical and Electronics Engineers）会上张良杰以企业架构为基础来说明企业创新[47]，比较流行的企业架构是 TOGAF（The Open Group Architecture Framework），此架构涵盖数据架构、业务架构、应用架构和技术架构。从数据架构创新看，云计算正在被杀手级应用驱动，应用越多，数据越多。从业务架构角度看，云计算正在创建全新的业务模式。从应用架构创新角度看，云计算加快了应用软件服务化的速度。从技术架构角度看，有三个主要的趋势：第一提供开放的云平台；第二创新趋势，集合硬件、软件和服务于一体，隐藏 IT 系统的复杂性；第三云架构的管理，包括各架构的体系结构构建块的标准化。近几年，云服务和云应用被越来越多的人所接受，并被应用到越来越多的领域，云计算标准的制定也成为未来云计算所要关注的主要问题和行业热点。加快推进云计算标准化工作，提升标准对构建云计算生态系统的整体支撑作用，组织相关单位、标准化机构和标准化技术组织编制了《云计算综合标准化体系建设指南》[48]。在文献[49]中介绍了关于目前云计算发展存在的各种问题，如标准的缺失等。关于云标准的制定工作，ISO、IEC、ITU 三大标准组织已着手展开，同时数十个国内外标准组织也开始展开。

目前很多的企业都已经开始提供相应的云计算服务，不论是国外的 IBM、微软，还是国内的浪潮都已经提供了相对的云服务技术，如云存储、云计算，以及各领域的应用云，如卫生云、政务云。云计算会越来越渗透人们的日常生活。

9.2.4　可信计算

可信计算到目前为止还没有一个统一的定义，但是提出这个概念的组织 TCG 将可信定义为：如果一个实体的行为到达预定目标的方式总是以所预期的方式实现，则称该实体是可信的[50]。张焕国等提出过可信性约等于可靠加安全这样一种通俗的说法[51]。可信计算平台是采用可信服务的软、硬件组合的方式，提供系统的可靠性、信息的安全性、系统的可用性。可信计算平台的目标是形成可信网络，它的实现过程是，首先在一个网络中建立一个可信域，在这个可信域的基础上，将单个的可信计算平台扩展到整个网络之中，形成可信网络[52]。可信计算的基本思想在文献[53]中有详细的描述，大致是建立一个计算机系统的信任根，并沿着经过硬件设备、OS、应用的信任链进行逐级的信任认证，使得整个计算机系统都是可信的。可信计算经历了几十年的发展，仍然面临很多问题，无论是理论研究还是关键技术抑或是安全机制和应用都存在着许多的问题，虽然如此，可信计算在安全方面所起的作用却越来越受人们重视，因为无论其在身份保护、数字版权保护还是保护身份验证方面都起着无可取代的作用[54]。

9.2.5　模糊聚类

对事物按一定要求进行分类的数学方法称为聚类分析。传统的聚类分析是将待分类对象严格地划分到某类中，各类之间的划分界限是分明的，这是一种硬化分。而采用模糊聚类分析时正好相反，事物之间的界限通常是模糊的。模糊聚类分析已经被应用到许多领域，如图像处理、模式识别、医院诊断、入侵检测等。模糊聚类分析的一般步骤为[55]：数据标准化、标定（建立模糊相似矩阵）、聚类。其中，数据标准化又包含两个步骤，数据矩阵和数据标准化；第三步聚类中有 4 种方法，分别是基于模糊等价矩阵聚类方法、编网法、直接聚类法和最大树法。

在进行问题分析时，被分类对象通常会有许多属性，对应的属性会有相应的数据值，这就形成了一个原始的数据矩阵。对于原始的数据矩阵，其中的数据之间可能存在单位和量纲不一样的问题，会导致绝对值大的数据在进行分类时占主导作用，而绝对值小的资料不起作用，这样的分类结果通常不够准确，所以要标准化原始数据。常用的标准化方法有标准差变换、极差变换和对数变换。

（1）标准差变换方法为

$$x'_{ik} = \frac{x_{ik} - \overline{x}_k}{s_k} \quad (i = 1, 2, \cdots, n; \ k = 1, 2, \cdots, m)$$

式中，$\overline{x}_k = \dfrac{1}{n}\sum_{i=1}^{n} x_{ik}$，$s_k = \sqrt{\dfrac{1}{n}\sum_{i=1}^{n}(x_{ik} - \overline{x}_k)^2}$，这个方法虽然消除了量纲的影响，但是无法确定 $x'_{ik} \in [0,1]$。

（2）极差变换方法为

$$x''_{ik} = \frac{x'_{ik} - \min_{1 \leqslant i \leqslant n}\{x'_{ik}\}}{\max_{1 \leqslant i \leqslant n}\{x'_{ik}\} - \min_{1 \leqslant i \leqslant n}\{x'_{ik}\}} \quad (k = 1, 2, \cdots, m)$$

消除了量纲影响的同时，$x''_{ik} \in [0,1]$。

（3）对数变换方法[55]为

$$x'_{ik} = \lg x_{ik} \, (i = 1, 2, \cdots, n; \ k = 1, 2, \cdots, m)$$

然后按照传统的聚类分析建立模糊相似矩阵，建立模糊相似矩阵的方法有最大最小法、相关系数法、算数平均数法、距离法等。距离法中又包括直接距离法、倒数距离法和指数距离法。直接距离法中又包括海明距离、欧几里得距离和切比雪夫距离[56]。采用哪种方法建立模糊相似矩阵要根据问题的性质；接下来用平方法求得传递闭包，再采用 F 统计量方法对聚类中 λ 进行最佳值确定；就可以得出最终的聚类结果。

9.3 基于管理域的云资源管理逻辑架构

为了降低云计算系统中资源管理和信任管理的复杂性,将云计算网络环境下的服务按照功能划分为逻辑上的管理域。本节给出一种基于管理域的云资源管理逻辑模型。首先给出云资源管理逻辑架构,然后给出一种确定域内资源个数的方法。

9.3.1 逻辑架构

基于管理域的云资源管理逻辑架构如图 9-1 所示。

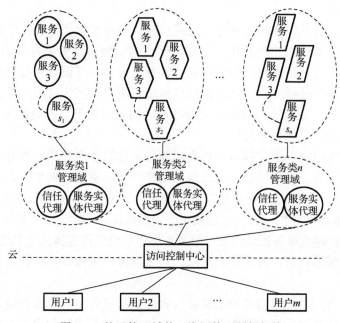

图 9-1 基于管理域的云资源管理逻辑架构

该架构主要由访问控制中心和管理域组成,管理域中又包含信任代理、服务实体代理和服务实体。各模块的功能如下。

(1)访问控制中心:对访问用户进行身份管理,如用户注册、注销,以及身份验证等。为了突出阐述重点,访问控制中心的内部的技术不再赘述,本章假设访问控制中心的功能已得到保障。

(2)服务实体:为用户提供各种服务的资源即为服务实体,一个服务实体对应一个资源。

(3)管理域:将不同的服务按照功能划分为不同的逻辑域。每个管理域中的服务具有相同的服务类型,但是服务的属性存在一定差异。将同类型的服务聚集到同一管理域有两个优点：一是方便对功能相同的服务进行集中管理，降低管理成本；另一个是从用户的角度来看，降低了用户购买服务的难度，同时也降低了搜索成本。

管理域中设置两个代理：信任代理和服务实体代理。

（4）信任代理：收集、计算、存储用户和服务实体的信誉信息。维护用户和服务实体的信任表，动态更新信任值。

因为本架构是根据信任值来判断是否向用户提供服务或是服务实体能否提供给用户服务，所以每个域中需要一个信任代理管理服务实体。

对于服务实体而言，服务实体对用户的信任值的存储方式有两种：一种是存在本地；另一种是存储在信任代理处。而对于用户，用户对服务实体的信任值则是存储在信任代理处。

每次用户向服务实体代理进行资源请求时，服务实体代理会向信任代理询问该用户的信任值，若该用户为新用户，则将用户的初始信任值设置为 0.5。若该用户不是新用户，则会查询该用户的信任值，若该用户的信任值在未经过时间衰减时就已经低于一定的信任阈值，则认定该用户为恶意用户，拒绝向用户提供服务。若该用户信任值高于一定的信誉阈值，但是经过时间衰减后的信任值低于 0.5，则将该用户的信任值重新设置为 0.5。

每次用户使用完服务实体后，就会对服务实体的各信誉属性进行信任评价，使得服务实体各信誉评价属性的值更合理，更符合实际情况。例如，服务质量，当很多用户反映该服务实体的服务质量描述不符合实际使用情况时，就要更改其服务质量的信誉值。当服务实体的综合信誉值低于一定的阈值时，就认为该服务实体为恶意实体，将此信息传递给服务实体代理，服务实体代理会将该实体从该管理域中剔除。

（5）服务实体代理：接受用户请求，预处理用户预留请求，管理服务实体的动态加入与退出。

框架中所有的用户申请都不会直接与服务实体进行交互，而是通过服务实体代理，服务实体代理接收用户请求并分析，按照用户的需求将相应的信息传递给服务实体，服务实体提供相应的服务。

该框架中的支撑信任管理的关键技术是：云用户和云资源的双向信任评价方法、基于用户偏好的资源选择方法和动态资源预留策略。这些技术分别在 9.4 节、9.5 节和 9.6 节阐述。

9.3.2　伯努利大数定理的域内资源数目确定方法

云中各服务按功能划分域后，在既满足用户需求，又保证资源利用率的前提下，采用伯努利大数定理进行各域服务实体个数的确定。

伯努利大数定理指出事件发生的频率在试验的次数很大时可以用来代替事件的概率[57]。实际生活中用户需求行为往往具有某种规律性，用户需求总量用随机变量

X 表示，X 是离散型随机变量。根据历史信息，以时间 T 为周期，收集用户需求总量的值，则 X 的可能取的值为 $X_k(k=1,2,\cdots)$，根据伯努利大数定理，事件的频率代替概率，则 X 的分布为 $P(X=k)=p_k$，$k=1,2,\cdots$，而 p_k 的值由伯努利大数定理进行试验确定，X 的分布律如表 9-1 所示。

表 9-1 X 的分布律

X	x_1	x_2	x_3	$\cdots$
p_k	p_1	p_2	p_3	$\cdots$

那么每个周期 T 内用户需求总量的数学期望是 $E(X)=\sum\limits_{k=1} x_k p_k$，方差为 $D(X)=\sum\limits_{k=1}[x_k-E(X)]^2 p_k$，据此估算出用户每个周期 T 的需求总量数。

针对用户每个周期 T 的需求总量数，在保证资源利用率的情况下，判断出所需要的服务实体的个数。对资源利用率设定一定的阈值，只有大于等于阈值的才纳入分析范围。

对服务实体个数设置随机变量 Y，Y 是个离散型随机变量，Y 的可能取值为 $y_t(t=1,2,\cdots)$，根据伯努利大数定理，则 Y 的分布为 $P(Y=t)=p_t$，$t=1,2,\cdots$，p_t 的值由伯努利大数定理进行试验确定，则 Y 的分布律表 9-2 所示。

表 9-2 Y 的分布律

Y	y_1	y_2	y_3	$\cdots$
p_t	p_1	p_2	p_3	$\cdots$

那么满足一定资源利用率阈值的服务实体个数的数学期望是 $E(Y)=\sum\limits_{k=1} y_t p_t$，方差为 $D(Y)=\sum\limits_{k=1}[y_k-E(y)]^2 p_k$，据此估算出满足用户每个周期 T 的需求总量的服务实体的个数，从而确定每个管理域中服务实体的个数。

9.4 云用户和云资源双向信任评价方法

为了防止单向信任而造成另一方的损失，本节采用双向的信任评价机制，来提高提供商和用户在交互过程中的可信性，而信任具有主观性，所以在进行信任评价时，使用模糊评价方法。

9.4.1 用户对服务实体的信任评价

用户使用完服务实体后对服务实体的信任评价采用模糊评价方法。首先确定模糊集的隶属度，对隶属度函数进行确定的方法有例证法、专家经验法、模糊统计法和二元对比排序法[58]。

对信任进行综合评判时，要考虑 4 个因素：服务信誉评价属性集 $E = \{re_1, re_2, \cdots, re_n\}$，如 $E=\{$价格，质量，及时性$\}$；对服务实体的评价集 $D = \{d_1, d_2, \cdots, d_m\}$，如 $D=\{$不可信，临界可信，一般可信，非常可信，绝对可信$\}$；信誉评价属性评判矩阵 $R_d = (r_{ij})_{n \times M}$；各信誉属性的权重分配 $W = (w_1, w_2, \cdots, w_n)$。

服务信誉评价属性集 E 包含了构成服务实体信誉的所有属性。评价集 D 是对特定主体的属性做出的不同等级的评价，评价等级数为 M。r_{ij} 表示为对信誉评价属性 re_i 做出 d_j 评价的可能性。根据隶属度函数计算出各信誉评价属性对评价的隶属度，从而得到隶属度矩阵 R_d。

$$R_d = \begin{bmatrix} r_{11} & r_{12} & \cdots & r_{1m} \\ r_{21} & r_{22} & \cdots & r_{2m} \\ \vdots & \vdots & & \vdots \\ r_{n1} & r_{n2} & \cdots & r_{nm} \end{bmatrix}$$

W 是一个权重分配，表示用户对于每种信誉评价属性的偏好不同，用向量 $W = [w_1, w_2, \cdots, w_n]$ 表示，其中 $w_i \in [0,1]$ 且 $\sum_{i=1}^{n} w_i = 1$。

利用权重值，得出

$$F = w \circ R_d = [f_{s1}, f_{s2}, \cdots, f_{sm}]$$

式中，F 只是模糊向量，要算出对服务实体的评价值是一个确切的数值，采用如下方法算出用户 i 对服务实体 j 的信任值：

$$T_{u\text{New}}^s(i, j) = \frac{\sum_{k=1}^{m} w_k f_{sk}}{\sum_{k=1}^{m} f_{sk}} \tag{9-1}$$

此次交易后，采取奖惩措施更新用户 i 对服务实体 j 的信任值。无论是用户还是服务实体，其行为可信都具有"慢升""快降"的特点，要取得高信任值需要一个漫长的过程，而一次行为欺骗就会导致信任快速降低，所以引入奖惩因子。同时要结合之前用户对于服务实体的信任值，更新信任值，判定是否 $T_{u\text{New}}^s(i, j) > \tau$，不等式成立表示信任值不下降，采取奖励措施，用户 i 对服务实体 j 的信任更新公式如下：

$$T_{ud}^{\prime\prime s}(i, j) = T_{ud}^{\prime s}(i, j) + \mu \cdot (T_{u\text{New}}^s(i, j) - \tau) e^{-(T_{u\text{New}}^s(i,j) - \tau)} \tag{9-2}$$

式中，$T_{ud}^{\prime\prime s}(i, j)$ 为交易前经时间衰减后用户 i 对服务实体 j 的信任评价值；$(T_{u\text{New}}^s(i, j) - \tau) e^{-(T_{u\text{New}}^s(i,j) - \tau)}$ 为奖惩因子；μ 为此次交易空间时间复杂度和交易重要性影

响因子；$T_{ud}''^{s}(i,j)$ 为更新后的信任值。

根据交易后用户对服务实体各信誉属性的评价，动态地调整各信誉评价属性的值，使得服务信誉评价属性的值更合理，更符合实际情况。例如，服务质量，当很多用户反映该服务实体的服务质量描述不符合实际使用情况时，就要降低其服务质量的信誉值。

9.4.2　用户对推荐用户的信任评价

用户 i 使用完服务后对服务实体 j 进行评价，评价信息与用户 r 给出的评价信息相接近时，用户 i 对用户 r 的信任关系就设置为信任；当用户 i 与用户 r 对服务实体的评价信息相差很多时，i 对 r 就设置低信任值。以此来建立用户间的信任关系，并实现用户之间对于服务实体的推荐。判断是否 $\left| T_{ud}''^{s}(i,j) - T_{ud}'^{s}(r,j) \right| - \theta > 0$，若是则表明两者关于同一服务实体的评价信息不接近。

用户 i 对用户 r 的信任评价值更新公式如下：

$$T_{ud}''^{u}(i,r) = T_{ud}'^{u}(i,r) - \mu \times \left(\left| T_{ud}''^{s}(i,j) - T_{ud}'^{s}(r,j) \right| - \theta \right) e^{\left| T_{ud}''^{s}(i,j) - T_{ud}'^{s}(r,j) \right| - \theta} \tag{9-3}$$

式中，$T_{ud}''^{u}(i,r)$ 为时间衰减后用户 i 对用户 r 的直接信任；$T_{ud}''^{s}(i,j)$ 为此次交易后，用户 i 对服务实体 j 的直接任值；$T_{ud}'^{s}(r,j)$ 为时间衰减后用户 r 对服务实体 j 的直接信任值；$\left(\left| T_{ud}''^{s}(i,j) - T_{ud}'^{s}(r,j) \right| - \theta \right) e^{\left| T_{ud}''^{s}(i,j) - T_{ud}'^{s}(r,j) \right| - \theta}$ 为奖惩因子；μ 为此次交易空间时间复杂度和交易重要性影响因子。

9.4.3　服务实体对用户的信任评价

本节采用双向信任评价，交易后不仅用户对服务实体的行为进行了信任评价，而且服务实体对用户的行为也进行了信任评价。同样采用模糊评价方法，当用户的综合信任值低于一定的信任阈值时，此域中的服务实体不再向该用户提供服务。

评价时，考虑 4 个因素，用户的信誉评价属性集 $UE = \{ue_1, ue_2, \cdots, ue_p\}$，如 UE={是否超时，额外申请资源}；对用户的评价集 $D = \{d_1, d_2, \cdots, d_q\}$，如 D={不可信，临界可信，一般可信，非常可信，绝对可信}；信誉评价属性评判矩阵 $R = (r_{ij})_{p \times Q}$；各信誉属性的权重分配 $W = (w_1, w_2, \cdots, w_p)$。根据隶属度函数计算出各信誉评价属性对评价的隶属度，从而得到隶属度矩阵 R。

W 是一个权重分配向量，表示服务实体对于用户每种信誉评价属性的侧重程度不同，表示为 $W = [w_1, w_2, \cdots, w_p]$，其中 $w_i \in [0,1]$ 且 $\sum_{i=1}^{p} w_i = 1$。

利用权重值，得出最终隶属度向量为

$$F_u = w \circ R = [f_1, f_2, \cdots, f_q]$$

式中，F_u 只是模糊向量，要算出对用户的评价值是一个确切的数值，采用如下方法算出服务实体 j 对用户 i 的信任值：

$$T_{s\text{New}}^u(j,i) = \frac{\sum\limits_{k=1}^{q} w_k f_k}{\sum\limits_{k=1}^{q} f_k} \tag{9-4}$$

得到评价后信任值为 $T_{s\text{New}}^u(j,i)$，根据可信的"慢升""快降"的特点，判断 $T_{s\text{New}}^u(j,i) > \sigma$，不等式成立表示信任值不下降，采取奖励措施，服务实体 j 对用户 i 的信任更新公式如下：

$$T_s''^u(j,i) = T_s'^u(j,i) + \mu \times \left(T_{s\text{New}}^u(j,i) - \sigma\right) e^{-(T_{s\text{New}}^u(j,i) - \sigma)} \tag{9-5}$$

式中，$T_s'^u(j,i)$ 为时间衰减后，服务实体 j 对用户 i 的信任值；$\left(T_{s\text{New}}^u(j,i) - \sigma\right) e^{-(T_{s\text{New}}^u(j,i) - \sigma)}$ 为奖惩因子；μ 为此次交易空间时间复杂度和交易重要性影响因子；$T_s''^u(j,i)$ 为经过此次交易后，服务实体 j 对用户 i 的最新信任值。

对用户进行惩罚后，信任值降低，在以后用户申请资源时，在等待队列中，其位置相对于同等条件的用户靠后，即信誉高用户优先选择资源。设置分段信任阈值，对于低于一定信任阈值 Φ 的拒绝提供预留资源，高于信誉阈值 Φ 且低于一定信任阈值 ψ 的其预留请求在等待队列中靠后。

9.4.4　推荐信任

首先对需要的直接信任和间接信任进行如下定义。

定义 9-1　直接信任：主体（用户或服务实体）A 经过信任评价，得出的关于主体 B 的信任度。

定义 9-2　推荐信任：主体 A 接受主体 B 提供的关于其他主体的直接信任。

不同的用户选择服务时通常具有自己的偏好（如可靠性、服务质量、价格等），这种偏好会影响用户对服务的信任。

管理域中用户对服务实体的信任值 $T_u^2 \in [0,1]$，对于从未使用过的服务实体，初始信任值设置为 0.5。

通过聚类分析得到满足用户偏好的服务实体。首先计算出用户对这些服务实体的信任值，满足一定信任阈值的服务实体可作为候选服务实体。

用户 i 对服务实体 j 的直接信任，在考虑了时间衰减与交互次数等影响因素的情况下，计算公式为

$$T_{ud}^s(i,j) = \begin{cases} 0.5, & m = 0 \\ \eta \times f(t) \times T_d(i,j), & m > 0 \end{cases} \quad (9\text{-}6)$$

式中，$T_d(i,j)$ 为上次交易时用户 i 对服务实体 j 的信任值；$T_{ud}^s(i,j)$ 为更新后的信任值；η 为交互次数影响因子，$\eta = \sqrt{n/(m+1)}$，其中，n 表示 m 次交互过程中，服务实体信任值不降低的次数，m 为总共的交易次数。$f(t)$ 为时间衰减函数，时间衰减函数采用指数衰减 $f(t) = e^{-[(t-t_0)/T_0]}$，其中，$t$ 为本次交易时刻，t_0 为上次交易时刻，T_0 为间隔周期，对于经过衰减后的信任值低于 0.5 的重新设置为 0.5。距离本次交易时刻越近的交易做出的评价对可信度的影响越大。

由于用户 i 对推荐用户 r 的直接信任也考虑了时间衰减和交互次数等影响因素，用户 i 对推荐用户 r 的直接信任值 $T_{ud}^u(i,r)$ 的计算公式可以采用与 $T_{ud}^s(i,j)$ 相同的计算式。

用户对服务实体的信任除了直接信任，还要考虑其他用户的推荐信任，用户在选择服务实体时会参考其他用户对服务实体的评价信息。

在初始情况下，新加入的用户对其他已存在的用户没有过任何信任交互，所以对其他用户没有信任关系，对用户的初始信任值设置为 0.5，同时参考其他域中代理对该用户的信任值，计算该域中对此用户的信任值。

用户 i 参考用户 $r(r \neq i)$ 对服务实体 j 的信任，来计算用户 i 对服务实体 j 的间接信任：

$$T_{ur}^s(i,j) = \frac{\sum_r T_{ud}^u(i,j) \times T_{ud}^s(r,j)}{\sum_r T_{ud}^u(i,r)} \quad (9\text{-}7)$$

那么就可以得出，用户 i 对服务实体 j 的最终信任为

$$T_f(i,j) = \zeta T_{ud}^s(i,j) + (1-\zeta)T_{ur}^s(i,j) \quad (9\text{-}8)$$

式中，ζ 为自信因子，表示用户对自己历史记录的信任权重，$\zeta = 1 - \mu^m$，$\mu \in [0,1]$，m 为交易次数。

9.5　基于用户偏好的云资源选择方法

本节考虑不同用户对服务的选择可能具有不同的偏好，例如，有些用户更喜欢质量高的服务，有些用户喜欢价格低的服务。这就需要按照用户的偏好对服务进行分类，选择出与用户偏好最为接近的服务作为其候选服务实体。这样更能满足用户的需求，增加用户的满意度。首先基于用户偏好对云资源分类，然后从分好类的云资源中选择最贴近用户偏好的云资源作为预留资源。方法的详细描述如下。

给出满足基本条件的服务实体向量，表示为 $A = [a_1, a_2, \cdots, a_n]$，每个实体对应 m 个服务信誉评价属性，表示为 $a_i = [a_{i1}, a_{i2}, \cdots, a_{im}](i = 1, 2, \cdots, m)$，这样就可以得到原始的信誉评价矩阵：

$$\begin{bmatrix} a_{11} & a_{12} & \cdots & a_{1m} \\ a_{21} & a_{22} & \cdots & a_{2m} \\ \vdots & \vdots & & \vdots \\ a_{n1} & a_{n2} & \cdots & a_{nm} \end{bmatrix}$$

矩阵中的元素 a_{nm} 表示为服务实体 n 的信誉评价属性 m 的原始数据值。不同的属性值可能存在着量纲和单位不一样的情况，会造成绝对值大的属性对计算结果起主要作用，而值小的属性不起作用。

为了避免上述情况的发生，要对这些原始的数据进行标准化。采用线性的极差变换的方法：

$$a'_{ij} = \frac{a_{ij} - \min_{1 \leq k \leq n}(a_{kj})}{\max_{1 \leq k \leq n}(a_{kj}) - \min_{1 \leq k \leq n}(a_{kj})}, \quad i = 1, 2, \cdots, n; j = 1, 2, \cdots, m \quad (9\text{-}9)$$

这样就消除了量纲的影响，并使得 $a'_{ij} \in [0, 1]$，从而形成标准化评价矩阵：

$$R_s = \begin{bmatrix} a'_{11} & a'_{12} & \cdots & a'_{1m} \\ a'_{21} & a'_{22} & \cdots & a'_{2m} \\ \vdots & \vdots & & \vdots \\ a'_{n1} & a'_{n2} & \cdots & a'_{nm} \end{bmatrix}$$

为方便地表达用户对服务实体信誉属性偏好的不同，引入用户偏好向量，表示为 $w = [w_1, w_2, \cdots, w_m]$，其中 $w_i \in [0, 1]$ 且 $\sum_{i=1}^{m} w_i = 1$。

采用带权重的绝对值减法计算模糊相似矩阵：

$$r_{ij} = 1 - c \sum_{k=1}^{m} w_k \left| a'_{ik} - a'_{jk} \right|, i, j \in [1, n], k \in [1, m] \quad (9\text{-}10)$$

对 c 适当选取，使得 r_{ij} 在 $[0, 1]$ 中，且分散开，由此得到模糊相似矩阵：

$$R = \begin{bmatrix} r_{11} & r_{12} & \cdots & r_{1n} \\ r_{21} & r_{22} & \cdots & r_{2n} \\ \vdots & \vdots & & \vdots \\ r_{n1} & r_{n2} & \cdots & r_{nn} \end{bmatrix}$$

根据文献[56]中的定理 3.3，可证明 R 为模糊等价矩阵。对矩阵 R 用传递闭包法进行聚类，取 λ 从 1 到 0，依次截得等价关系 R_λ，从而将全体服务实体 A 分类，λ 从

1 到 0，所得分类逐步归并，可形成一个聚类图。

聚类图给出了不同 λ 值下的分类，形成一种动态聚类，对于选择合理的阈值 λ，吴震建议使用 F 统计量选择 λ 最佳值。

分好类别后，要选择与用户偏好相近的类别。采用平均值法进行评判。第 k 个分类 C_k 所对应的值用 Q_k 表示。

$$Q_k = \text{AVG}(C_k) = \frac{1}{n}\sum_{i=1}^{n}\sum_{j=1}^{m}a_{ij}w_j \qquad (9\text{-}11)$$

按照用户偏好进行聚类分析后，第 k 个分类的服务实体的个数为 n，用户对服务信誉评价属性的偏好值为 w_j，a_{ij} 为分类 k 中第 i 个服务实体的第 j 个服务信誉评价属性的值。当 Q_k 的值越大时，就表明用户偏好越接近这一分类，就选择此类中的服务实体为用户提供服务。

9.6　动态资源预留策略

本节介绍针对用户需求的云资源动态变化的情况，动态预留资源的策略。假定允许用户同时申请多个资源（也就是服务实体），但用户的多个任务之间是相互独立的，每个服务实体只能按顺序执行一个用户任务，一个用户预留请求就对应一个用户任务。

用户在预留资源时可能会出现对资源预计量不足的情况，这时允许用户在使用过程中动态地申请资源，前提是有空闲资源可以满足用户需求，否则动态申请失败。动态申请也是按照一个任务只能调用一个资源进行处理。

用户发送预留请求，服务实体代理对用户预留请求进行预处理，然后对预留请求进行接纳测试，判断是否能够向用户提供预留服务。

每个管理域中设置一个三元组 $G < R, Q, E >$ 来表示服务实体-预留请求图，其中 R 表示所有服务实体节点的集合，对应一个管理域中所有的服务实体；Q 表示预留请求节点的集合，对应一个管理域中对服务实体的所有预留请求；一个服务实体 r_i 能够满足预留请求 q_j，就构成了一条边 e_{ij}，$e_{ij} \in E$。前面对每个预留请求都划定了候选服务实体的范围，边表示满足用户任务的候选服务实体。这样，一个管理域中，服务实体和预留请求的变化就对应着图中点与边的变化。

9.6.1　服务实体与预留请求之间的关系

服务实体与预留请求之间的二部图，如图 9-2 所示。

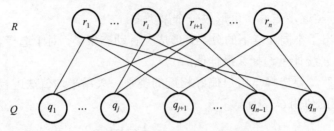

图 9-2　服务实体–预留请求图

对于新的用户预留请求先按照开始时间非按照开始时间先后添加到预留请求列表中，对于开始时间相同的则先按照信任值大的再按执行时间短的排序。

系统接收到一个新的预留请求，就要向二部图添加一个新的 q 节点，如果系统真正地接受这个请求，可能会对已经接受了的预留请求造成影响，产生资源分配冲突，所以在系统真正接受这个请求之前要先对这个请求进行接纳测试，用以判断是否要真正地接受这个预留请求。

假设二部图中，新加入的请求在图中的位置为 1，即预留请求 q_l，它拥有某些候选服务实体 $\lambda(q_l)$，如果它的其中一个候选服务实体 r_j 同时是其前相交集（在二部图中位置号小于 1，记作 $\mathrm{front}(q_l)$）中某个预留请求 q_i 的候选服务实体，那么这两个预留请求就关于候选服务实体 r_j 冲突。由于前提设定了每个服务实体顺序执行一个用户任务，那么开始时间较早的请求 q_i 就会先占用 r_j，q_l 就无法使用该服务实体。这样的冲突每发生一次，就会使得 q_l 的可用服务实体减少 1 个。而事实上，某个服务实体 r_j 上只能执行 q_l 的前相交集中的一个预留请求，这样关于这个冲突服务实体的最大冲突次数为 1。同理可知，当 q_l 和另一个预留请求的候选服务实体中的多个服务实体冲突的时候，得出的最大冲突次数仍然为 1。

q_l 的候选服务实体的最大冲突次数为

$$C_r = \sum_{r_j \in \lambda(q_l)} \mathrm{sng}\left(\sum_{q_i \in \mathrm{front}(q_l)} c_{ij} \right) \tag{9-12}$$

q_l 与其前相交集的最大冲突次数为

$$C_i = \sum_{q_i \in \mathrm{front}(q_l)} \mathrm{sng}\left(\sum_{r_j \in \lambda(q_l)} c_{ij} \right) \tag{9-13}$$

那么就可以得出 q_l 的自由度为

$$\mathrm{freeDeg}(q_l) = \mathrm{degree}(q_l) - \min(C_r, C_i) \tag{9-14}$$

式中，c_{ij} 为边 e_{ij} 的值，存在值为 1，不存在值为 0；$\mathrm{degree}(q_l) = \sum N_j = 1$。如果 $\mathrm{freeDeg}(q_l \cdot \prod_{q_m \in \mathrm{behind}(q_l)} \mathrm{freeDeg}(q_m) > 0$（其中 $\mathrm{behind}(q_l)$ 为在二部图中位置号大于 1 的

请求，称为后相交集），那么接纳该预留请求，将 q_l 加入到预留请求队列，否则拒绝，并删除预留列表中 q_l 的对应内容。

9.6.2　预留请求的处理过程

下面给出预留请求的处理过程。

1. IF 用户的信誉值≥一定的信誉阈值&&用户请求的预留时间∈[TC+T1 , TC+T2]&&用户请求预留任务的预留时间段≥系统对任务执行的预评估时间

2. {

3.　　确定用户预留请求的候选服务实体;

4.　　使用二部图进行接纳测试;

5.　　IF 测试通过

6.　　　接受用户请求;

7.　　ELSE

8.　　　拒绝用户请求;

9. }

10. ELSE　拒绝用户请求;

第 1 步中，是以当前的时间 TC 为基准，用户可以预留[T1, T2]时间内的服务实体。

第 1 步中，由于某些用户可能无法精确地判定自己所需服务实体的执行时间，这就要对用户任务的执行时间进行预评估，以避免用户在使用服务实体的时候延长使用时间，以致后来的用户等待时间过长。

定义用户使用服务的形式有两种：①全包式，即用户只提交所需处理的数据，处理数据所需条件（如软件、硬件和平台等）都由云端提供，结束后，云端将执行结果返回给用户；②半包式，即用户自己拥有部分设施（如软件），只是使用云端的部分服务（如平台）来执行自己的任务。

针对这两种不同的使用方式，对运行时间的估算采用的方法也不同。

对于全包式，云端使用自身的软件运行用户任务，只需用户提交任务相关的规模属性，通过软件的执行算法来推算出用户任务所需要的时间和空间，分别表示为 $O(n) \times t$，$S(n) \times p$，t 和 p 分别是时间与空间单位，n 为任务规模。

对于半包式，由于是用户使用自己的软件运行任务，则需要用户在提交任务相关的规模属性外，还需要用户提交其软件执行算法的时间空间复杂度，来推算出执行用户任务所需要的时间与空间。

将用户任务运行时间的预评估数据与用户申请预留的时间相比较，对高于评估运行时间的预留请求做拒绝处理，返还用户申请，并要求用户增加预留时限。

9.7　仿真实验与结果分析

本节通过模拟实验来验证模型对恶意用户与恶意服务实体的分辨和抑制情况，对用户满意度的提升情况。对比了可信机制（TM）下和无可信机制（NTM）下，对用户请求接纳率的情况。通过实验验证模型的可行性。

9.7.1　实验环境

本节通过编程模拟的方式来验证方法的有效性，环境为配置为 Intel Pentium 4，CPU 3.06GHz，2.49GB 内存，操作系统为 Window XP 的主机上采用 Visio Studio 2008 进行实验模拟。

模拟生成一组云服务实体与云用户请求，对服务实体的能力和用户请求等级均划分为 5 个等级，并且对用户提供的所有候选服务实体的等级能力要大于等于用户请求所需求的能力等级。设置所有服务实体的各信誉属性评价值的确切数据值，然后根据各实验的具体情况设置每个服务实体、用户信誉值和各用户的偏好值。

9.7.2　接纳率随着服务实体个数增多的变化规律

用户预留任务数为 200，随着服务实体个数的增多，系统接纳用户预留任务的比例会不同，将用户信誉值高于一定的信誉阈值按 100%、70%、40% 和 10% 的比例进行测试。将无可信机制的接纳率与可信机制下的接纳率进行对比，并对比 100% 的用户高于一定信誉阈值、70% 的用户高于一定信誉阈值、40% 的用户高于一定信誉阈值、10% 的用户高于一定信誉阈值之间接纳率的情况。令随机产生的用户请求都在允许的时间范围内，这样，接纳率只需要考虑与信誉值相关的情况。系统接纳率随着服务实体个数增多的变化规律如图 9-3 所示。

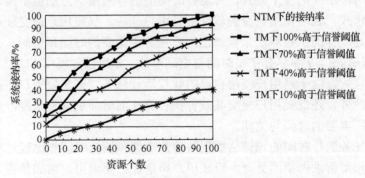

图 9-3　系统接纳率随着服务实体个数增多的变化规律

在所有的预留请求的信誉值都大于规定的信誉阈值时，可信机制和无可信机制的接纳率没有明显的区别，但是当预留请求的信誉低于规定信誉阈值时，接纳率会随着用户信誉值的降低而降低，这是由于低于规定信誉阈值的用户预留请求会被系统拒绝，而造成接纳率降低。

9.7.3　存在恶意服务实体时，交易成功率的变化规律

第二个实验，是为了验证在可信机制与无可信机制下，云端存在恶意服务实体的情况下，随着交易次数的增多，交易的成功率的变化情况。

云端管理域中设置 50 个可用服务实体，其中绝对可信服务实体、一般可信服务实体和临界可信服务实体随机分布（没有不可信服务实体，因为不可信服务实体不提供服务），选择 10%、40% 和 80% 的服务实体作为恶意服务实体。当存在恶意服务实体时，可信机制下与无可信机制下，交易成功率的变化如图 9-4 所示。

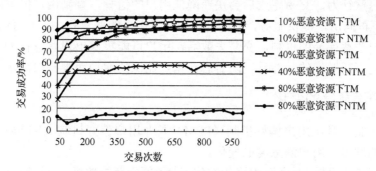

图 9-4　交易成功率随着交易次数增多的变化规律

图 9-4 中可以看出，随着交易次数的增加可信机制下的成功率在不断地上升，这是因为可信机制下，提供恶意服务的服务实体的信誉快速降低，当降低到一定的阈值时服务实体就不能再提供服务，所以成功率是在不断上升的。非可信机制下选择服务实体时没有参照信誉值，恶意服务实体提供恶意服务后，交易失败，提供恶意服务的服务实体没有受到惩罚，很有可能再次提供恶意服务，所以成功率维持在较低的水平。

9.7.4　存在恶意用户时，交易失败率的变化规律

第三个实验是存在恶意用户时，可信机制下与无可信机制下，随着交易次数的增多，交易失败率的变化。

设置 50 个用户，用户的信誉值随机分布，但初始信誉值均大于服务接受的信誉阈值，随机选择 10%、40% 和 80% 的用户作为恶意用户。当存在恶意用户时，可信机制下与无可信机制下，交易失败率的变化如图 9-5 所示。用户可能出现连续欺骗的可能性，但其信誉也是快速降低的。

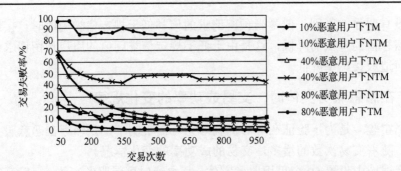

图 9-5　交易失败率随着交易次数增多的变化规律

同恶意服务实体原理相同，恶意用户也会造成交易的失败，从图 9-5 中可以看出，随着交易次数的增多，可信机制下，交易的失败率在不断地降低，这是因为，如果用户有恶意行为，交易完成后会快速降低用户的信誉，直到用户信誉降低到某一阈值后，不再向用户提供服务，可信机制抑制了用户的恶意行为。无可信机制下，没有惩罚用户恶意行为的机制，交易失败后，用户可能再次出现恶意行为，所以交易的失败率是不断增加的，并且，随着恶意用户比例的增加而维持较高水平。

9.7.5　用户满意度的变化

第四个实验，对比用户偏好机制（PPM）与非用户偏好机制（NPPM）下，随着交易次数的增多，用户满意度的变化。

云端管理域中设置 20 个可用服务实体，为了便于获得数据，只针对绝对可信的服务实体进行比例设定。随着交易次数的增多，对比在绝对可信资源所占比例为100%、60%、40%、10%时，采用用户偏好机制与非用户偏好机制，用户满意度变化如图 9-6 所示。

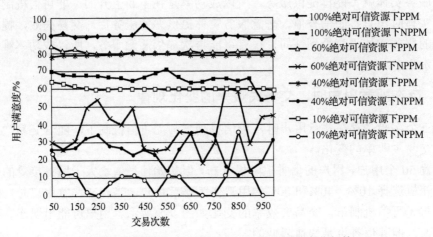

图 9-6　用户满意度随着交易次数增多的变化规律

由图 9-6 中可以看出，在绝对可信服务实体的条件下，采用个性偏好为用户选择服务的满意度随着交易次数的增多而呈现稳定状态，而随机选择满足用户需求的用户满意度则呈现明显的波动状态，这是因为，根据用户偏好选择的服务实体能最大限度地满足用户对服务实体各属性的需求，而随机选择满足用户需求的服务实体不能确保选择出的服务实体各属性满足用户需求，如用户下载电影时，对影片高清晰度的偏好度高，而随机选择时虽然同样是电影但是可能不是高清的，所以用户满意度会降低。

而用户的满意度之所以没有到达 1，是因为当前最好的服务实体可能也无法满足用户的需求，所以造成满意度不为 1，选择服务实体时由于与服务实体的信誉有关，在某属性方面信誉越高其质量也越好，所以随着绝对可信服务实体的降低，满意度也随之下降。

9.8　本章小结

随着云计算的发展，人们越来越熟悉并开始使用云计算，但是云计算安全面临很多的机遇和挑战。在人们越来越关注云计算的服务质量之时，提供用户满意的服务也成为云计算急需解决的问题之一，之前主流的方法是进行资源预留。而在提供服务时，之前主要关注的是对服务的提供商进行信任评价，却极少考虑用户的可信行为，这就造成用户对资源的恶意使用。故本章在对现有的资源预留和可信评价进行整理后，总结了各类现有方法的优缺点，并结合国内外关于云服务实体预留的方法，提出了基于信誉属性的动态云资源预留方法。具体工作如下。

（1）本章采用的方法是将云计算环境按照服务的功能划分成不同的管理域进行管理，这样就便于资源的集中管理和降低用户搜索服务的成本，然后采用伯努利大数定理对域中资源量进行配置，可以避免每个域中因配置过多资源造成资源浪费，也避免了因资源配置不足造成资源供应不足。

（2）基于云计算的动态特性，本章采用了动态的预留策略，对用户预留请求进行接纳测试和预留，有效地缓冲云计算动态性造成的影响。

（3）基于用户偏好对服务实体进行分类，选择接近用户偏好的那一类中信誉值高的服务作为用户的候选服务实体，在对用户选择服务进行分流的同时，也在一定程度上达到减少了资源争夺，增加资源利用率的目的。

（4）采用双向的信任评价机制，增加交易的可信性，减少欺骗行为的发生，而又因为信任具有主观性，主观的信任本身具有模糊性特点，所以在信任评价时，采用模糊评价方法。

（5）利用实验对机制进行验证，分别对存在恶意用户、恶意服务实体情况下，对比有可信机制和无可信机制时交易的成功率与失败率，对比采用用户偏好进行服务选择和随机进行服务选择下，用户满意度情况以及在不同机制下，用户的预留请求接纳率的情况。

参 考 文 献

[1] 吴吉义，沈千里，章剑林，等. 云计算：从云安全到可信云. 计算机研究与发展，2011，48(Sup): 229-233.

[2] Foster I, Zhao Y, Raicu I, et al. Cloud computing and grid computing 360-degree compared. Proceedings of Grid Computing Environments Workshop, Chicago, 2008: 1-10.

[3] Forum J. Cloud cube model: Selecting cloud formations for secure collaboration version 1.0. Jericho Forum Specification, 2009.

[4] AliM, Khan S U, Vasilakos A V. Security in cloud computing: opportunities and Challenges. Information Sciences, 2015, 305: 357-383.

[5] Chen D, Zhao H. Data security and privacy protection issues in cloud computing. Proceedings of 2012 International Conference on Computer Science and Electronics Engineering (ICCSEE), Shenyang, 2012: 674-651.

[6] Sun S, Yan C H, Du Y K. Analysis on the influence of the cloud computing on the safety assessment technique. Proceedings of 2012 International Conference on Computer Science and Electronics Engineering (ICCSEE), Wuhan, 2012: 285-288.

[7] 甲正软件. 云计算实施成功与否,要看提供商服务质量. http://www.erpwindow.com/content455.aspx [2012-09-16].

[8] Foster I, Kesselman C, Lee C, et al. A distributed resource management architecture that supports advance reservations and co-allocation. Proceedings of 1999 7th International Workshop on Quality of Service, London, 1999: 27-36.

[9] Hu C M, Huai J P, Wo T Y, et al. A service oriented grid architecture with end to end quality of service. Journal of Software, 2006, 17(6): 1448-1458.

[10] 赵波, 严飞, 张立强, 等. 可信云计算环境的构建. 中国计算机学会通讯, 2012, 8(7): 28-34.

[11] 杨长兴, 吕祯恒. 一种统一的资源预留策略. 计算机工程与应用, 2005, 24: 144-146.

[12] 蒲静. 基于任务可分的网格资源预留机制. 计算机工程和应用, 2008, 44(12): 118-120.

[13] 胡春明, 怀进鹏, 沃天宇. 一种基于松弛时间的服务网格资源能力预留机制. 计算机研究与发展, 2007, 44(1): 20-28.

[14] 沈昌祥, 张焕国, 冯登国, 等. 信息安全综述. 中国科学: 信息科学, 2007, 37(2): 129-150.

[15] 钱德沛. 云计算和网格计算差别何在?. http://dev.yesky.com/412/11237412.shtml [2010-04-29].

[16] Wu Z A, Luo J Z. Dynamic multi-resource advance reservation in grid environment. IFIP International Conference, Dalian, 2007: 18-21.

[17] Kuo D, Mckeown M. Advance reservation and co-allocation protocol for grid computing. Proceedings of 1st International Conference on e-Science and Grid Computing, Melbourne, 2005.

[18] Foster I, Roy A. A quality of service architecture that combines resource reservation and application adaptation. Proceedings of 2000 8th International Workshop on Quality of Service, Pittsburgh, 2000: 181-188.

[19] Lu K, Roblitz T, Yahyapour R, et al. QoS-aware SLA-based advanced reservation of infrastructure as a service. Proceedings of 2011 IEEE 3rd International Conference on Cloud Computing Technology and Science (CloudCom), Athens, 2011: 288-295.

[20] Venugopal S, Chu X, Buyya R. A negotiation mechanism for advance resource reservations using the alternate offers protocol. Proceedings of 2008 16th International Workshop on Quality of Service, Enschede, 2008: 40-49.

[21] Vecchiola C, Chu X, Buyya R. Aneka: A software platform for NET-based cloud computing. High Speed and Large Scale Scientific Computing, 2010, 18: 267.

[22] Shin D W, Akkan H. Domain-based virtualized resource management in cloud computing. Proceedings of International Conference on Collaborative Computing: Networking, Applications and Worksharing (CollaborateCom), Chicago, 2010: 1-6.

[23] 冯登国, 张敏, 张妍. 云计算安全研究. 软件学报, 2011, 22(1): 71-83.

[24] 沈昌祥. 云计算安全与等级保护. 信息安全与通信保密, 2012, 1: 16-17.

[25] 高瞻, 罗四维. 基于资源-预留图的动态网格资源预留机制. 软件学报, 2011, 22(10): 2497-2508.

[26] 唐文, 陈钟. 基于模糊集合理论的主观信任管理模型研究. 软件学报, 2003, 14(8): 1401-1408.

[27] 李明楚, 杨彬, 钟炜, 等. 基于回馈机制的网格动态授权新模. 计算机学报, 2009,11(32): 2187-2199.

[28] Li W J, Ping L D. Trust model to enhance security and interoperability of cloud environment. Proceedings of 1st International Conference on CloudCom 2009, Beijing, 2009: 69-79.

[29] Yang D G, Gu T L, Zhou H Y, et al. Domain-based trust evaluation strategy for manufacturing grid. Advanced Materials Research, 2011, 201-203:920-925.

[30] 吴国凤, 何宇. 网格环境中改进的基于域的信任模型. 计算机工程, 2011, 37(3): 137-139.

[31] 张良杰. 服务计算: 云计算与现代服务业的基石. http://www.ict.ac.cn/xwzx/xshd/200911/ t20091130_2676849.html [2009-11-30].

[32] Klems M, Cohen R, Kaplan J, et al. Twenty Experts Define Cloud Computing. http://cloudcomputing.sys-con.com/read/612375_p.htm [2016-11-02].

[33] NIST. NIST Definition of cloud computing v15. Gaithersburg: National Institute of Standards and Technology, 2009.

[34] 云计算. http://baike.baidu.com/view/1316082.htm [2012-12-23].

[35] Wang L Z, Laszewski G V. Scientific cloud computing: Early definition and experiences. Proceedings of 10th IEEE International Conference on High Performance Computing and Communications, Dalian, 2010: 825-830.

[36] 张爱玉, 邱旭华, 周卫东, 等. 云计算与云计算安全. 中国安防, 2012, 3: 89-91.

[37] 云计算存在的安全问题解析. http://sec.chinabyte.com/356/12444856.shtml [2012-10-14].

[38] CIO 时代网. 云计算存在的安全问题. http://ww.ciotimes.com/cloud/cyy/72447.html [2012-10-12].

[39] 云安全联盟. http://www.ecas.cn/xxkw/kbcd/201115_83700/ml/xxhjsyjcss/201111/t20111117_3397746.html [2011-11-17].

[40] 结构化信息标准推进组织. http://www.ecas.cn/xxkw/kbcd/201115_83700/ml/xxhjsyjcss/201111/t20111117_3397741.html [2011-11-17].

[41] 2012 云计算标准化白皮书. http://www.cloudguide.com.cn/news/show/id/2098.html [2012-09-17].

[42] Yang C, Huang Q, Li Z, et al. Big data and cloud computing: Innovation opportunities and challenges. International Journal of Digital Earth, 2017,10(1): 13-53.

[43] 中国信息通信研究院.云计算关键行业应用报告. http://cloud.idcquan.com/yzx/122726.shtml [2017-08-03].

[44] 国务院.关于促进云计算创新发展培育信息产业新业态的意见. http://www.gov.cn/zhengce/content/2015-01/30/content_9440.htm[2016-11-03].

[45] 郑昊. 2016 年云计算市场将呈五大发展趋势.中国计算机报,2016-02-29.

[46] 工业和信息化部.云计算发展三年行动计划(2017-2019 年). http://www.miit.gov.cn/n1146290/n4388791/c5570594/content.html [2017-11-03].

[47] Zhang L J. Editorial: Big services era global trends of cloud computing and big data. IEEE Computer Society, 2012, 5(4): 467-468.

[48] 工业和信息化部办公厅. 云计算综合标准化体系建设指南. http://www.miit.gov.cn/n1146295/n1652858/n1652930/n3757022/c4414407/content.html [2017-11-3].

[49] http://mit.ccidnet.com/art/32661/20130225/4745773_1.html.

[50] Trusted Computing Group. http://www.trustedcomputinggroup.org/cn [2015-01-03].

[51] 张焕国, 罗捷, 金刚, 等. 可信计算研究与发展. 武汉大学学报(理学版), 2006, 52(5): 513-518.

[52] 刘毅, 余发江. 可信计算平台应用研究. 计算机安全, 2006(6): 13-15.

[53] 田俊峰, 杜瑞忠, 杨晓晖. 网络攻防原理与实践. 北京: 高等教育出版社, 2012.

[54] 可信计算. http://baike.baidu.com/view/553276.htm [2013-03-06].

[55] 谢季坚, 刘承平. 模糊数学方法及其应用. 武汉: 华中科技大学出版社, 2008.

[56] 罗成忠. 模糊集引论(上册). 北京: 北京师范大学出版社, 2005.

[57] 盛骤, 谢式千, 潘承毅. 概率与数理统计. 3 版. 北京: 高等教育出版社, 2005.

[58] 隶属度函数. http://baike.baidu.com/view/3977584.htm?fromId=1806495 [2012-12-15].